メアリーと両親に

目次

〔 〕でくくった部分は、本書単行本刊行時の補足です。

著者が挙げた文献に邦訳がある場合はその旨を補記しましたが、本書で用いた訳文は、すべて訳者による私訳です。

原注は本文の右横に（ ）で番号を記し、巻末に列記しました。

まえがき

本書のテーマは、ある数学の問題である。優れたフランス人の数学者アンリ・ポアンカレが百年以上も前にその問題を提起して以来、数学者たちは、ずっとそれに魅了され、悩まされ続けた。その問題がごく最近になって解決された。ポアンカレ予想とは、私たち自身と私たちが住む宇宙を理解するうえで中心的な役割を果たす物体に関する理論である。

私が想定している本書の読者は、高校時代に習った幾何学を少し覚えている程度の人々だ。もちろん数学を本格的に学んだ読者にも本書を楽しんでほしい。だから、数学に詳しい人、内容をもっと詳しく知りたい人のために、巻末に原注を設けてある。

何かの集まりに行ったときや、飛行機に乗ったときに、隣に座った人と数学について語る機会があったら聞いてみるとよい。数学が大好きという人は少ない。そうではない人の方が多い。彼らは数学のことをよく言わない。一部の人々は、自分には先天的に数学の才能がないと思い込んでいる。数学が嫌いな人もいる。まるで喧嘩《けんか》別れした恋人であるかのように数学を激しく憎悪《ぞうお》する人さえいる。

かくも美しさに満ちあふれた学問が、なぜこれほどまでに幅広い反応を引き起こすのだろうか。一部の人々が持っている嫌悪感は恐怖に根ざしていると思われる。私は、一冊の本がその嫌悪感をぬぐい去るなどという幻想は持っていない。しかし、数学が好きでも嫌いでもないという読者が、この本を読んだ後、もっと数学の本を読んでみたくなり、既に数学を学んでいる学生、あるいは将来数学者になることを考えている読者が、数学の講座をもっと取ろうと考えてくれれば幸いである。

私が書くのを楽しんだのと同じくらい、読者にもこの本を読むことを楽しんでほしい。

ポアンカレ予想

第1章　二〇〇三年四月、ケンブリッジ

　数学の革命は音もなく進行する。軍隊の衝突も銃撃戦もない。新聞の片隅に短い記事が載るだけだ。それもぱっとしない記事が。二〇〇三年四月七日月曜日の午後のマサチューセッツ州ケンブリッジの天気も、じめじめして、ぱっとしなかった。

　幅広い年齢層の聴衆がMIT（マサチューセッツ工科大学）の階段教室を埋め尽くしていた。床や通路に座り込んでいる者もいれば、会場の後ろで立ち見に回った者もいる。その日の講演者グリゴリー・ペレルマンは、しわくちゃの黒っぽいスーツにスニーカーというスタイルで、主催者が講演者を紹介している間、壇上を行ったり来たりしていた。頭は禿《は》げあがり、あごひげを蓄え、太い眉毛《まゆげ》の下で黒目がちの瞳《ひとみ》が鋭い眼光を放つ。講演者はマイクをテストした後、ためらいがちにこう切り出した。「順序立てて話をするのが苦手なので、明快さは犠牲にして、活気のある講演にしたいと思います」。会場に和《なご》やかな雰囲気が広がり、講演が始まった。ペレルマンは太い白

のチョークで二十年前に発表された短い数式[1]を黒板に書いた。それは、空間の曲率を拡散する熱であるかのように扱うリッチ・フロー方程式と呼ばれる式だ。その拡散の仕方は、溶けた溶岩が湾曲のきつい部分からゆるい部分へ流れ、広がろうとする様子に似ている。

ペレルマンは、聴衆に向かって、私たちの宇宙が、存在可能なすべての宇宙という巨大で抽象的な数学的集合のひとつの要素である世界を想像してほしい、と語りかけた。彼はリッチ・フロー方程式を、広大な地表に広がる巨大な丘の斜面に沿って流れる水滴のように、存在可能な宇宙が移動する様子を表す式と解釈した。要素が移動するにつれて、要素が表す宇宙の内部の曲率が変化し、ある領域で一定の値に近づく。たいていの場合、宇宙はきれいな形に収まる。学校で習った標準的なユークリッド幾何学で扱う立体に収まるものもあれば、それとはかけ離れた形になるものもある。ところが、丘を下る経路の中には厄介なものがある。その経路に沿って移動した要素は、数学的な条件が劣悪な領域に突入し、つぶれたり、もっと始末の悪いことになったりする。「でも問題ありません。そのような経路は迂《う》回《かい》することができますから」とペレルマンは言い、図を描いてその方法を説明した。

講演に足を運んだ聴衆の関心の的は、前年の一一月にペレルマンがウェブサイトに投稿した論文だった。その論文の最後の部分でペレルマンが概要を示した理論が正しければ、知名度、難解さ、美しさのどれをとっても第一級といわれる数学の予想が証明されるはずだった。一九〇四年、当時最高峰の数学者であり、史上最高レベルの天才といわれるアンリ・ポアンカレが提唱したポアンカレ予想は、まさに私たちの宇宙のあり得る形に関する大胆な推測だった。ただし、あくまでも推測にすぎない。それ以来、この予想を証明する、あるいは反証するという難題は、美しい歌声で船員たちを惑わせるギリシャ神話の怪物セイレンのように数学者たちを魅惑しつづけ、そのため、ポアンカレ予想は幾何学、位相幾何学の分野だけでなく、おそらくあらゆる数学の分野を通じてもっとも有名な問題になった。②数学知識の発展と普及を目的とするクレイ数学研究所は、二〇〇〇年五月、ポアンカレ予想を七つのミレニアム問題のひとつに指定し、解決した者に百万ドルの賞金を進呈すると発表した。③

聴衆の半数以上は、何らかの形でポアンカレ予想の証明に挑戦している人々だった。パンクロック風のヘアスタイルをして中国語でメモをとる育ちのよさそうな三十代の男性から、体にぴったりフィットするブラウスと短すぎるスカートに身を包んだ金髪の若い女性、だぶだぶの短パンと汗まみれのTシャツを着たジョギング姿の男、何十年にもわたってチョークのカスを浴びた杉綾《すぎあや》模様のコートを着込み、目をしょぼつかせている八十過ぎとおぼしき男性に至るまで、みんなが、三千年来の知的遺産に重大な一里塚が刻まれる歴史的瞬間の目撃者になる可能性を意識していた。ペレルマンが論拠とした数学は、円の面積を求める方法を考案した無名のバビロニア人に始まり、ユークリッドに代表される完全な厳密性、過去二世紀にわたる幾何学と位相幾何学の発展へと、華やかな繁栄の時代や絶望的な貧困の時代を経て、時代から時代へと受け継がれたものだ。

それから二週間と数回の講演を経て、ニューヨーク州立大学ストーニーブルック校のキャンパスでもＭＩＴと似た場面が再現された。会場にはケンブリッジにもまして多くの聴衆が詰めかけた。今回はその中に記者が数人いた。記者たちは、ペレルマンが宇宙の形に関する驚異的な発見を成し遂げ、その結果、百万ドルの賞金を手に入れる可能性があることを聞きつけていた。非凡な才能を認められながら、期待された成果を残すことなく十年前に姿を消したという謎《なぞ》に満ちた半生も話題になっていた。フラッシュが光った。「やめてください！」。ペレルマンはぴしゃりと言った。明らかに苛立《いらだ》っている様子だった。

ペレルマンは講演が終わった後、聴衆からのあらゆる質問に丁寧に答えた。「でも、その解は有限時間で爆発しちゃいますよ！」と会場の中央から声があがった。「かまわないんです」とペレルマンは答えた。「いったん切って、また流れを再開させればいいんです」。一瞬の沈黙の後、数人がうなずいた。聴衆は今聴いた言葉の意味を慎重に吟味していた。彼らは、それから何ヶ月にもわたってその意味を考えることになるのだが、とりあえず解決の期待は持てそうだった。

ペレルマンが利用した数学理論の大半は、三十年前にはだれにも想像がつかなかったものだ。彼が使った数学の道具は、現代の数学研究の最先端を行くもので、聴衆の中にいる多くの数学者の仕事に依存するところが大きかった。張り詰めた空気が流れた。ペレルマンの理論がきわめて精緻《せいち》で、微妙で、ちょっとしたことで迷路に入りこむおそれがあることをみんなが承知していた。その証明が査読に耐えることをだれもが願っていた。ミシガン大学の数学科特別教授ブルース・クライナーとジョン・ロットが管理するウェブサイト[4]が立ち上げられた。サイトにはペレルマンの論文へのリンクが張られた。世界中の数学者たちがコメントや意見を寄せて、曖昧《あいまい》な部分を明確にしたり、言葉が足りないと思われる部分に説明を補足したりした。

幾何学者であるなしにかかわらず、ほとんどすべての数学者が講演を聴きに行った誰かと知り合いであり、その報告を心待ちにしていた。聴衆の大半が自分のために、そして友人のためにメモをとった。レーマンカレッジの若き教授クリスティーナ・ソルマーニと当時イェール大学の正教授になったばかりのヤイル・ミンスキーの二人は、みんながアクセスできるようにとメモをウェブサイトに投稿した。

MITのときと同様、記者を除く講演会場に詰めかけた聴衆は、老いも若きも、今聴いている講演が、人類史上もっとも実り豊かな百年以上にわたる数学的思考の発展の頂点に立つものであることを理解していた。講演は聴く側の相当な集中力を要するもので、余計なことを考えている暇はほとんどなかった。それでも、ポアンカレ予想にまつわる意義深い数学史上の出来事や論文、あるいは、生きていればこの講演を聴きたがったに違いない遠い過去の人物に思いを馳《は》せていた人は少なくないだろう。聴衆の全員が、優れたアイデアの宝庫と有望な研究の道筋を目《ま》のあたりにして喜びに浸っていた。

一方、記者たちの関心の的といえば百万ドルの賞金だった。そのような大金を手にすることについてペレルマンはどう思っているのか。ペレルマンが金銭に関心を持っていないことがわかると、今度は数学の大発見を成し遂げた孤高のロシア人という観点から記事を構成することにして、「彼はおそらく賞金の受け取りを辞退するだろう」という観測記事を書いた。ペレルマンは、講演後、取り急ぎ開催された討論セッションなどを通じて、何日もの間、詳細な情報を補足した。しかし、ジャーナリストのインタビューはすべて断り、アメリカの一流大学からの就職の誘いに返事をすることもなく、数週間後にサンクトペテルブルクに帰ってしまった。

ポアンカレ予想とペレルマンによるその証明は、現代の最大級の業績であり、私たちの宇宙が持っている性質や形について多くのことを明らかにしてくれる。ペレルマンが黒板に書いた一種の熱方程式であるリッチ・フロー方程式は、世界中の債券トレーダーが株式オプションや債券オプションの値決めに使っているブラック＝ショールズ方程式の遠い親戚《しんせき》にあたる。ただし、曲率のほうが温度やお金よりはるかに複雑だ。次章以降で明らかにするように、曲率は複数の数値を要する幾何学的対象であり、ペレルマンが利用したリッチ・フロー方程式は、六つの方程式を連結して簡略化したものである。見た目の単純さと裏腹に内容が驚くほど奥深いという点で、まさにエレガンスの勝利といえる。これにもっとも近いものといえば、空間の曲率を表す一般相対性理論のアインシュタイン方程式だろう。

本書では、ポアンカレ予想とその証明の背後にある数学の物語を明らかにする。数学についてきちんと語るには、結果だけでなく、その結果を次の世代へ引き渡した人々についても語る必要がある。世間一般の人は、数学の業績といえば、孤高の天才が果敢な挑戦の末、冷淡な宇宙から理解という果実をもぎ取るといった劇的な物語を想像しがちだ。たしかに、天啓としか言いようのないひらめきを得て、独力で数学理論を一気に何十年も進展させた天才はいる。しかし、数学の進展は、才気あふれる神秘的な一握りの天才だけでなく、何千人もの人々やさまざまな研究機関、そして彼らが働き、生活する社会にも依存している。その大勢の人々の物語を語るには、過去にさかのぼる必要がある。物語は五千年前のバビロンに始まり、現代のサンクトペテルブルク、ニューヨーク州の北部、さらにマドリードに行き着く。そこで語られるのは、探求であり、戦争であり、科学界であり、ドイツにおける研究大学の出現、そして最近の米国における研究大学の活躍である。そこで私たちが足跡をたどるのは、五千年もの歳月、いくつもの社会やコミュニティ、そして何百人という個人にまたがる幾何学の歴史、非ユークリッド幾何学の発見、位相幾何学と微分幾何学の誕生である。

本書には、数学の解説と数学者の伝記、文化、歴史の話が入り混じっている。読者によっては数学の話が難しすぎたり、逆にまったく物足りなかったりするだろうが、高校卒業程度の数学の知識があれば、大半の読者が、細かい点の理解はやや難しいとしても、基本的な概念は理解することができるだろう。読者は、この有名な予想と数学を、自らは「数学をやる」ことなく理解し、その魅力を味わうことができる。そうした読者のために、巻末に「年表」、「用語解説」、「人名解説」を掲載した。

ポアンカレ予想をめぐる物語の中には何千年も前にさかのぼるものもある。数学の研究は、大工仕事や料理づくりや金属加工と同じくらいきわめて長い歴史を持つ人類の営みである。しかし、数学の発見は二十世紀以降のものがそれまでに人類史上で発見されたものよりも多い。したがって、物語が現代に近づくほど、話が多くなり、巻末の注釈に記載される補足情報や参照情報が増える。後でテストをやるわけではないので、数学の解説や巻末の注釈はざっと読んでもらえばよい。よくわからないことがあれば、いつでも後から読み返して解明することができる。なにしろポアンカレ予想といえば、過去百年にわたって第一級の数学者たちを悩ませ続けた問題なのだから、すぐ理解できなくてもあわてることはない。

第2章　地球の形

　ポアンカレ予想は、宇宙のあり得る形について考えるための概念的、数学的な道具を提供してくれる。しかし、まずは、私たちが住む地球の形という単純な問題から話を始めよう。小学生なら誰でも、地球は丸いこと、つまり球形であることを知っている。航空機や地球を周回する宇宙船から地球の写真を高い高度で撮影できる現代の私たちにとって、地球が丸いことは自明の理であるように思える。しかし、かつては、確信をもって地球の形について語ることができない時代があった。

「足の裏が上を向いていて、かかとを上、頭を下にして歩き回る人間が地球の裏側にいると信じる愚か者がどこにいるだろうか」。一九世紀半ば、アメリカで名声を博した知識人ワシントン・アーヴィングによれば、これは、西へ向かって航海し、東インドへ到達しようというクリストファー・コロンブスの計画を審査するためにフェルナンド王とイサベル女王が招集した諮問《しもん》委員会で引用された、初期キリスト教教会の神父[5]の言葉である。アーヴィングは、平坦《へいたん》な大地という考えにしがみつき、懐疑的で、コロンブスに敵意さえ抱いていた諮問委員会のメンバーたちがコロンブスの計画にいかに執拗《しつよう》に異を唱えたかを臨場感あふれる描写で表現している。[6]宗教裁判の地で、学者たちを相手にひとり立ち向かったコロンブスは、自分の意見をまったく曲げることがなかったとされる。

アーヴィングによるコロンブスのこの描写は後世に残り、何世代にもわたって批判されることなく語り継がれたが、アメリカ史の権威サミュエル・エリオット・モリソン[7]に言わせれば、この話は「まったくのたわごと」である。

一四九〇年頃、教養のある西洋人の大半は、地球は丸いと考えていた。キリストや預言者の存在も知らない奇妙な人間が地球の反対側に住んでいるかどうかという議論はたしかにあった。未知の世界であることから、さまざまな空想が生まれた。行く手を阻《はば》む猛烈な嵐《あらし》が常に吹き荒れている広大な地域があるという話が広く流布《るふ》していた。身の毛もよだつ怪物の話も盛んに語られた。地球の反対側は、陸地もなく、人も住んでいない、広大な海だという者もいた。

フェルナンド王とイサベル女王に仕えた顧問官とコロンブスの意見が対立していたことはたしかだが、対立点は地球の形ではなく、大きさだった。地球が丸いことに異議を唱える顧問官はいなかった。地球の一部（特に地中海付近）についてのかなり正確で詳細な地図があり、それらの地図から構成される地図帳もあったが、地球の周囲の長さについては、誰にも見当がつかなかった。いちばん信頼できそうな値は古代ギリシャのものだった。プトレマイオス（八五～一六五年）は二世紀に地球の周囲の長さを二万九千キロメートルと推定した。スペインの宮廷顧問官たちは、紀元前三世紀のギリシャの幾何学者エラトステネス（紀元前二七五～一九五年）の計算値に肩入れしていた。エラトステネスの計算によれば、地球の周囲の長さは、現在判明している約四万キロメートルにきわめて近い四万六二五〇キロメートルだった。コロンブスは、地球はプトレマイオスの計算値よりさらに小さいと主張した。正しかったのは、コロンブスではなく、顧問官のほうだった。ただし、このとき顧問官たちの意見が通っていれば、長い航海に要する費用があまりにも多額であり、リスクがあまりにも大きかったため、コロンブスが資金援助を受けることはなかっただろう。

コロンブスに対する評価は歴史を通じて上下した。当初は、智恵《ちえ》、勇気、先見性、そしてルックスまでもが賞賛を浴びた。ところが、航海成功五百周年のときの彼の評価は、それと打って変わって、強欲な帝国主義者、頑固者、偶然の幸運に恵まれたツキだけの男という芳《かんば》しくないものだった。アメリカ大陸がたまたまそこにあったことは、たしかに彼にとって幸運だった。しかし、コロンブスは、当時入手できたいちばん確実な情報に従って行動しただけのことである。彼はスカンジナビア人の航海やアイルランドの探検家ブレンダンの噂《うわさ》を耳にしていた。当時十分あり得ると考えられていた通りに、彼らがアジアに到達していたとすれば、エラトステネスもプトレマイオスも間違っていたことになる。その方がヨーロッパとアジアの間に未知の大陸があると考えるよりずっと理に適《かな》っていた。それまでにもプトレマイオスが根拠としたデータが誤っていた例はたくさんあった。

コロンブスは死ぬまで自分がインド東方のスパイス諸島に到達したと信じていた。一方、アフリカを迂回《うかい》してスパイス諸島に向かっていれば、それよりずっと多くの日数がかかることがわかっていたため、観察結果と信念との矛盾を解決するために、こんな説明を編み出した。彼はこう書いている。「地球はこれまで言われているような完全な球体ではなく、洋梨《ようなし》のように芯《しん》のまわりだけが突出していて、ほかの部分はすべて完全な球体であるか、まん丸い球体にひとつだけ女性の乳首のようなものが付いていて、その部分がもっとも高く、もっとも天に近くなっているのだと思う」。

この文章はよく嘲笑《ちょうしょう》の対象になるが、私はむしろこのように考えることができたコロンブスの勇気を買いたい。(8)この老人は、生涯にわたって地球は完全な球形であると信じていたのに、よりうまくデータに適合する仮説を受け入れる柔軟性を備えていたのである。彼が想像したのは、おそらく、北半球が洋梨の中央部分のように細くなっており、南半球が洋梨の下の部分のように膨らんでいる形だったのだろう。したがって、細くくびれた北半球の周りを航海すれば比較的速くスパイス諸島に到達できるのに対して、膨らんだ南半球にあるアフリカを迂回してスパイス諸島に向かえば航行距離がずっと長くなると考えたのだろう。自分の信念と矛盾するデータが得られたときに、生涯を貫いた信念を潔《いさぎよ》く捨てるには、大変な勇気が要る。これは、昨今の政界、文化界、宗教界の指導者たちが自分たちの都合に合わせてデータをねじ曲げているのとは対照的だ。

地球の周囲の長さに関する議論はともかく、一四九〇年の人々は、地球が球体であるかどうか以前に、地球に果てがあるのかどうかも事実として知っていたわけではない。当時の人々が知っていたのは、地球が湾曲していることと、広い地域の地図が作成されていることだけだった。では、地球が球体であるという考えは、どこで生まれて、どのようにして広く受け入れられるようになったのだろうか。

◆イオニアとギリシャ人

地球が球体であることを人類が初めて悟った経緯をたどると、コロンブスの航海からおよそ二千年さかのぼり、ギリシャの島サモスに至る。コロンブスの時代のサモスは、ほとんど無人の地だった。トルコの西海岸から約二キロの沖合に浮かぶこの島は、陸地に近かったゆえに、ビザンティン人、アラビア人、ベニス人、十字軍、トルコ人など、あらゆる侵略者の餌食《えじき》になった。いまサモス島へ行って、静かな街並み、白い砂のビーチ、カルヴォヌス山を取り巻く道沿いのオリーブの樹《き》やぶどう園を眺めても、ぬるま湯のような安逸と時の流れに取り残された倦怠《けんたい》しか感じることはできない。だが、車か自転車でサモスタウンから南へ一三キロ下ると、ピュタゴリオンという町に至る。もっとも有名なサモス市民ピュタゴラス（紀元前五六九〜四九六年）に因《ちな》んで名づけられたこの町は、一部が地中に埋まった古代都市サモスの上にある。Y字路を左に入り、海岸に沿って進むと、丘の向こうに谷間があり、そこにヘラの神殿、ヘライオンの遺跡がある。元の高さの半分しかない一本の円柱が大きい礎石の上に建っている。かつてこの地にあった一五五本の円柱のうち、残っているのはこの一本だけだ。

そばには、内部に照明が施され、一般公開されているエフパリノスの水道トンネルがある。これらの遺跡を目の前にすると、壮大な過去がくすんだ現在を圧倒しているかのように見える。

ヘラの神殿から広い道に沿って三〇キロほど進むと、西側に丘の上の町マラソカンポスが見える。小さい標識が、カルヴォヌス山とピュタゴラスが教えを説いた洞窟《どうくつ》へ至るハイキング道を示している。ややきつい坂道を登ると、日陰の岩屋と広い洞窟に至る。そこから少し斜面を下ると、カルヴォヌス山の岩肌が、はるか眼下の真っ青なエーゲ海へと続いている。人里離れた静けさ、自然の美、荒涼たる景観は、アイルランドのスケリング島やハワイ諸島のひとつマウイ島の聖なる火山ハレアカラの東斜面を思い起こさせる。このような場所にたたずんでいると、時の流れが希薄になり、過去がすぐそばまで押し寄せてくるような気がする。古代人の声が今にも聞こえてきそうだ。この場所こそ、ピュタゴラスが世界で初めて地球が球体であると説いた場所である。この島の人々は、いまでもピュタゴラスの魂がここにいると言う。カルヴォヌス山の山肌にかかる雲を風が一掃した暗い夜、岩から発するかすかな光が、はるか眼下で航行する船員たちを導いてくれるというのだ。

その光がもっとも明るく輝いていた二千五百年前がイオニアの主要な都市国家サモ

スの全盛期だった。イオニアは、フォカエアから、その約一六〇キロ南のミレトスに至るトルコ、すなわち小アジア西端の海岸と、大陸に近いエーゲ海の島々からなる狭い地域だった（図1）。昔からの言い伝えによれば、ギリシャが紀元前一〇世紀のはじめにこの地域を植民地化したのだという。紀元前一二世紀にミューケナイ文化がいまだに謎《なぞ》の多い激しい崩壊を遂げた後、五百年近くにわたって人口激減、経済的困窮、文化遺産の損失が続いたとされる、いわゆる暗黒時代の終焉《しゅうえん》とともに、この地でギリシャの経済と文化が復興した。

イオニア人のホメロスとヘシオドスの著作が復興の先駆けとなった。フェニキア（現在のレバノン）の文字を使った著作が紀元前九世紀後半にはじまり、ただちにホメロスがそれを取り入れて叙事詩を書いた。サモスは紀元前七世紀から五世紀の間に強力な海軍を装備し、大陸のイオニア都市国家にとって重要で強力な交易の中心になった。それと時期を同じくしてイオニアでギリシャの哲学と科学が勃興《ぼっこう》した。

イオニアは小アジアの西端に位置していたため、イオニアの思想家たちは、東地中海、とりわけエジプトの優れた文明に接する機会があった。遠く東方には伝説の都市バビロンがあり、さらに東にはペルシャがあった。いずれもミレトスに住んでいたイオニアの大思想家タレス（紀元前六二四〜五四七年）とアナクシマンドロス（紀元前

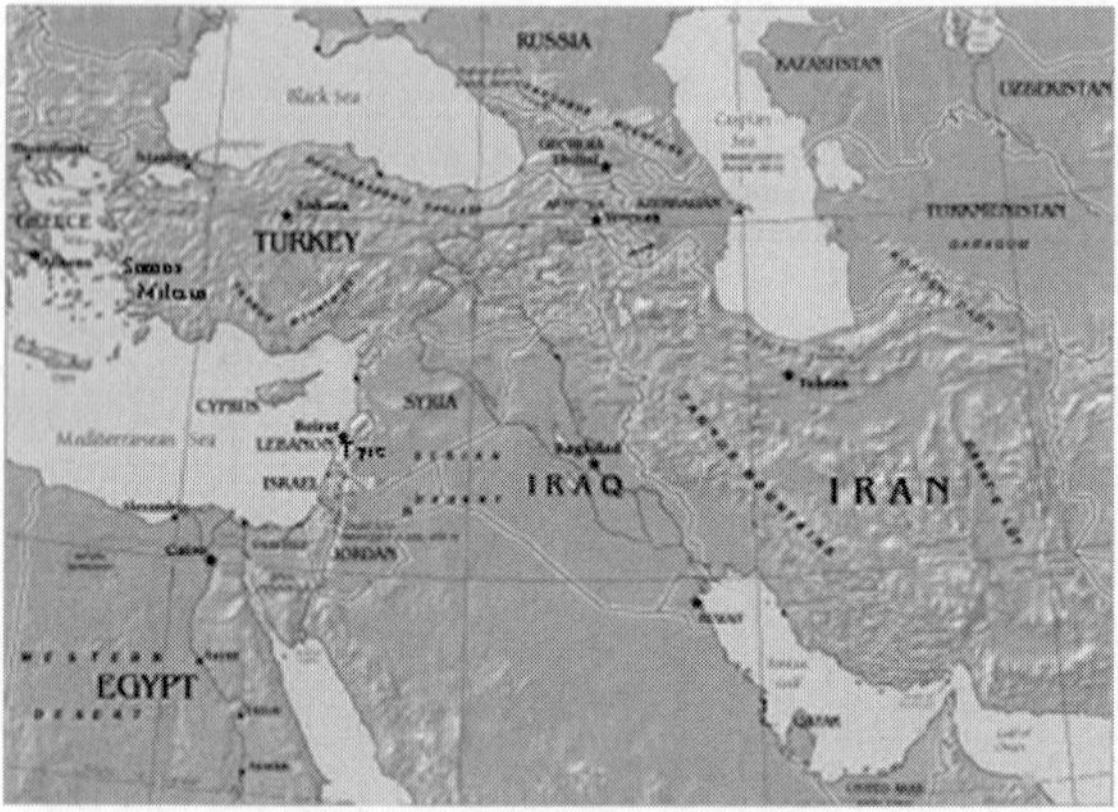

図1　イオニア、エジプト、東アジア（現代の地図で）

六一一～五四五年）は、宇宙や星の運行は魔術や神々の気まぐれな采配《さいはい》に支配されているわけではなく、自然法則に支配されているのだと説いた。宇宙には秩序があり、宇宙は理性と論理的思考を通じて理解できるとするその教えは、浸透するまでに時間がかかる新しい思想だった。その影響力は時代と場所によって強まりも弱まりもした。

タレスとアナクシマンドロスは地球の形についても考えた。タレスは、おそらく無限に続いているであろう平坦な海から地球が丘のようにせり上がっているというエジプト人の考えを支持していた。タレスより少しだけ長い時間を思索に費やしたアナクシマンドロスは、地球は円柱形をしており、天空から吊《つ》り下げられていると考えた。

ピュタゴラスは、宗教と神秘思想に対する知識欲がイオニアの哲学者たちよりはるかに旺盛《おうせい》だった。裕福な都市国家テュロスの貿易商だったピュタゴラスの父ムネサルコスは、フェニキアからイオニアへ移住し、サモスのピュタイスと結婚した。一説によれば、ムネサルコスは、飢饉《ききん》の折りにサモス島に穀物を持ち込んだ功績によってサモスの市民権を与えられたのだという。ピュタゴラスは父親に連れられて広く旅をし、テュロスへの帰途やローマ、ギリシャへの旅の途中でシリアやカルデアの学者たちと出会った。ピュタゴラスはちょっとした神童で、幼い頃から哲学への関心を示し、師であるペレキュデス（紀元前六〇〇頃～五五〇年）だけでなく、タレスやアナクシマンドロスの薫陶《くんとう》も受けた。特にタレスからは強い印象を受けた。イオニア全土の名声と尊敬を集めたタレスは、ピュタゴラスに出会った頃、すでに老境に入っていた。タレスは若い頃エジプトで暮らしたことがあり、ピュタゴラスにもエジプト行きを勧めたが、それがピュタゴラスの運命を変えることになった。(9)

エジプトへ行ったピュタゴラスは、何らかの手だてを講じて神秘思想の手ほどきを受けた。外国人の彼がなぜ最高の秘密とされた儀式の伝授を許されたのかは、よくわかっていない。ただし、どの資料も一致しているのは、ピュタゴラスの脚に鮮やかな金色のあざがあり、エジプトの神官たちがそれをエジプトの神オシリスの寵愛《ちょうあい》を受けたしるしと解釈したため、彼が神官になることを許したという点だ。後年になって、ピュタゴラスがオシリスと接したことがあり、神性を備えているという噂が広まったが、ピュタゴラス自身はその噂を否定しなかったようだ。ピュタゴラスの生涯は謎に包まれているが、とりわけエジプトで過ごした日々の詳細はよくわかっていない。ピュタゴラスは、紀元前五二五年のペルシャ人によるエジプト侵攻によって囚《とら》われの身になり、現在のバグダッドから九〇キロ離れた、当時世界でいちばん裕福な都市だった遠方のバビロンへ囚人として連行されたらしい。そこでペルシャの二元論の謎を学び、ザラスシュトラ（ギリシャ人はゾロアスターと呼んでいた）の教義を吸収した。数学知識の多くもバビロンで習得したに違いない。バビロニアの数学は、（そのバビロニアから伝わった）エジプトの数学よりはるかに進んでいた。タレスにどれだけ数学知識があったかは議論の分かれるところだが、ピュタゴラスの方がタレスより数学知識があり、数学のレベルははるかに高かった[10]。

　ピュタゴラスがバビロンから解放された詳しいいきさつは不明だが、ピュタゴラスがサモスに帰ってきたことは、すぐに人々の知るところとなった。あざを隠すために着用した、人目を引く東洋風のズボンと衣服や、聴衆を魅了する弁舌で、ピュタゴラスは大きな反響を呼んだ。合理性と非合理性、科学と神秘思想が入り混じったピュタゴラスの教えは、謹厳なイオニア哲学の学派とは際立《きわだ》った対照をなしていた。その教えの持つ力は、サモスの見捨てられたピュタゴラスの洞窟の中に今でも名残をとどめている。

紀元前五三〇年頃、ピュタゴラスと大勢の弟子たちが、南イタリアの静かなギリシャの植民地クロトンへ移住した。クロトンは、それより二世紀近く前に建設された町で、当時その地方を支配していた宗教復興の流れの中心地だったとみられる。ピュタゴラスはそこでピュタゴラス学派を創始した。実際は、学派というより、同じ考え方を共有する真理の追求者からなる教団のようなもので、女性も参加が許されていた。「セミサークル」と呼ばれる教団の内部には、財産の私有を放棄し、共同生活をして、ピュタゴラスから直接教えを受ける厳格な菜食主義の男女から構成される「マテマテイコイ」というグループがあり、教団の外部には、それよりずっと規律がゆるく、自宅に住む弟子たちから構成される「アクスマティクス」というグループがあった。教団の成員は、複雑な入団の儀式を経て、秘密の厳守を誓わされた。

ピュタゴラス教団の教徒たちは、現実のもっとも深いレベルは数学的なものであり、すべての存在は互いに関連しており、哲学は霊性の浄化の手段として利用でき、魂は高みに達して神と合体することができると信じていた。宇宙の万物が関連しているという考え方や一風変わった東洋の神秘思想とギリシャ思想の融合は、当時の人々にとって魅力的だった。ピュタゴラスとピュタゴラス教団は全盛をきわめ、ギリシャ世界の隅々にまで知れわたった。時の経過とともに、ピュタゴラスの人格に対する攻撃は勢いを失い、ピュタゴラスにまつわる過激な伝説も鳴りをひそめた。ピュタゴラスは魅力的な語り手であり、前世の詳細を記憶していたとされる。崇拝者にとって、ピュタゴラスは底知れぬ深い知識を持ち、きわめて賢く、あふれんばかりの思いやりに満ちた天才だった。一方、ピュタゴラスに敵対する者にとって、ピュタゴラスは自己宣伝の才に長《た》けたペテン師にすぎなかった。どちらが真相だったにせよ、ピュタゴラスは影響力がきわめて大きく、ピュタゴラス教団の名声はピュタゴラスの死後ますます高まった。

　何より重要なのは、ピュタゴラスが、地球が球体であると説いたことだ。彼はその根拠となる証拠を収集しはじめ、世界で初めて、地球はひとつの宇宙の中で星々と共に存在していると考えた。後世のピュタゴラス教団の信徒たち、とりわけフィロラオス（紀元前四七〇頃〜三八五年）は、地球が宇宙の中心であるという考え方までを放棄し、その代わりに、見えない炎の周りを地球、太陽、星が回っているという説を唱えた。

◆ピュタゴラスからコロンブスへ

これで、いつ、どこで、地球の表面が球面であるという考え方が生まれたかがわかった。それにしても、ピュタゴラス教団の弟子たちは秘密の厳守を誓わされたはずなのに、なぜその知識が外部に漏れたのか。外部に漏れたとしても、その知識が真剣に取り上げられたのはなぜか。また、その知識が現代にまで伝わっているのはなぜなのか。

そう考えたときに、まず気づくのは、三千年以上ものあいだ人間の本質はほとんど変わっていないことだ。最近、小説でも映画でも『ダ・ヴィンチ・コード』が大ヒットしたことからわかるように、謎は人間を魅了する。秘められた深い知識が得られる魅力に抗《あらが》える人は少ない。ピュタゴラス教団の名声を考えれば、その思想と信仰を暴露する本が売れることは間違いなかった。実際たくさんの暴露本が書かれた。フィロラオスが『自然論』を書いたのは、金に困っていたからだと言われている。

大哲学者プラトン（紀元前四二七～三四七年）はピュタゴラス学派の影響を強く受け、アテネで設立した学校「アカデメイア」の蔵書としてフィロラオスの本を購入している。プラトンは、ピュタゴラス学派の学徒である一流の数学者アルキタス（紀元前四二八～三五〇年）とも非常に親しかった。その結果、多くのピュタゴラス学派の考え方がプラトン哲学の体系とギリシャ思想の主流に取り込まれることになった。アカデメイアのもっとも優秀な生徒だったアリストテレス（紀元前三八四～三二二年）は、師のプラトンほどピュタゴラス学派に傾倒してはいなかったものの（アリストテレスはピュタゴラス教団の人々を「不潔な菜食主義者たち」と呼び、嫌っていたとされる）、ピュタゴラスの考え方の多くを広範囲に及ぶ自身の著作に取り入れた。

膨大な範囲にわたって知力を発揮したアリストテレスの重要性は計り知れない。アリストテレスは形式論理学の規則を体系化し、哲学を分類し、自然科学のあらゆる分野に貢献した。地球は球体であり、その周りを太陽と月が回転していると説いた。アリストテレスの倫理学、美学、政治学の著作は今日に至るまで読み継がれている。キリスト教もイスラム教もそうだが、中世の思想の根幹にはアリストテレス哲学の原理がある。プラトンとアリストテレスの権威に後押しされたことと、これから説明する発見がなされたことによって、地球が球体であるという考え方が人々の心にしっかり根を下ろすことになった。

アリストテレスが、当時世界最大の権力を握っていたアレクサンドロス大王の家庭教師を務めたことは、アリストテレスが直接教えを説く方法に比べれば迂遠ではあるものの、ピュタゴラス学派の考え方を世に広めるうえで決定的な役割を果たした。アレクサンドロス大王は、父親が紀元前三三八年に征服したギリシャを足がかりとして、当時知られていた限りの世界の征服を目指した。アレクサンドロス大王が没する紀元前三二三年までに、アレクサンドロス帝国の領土は地中海周辺からインドにまで及んでいた。

天賦《てんぷ》の才に恵まれた教え子と家庭教師との複雑な関係を物語る資料は何も残されていないが、アリストテレスがアレクサンドロス大王に軍事遠征を科学的な観測に利用するよう促したことは間違いない。その甲斐《かい》あってか、アレクサンドロス大王は軍事遠征に地図製作者たちを同行させた。そのとき製作された地図は残らなかったが、部将たちが記した記録は残り、それが何世紀も後になって地図を製作するときの資料になった。

アレクサンドロス大王が没すると、アレクサンドロス帝国は崩壊した。そのとき最大の分け前を獲得したアレクサンドロス帝国の部将プトレマイオス一世ソーテールは、ナイル川の河口に位置するアレクサンドリアを自らの王朝の首都と定めた。アレクサンドロス大王によって築かれ、アレクサンドロスに因んだ名を持つ最初にして最大の都市であるアレクサンドリアで、プトレマイオスは伝説の図書館の建設を開始したが、やがてそれが世界の知性と文化の中心地としてのアレクサンドリアの地位を不動のものとする。学者たちは、数十万冊、数十万巻もの蔵書を誇るこの巨大な図書館に集まって研究に没頭した。アレクサンドリア図書館の館長といえば、アテネにあったプラトンのアカデメイアの学頭に匹敵する、古代の世界で手に入れられる最高の学者の地位だったと思われる。今ならさしずめハーバード大学の学長やケンブリッジ大学トリニティカレッジの学長といったところだろうか。

キュレネ（現在のリビアのシャハト）のエラトステネスは、プトレマイオス三世の治世下の紀元前二三五年に三代目のアレクサンドリア図書館長に就任した。アテネで学んだ地理学者エラトステネスは、詩作や文芸評論も手がけ、数学、天文学、哲学の研究も行った。地球が丸いことを確信していた彼は「スペインから西へ航海すれば、最後はインドに行き着くだろう」と書いており、その地図までつくっている。

エラトステネスの話で有名なのは、ある場所にいる人間と、そこから真北に何百キロも離れた場所にいる人間では、同日同時刻に太陽が見える角度が違うことに気づいたことだ。彼は、地球が球形であるなら、その角度の差に基づいて周囲の長さを計算できると指摘した。エラトステネスは、アレクサンドリアと、そこからナイル川を南に七八二キロメートル上った現在のアスワンで、正午に太陽の角度を測定し、その差から、驚くほど正確に地球の周囲の長さを割り出した。[12] コロンブスに敵対したスペインの宮廷顧問官たちが支持したのは、この値である。その数世代後のヒッパルコス(紀元前一九〇～一二〇年)は、地球が太陽の周りを回っているという説を唱え、緯度と経度という測定単位を確立し、地球の周囲を三六〇度に分割した。

アレクサンドリアは、巨大な図書館が破壊された後も、[13] 長い年月にわたって地理学者、数学者、天文学者の拠点となった。中でも卓越していたのがクラウディオス・プトレマイオスである。プトレマイオスの著作『地理学』は地理学のバイブルになった。『地理学』は、それまでに蓄積されたあらゆる地理学知識の集大成であり、絶対的な権威を持ち、絶対的基準になった。プトレマイオスは湾曲した大地を平らな紙の上に書き写す問題を論じ、球面を平面に投影する方法を提唱した。地図に描く場所を座標(この場合は緯度と経度)に関連づけさえすれば、誰でも意のままに地図を再現できることを指摘した。アレクサンドロス帝国の部将たちが残した記録や旅行者から得られたデータを利用して、あらゆる既知の場所の緯度と経度を計算した。

プトレマイオスの『地理学』の初版に収録されていた地図は失われた。しかし、それは大した問題ではない。文章は非常に明快であり、今日読んでも得るところが多い。(14)プトレマイオスは、西ヨーロッパの海岸からインド、さらにその先に至るまで、人間が住める地域の大きさを地球全体のおよそ半分と推測し、地球の周囲の長さを二万九千キロメートルと推定した。これはエラトステネスが計算した値よりかなり小さいが、コロンブスの計算値よりは大きい。

イスラムの科学者たちを除けば、おおかたの学者は長年の間プトレマイオスの『地理学』を忘れていた。多文化のるつぼ、パレルモでノルマン人の王ルッジェーロ二世の宮廷に仕えたアル＝イドリーシー（一一〇〇～一一六五年）は、この名著のアラビア語訳を利用してプトレマイオスの計算に改良を施した。ギリシャ語の原文は失われたが、やがてビザンティンの修道士マクシムス・プラヌデス（一二六〇～一三〇五年頃）が地図以外の原稿の写しを発見した。プラヌデスは一部の地図を自らの手で再現し、残りの地図の再現を他者に委託した。一四〇六年に本文がラテン語に翻訳され、(15)ベネディクト会の修道士ニコラウス・ゲルマヌスがプトレマイオスの提唱した三つの投影法のひとつである台形投影法を使って地図を描き直した。その地図に基づいてプトレマイオスのアトラスが初めて印刷され、初版五〇〇部が一四七七年にボローニャで出版された。コロンブスが所有していて、入念に調べた地図は、その中の一冊である。

ピュタゴラスの思想は、こうしてプラトン、アリストテレス、アレクサンドリアの博学な学者たち、シチリア、中世初期の世界を経て、後世に伝わった。コロンブスの頃には、ほとんどだれもが地球が球体であると思っていた。南北の線上にある別々の場所で見える太陽の角度が異なること、水平線の彼方《かなた》から船が近づくと、まずマストが見え、それから徐々に船体が見えることなど、その考えの正しさを裏づける証拠は山ほどあった。地球が球体であると考えれば、潮の満ち引き、昼間と夜、月の満ち欠け、その他さまざまな自然現象も無理なく説明できた。

◆地球の形

地球が丸いと考えることと、それを事実として知ることは異なる。地球が球体であることを人々が疑いの余地なく確信したのはいつのことだろうか。コロンブスが球体説に疑念を抱き、地球は洋梨の形をしているのではないかと考えたことはすでに述べた。現在は、地球が完全な球形ではなく、南北方向に少しつぶれていることがわかっている。しかし、これから明らかにするように、それとは根本的に異なる推論も成り立つ。地球の形の推測は、表面の凹凸や軸方向のつぶれなどよりずっと大きな問題をはらんでいる。

地球の形に関する確実な知識を得るには、探査と、あらゆる地域の詳しい地図の作成が必要だった。コロンブスの航海から二世紀にわたって、より広範囲にわたるアトラスが作成された。それらのアトラスは、歴史を通じて、もっとも珍重され、もっとも人気の高い本のひとつになった。コロンブスが使ったプトレマイオスのアトラスは、一五〇八年、ベランドゥス・ヴェントゥス・デ・ヴィタリブスによってローマで再出版された。それがヨーロッパから新世界へ至る航路と喜望峰を迂回する航路が含まれた最初の版になった。その世界地図には小さいアメリカ大陸が載っていた。

ヴェニスのヤコブス・ペンティウス・デ・レウチョは、一五一一年にプトレマイオスの『地理学』を二八枚の地図とエボリのベルナルドゥス・シルアヌスによって入念に編集された本文と共に『リベール・ゲオグラフィエ』として再出版した。スペイン王のフェリペ二世に仕えた地理学者アブラハム・オルテリウスは、一五七〇年に『テアトルム・オルビス・テラルム（世界の舞台）』を出版した。この本は何度も版を重ねたが、未知の領域を示す空白がたくさんあり、縮尺はきわめて不正確だった。

オルテリウスの友人であったフランドル・ルペルモンド生まれのゲラルデュス・メルカトルは、プトレマイオス以降、もっとも優れた地理学者であり、地図投影法（現在メルカトル図法と呼ばれているもの）を導入することによって地図作成の手法に革命をもたらした。そのお蔭《かげ》で、船乗りたちは等角航路を描けるようになった。一六世紀末になると、メルカトルの手法とヨーロッパの探検家たちが収集したデータに基づいて作成されたアトラスがアムステルダムで出回りはじめた。地図帳を意味する「アトラス」という言葉は、メルカトルが作成した地図帳の表紙にも描かれていた、肩で天空を支えるギリシャの神アトラスに由来している。

一七世紀に印刷されたもっとも高価で、もっとも有名な本は、複数巻からなるヨハン・ブラウの『アトラス・マイヨール（大地図帳）』であり、一六六二年から翌年にかけて四つの言語で出版された。目を見張るほど美しい本だったが、多くの間違い（一部はその当時でも許されない間違い）があり、空白地帯もたくさんあった。

大地が無限に続いている可能性はなさそうだった。最悪なのは、大地がどこかで終わっている可能性だが、それもなさそうだった。しかし、マゼランの艦隊が世界一周の航海を成し遂げて一五二二年に戻ってくるまでは、いずれの仮説についても間違っていると確信をもって言える者は、誰ひとりいなかった。(16) マゼランの艦隊が世界一周を達成した後でさえ、地球が球体であると完全に判明したわけではなかった。他の可能性もあった。

他の可能性があるなど、馬鹿《ばか》げた話のように思える。だが、本当にそうだろうか。一五四六年にバッティスタ・アグネーゼが作成した、マゼランの航路が描かれたすばらしい世界地図がある（図2）。この地図を見る限り、アグネーゼが「地球が丸い」と思っていたことは間違いない。私たちは、この地図を見たときに、特に意識することもなく、上辺のすべての点が一点（北極）に収束しており、下辺のすべての点が別の一点（南極）に収束していると考える。さらに、右辺のすべての点は同じ緯度を持つ左辺の点に対応していると考える。現代の人々は、それがこの地図やそれと同様の地図を解釈する「正しい」方法であることを知っている。それは、人類が世界中を探査した結果、どこからどこまでが陸地で、どこからどこまでが海か判明しているからだ。しかし、地図に載っていない部分がこれだけ多かったアグネーゼの時代には、地図の

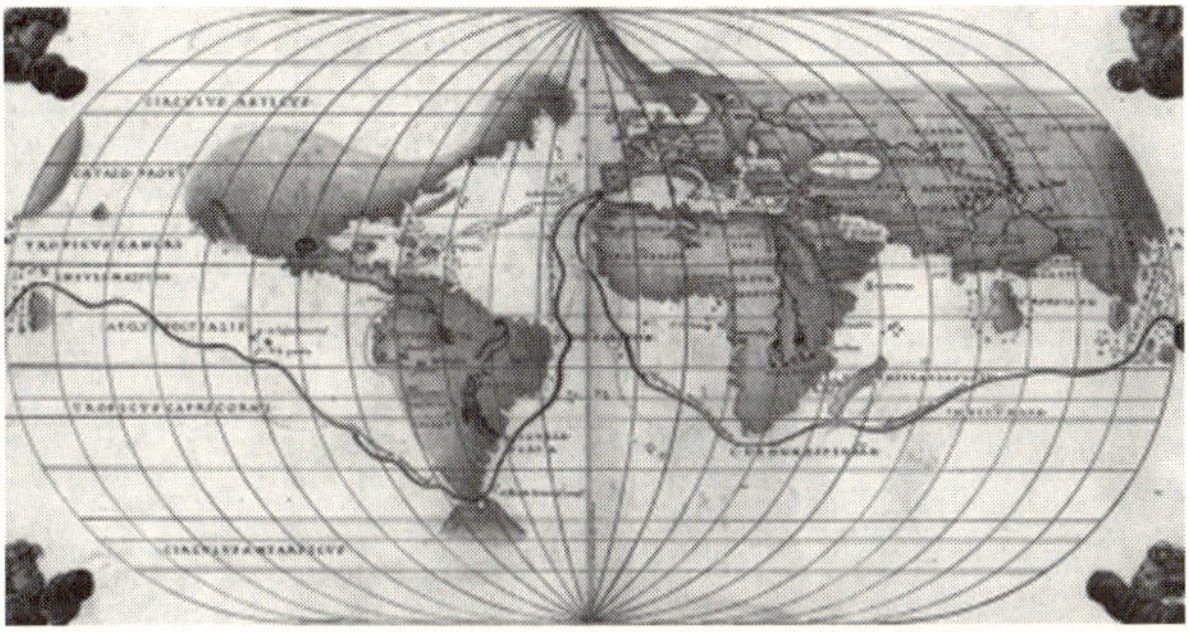

図2　アグネーゼのマゼラン航路地図

北（つまり上）の端から先へ行くと南（つまり下）の端に戻ってくることも考えられた。あるいは、北（または南）の端から先へ行ったが最後、永遠に戻ってこられない可能性さえあった。

たとえば、図3に示す分断されたアトラスは、一見すると現在のアトラスと変わらないように見える。しかし、これらの地図を球面に貼《は》り付けることはできない。

これらの地図に覆《おお》われた世界がどういうものかを理解するために、個々の地図の東端（右端）と、その右隣の地図の西端（左端）を重ね合わせて地図どうしをつなげてみよう。同様に、個々の地図の北端（上端）と、そのすぐ上の地図の南端（下端）を重ね合わせる。ここまでは問題ない。そうすると図4の世界地図が得られる。

世界地図の右端に描かれた場所は、左端に描かれ

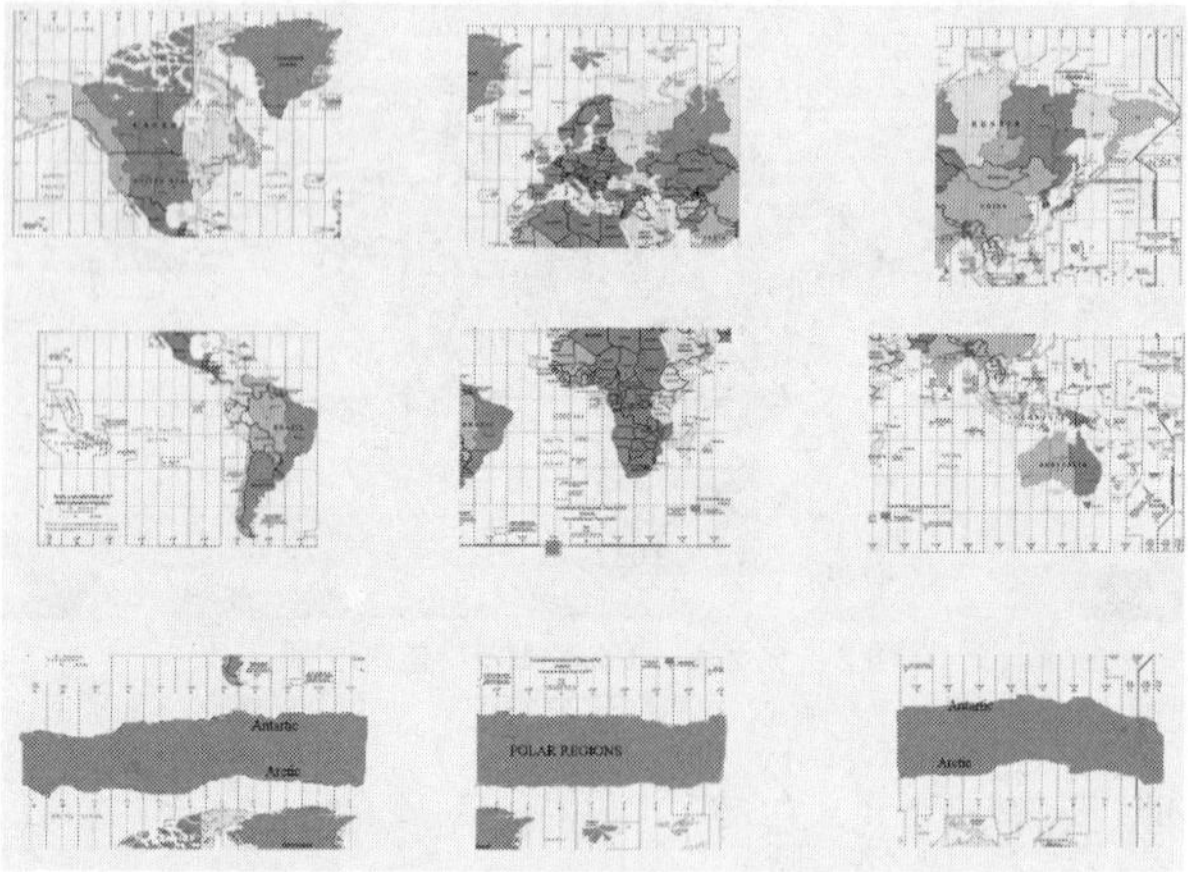

図３　分断されたアトラス

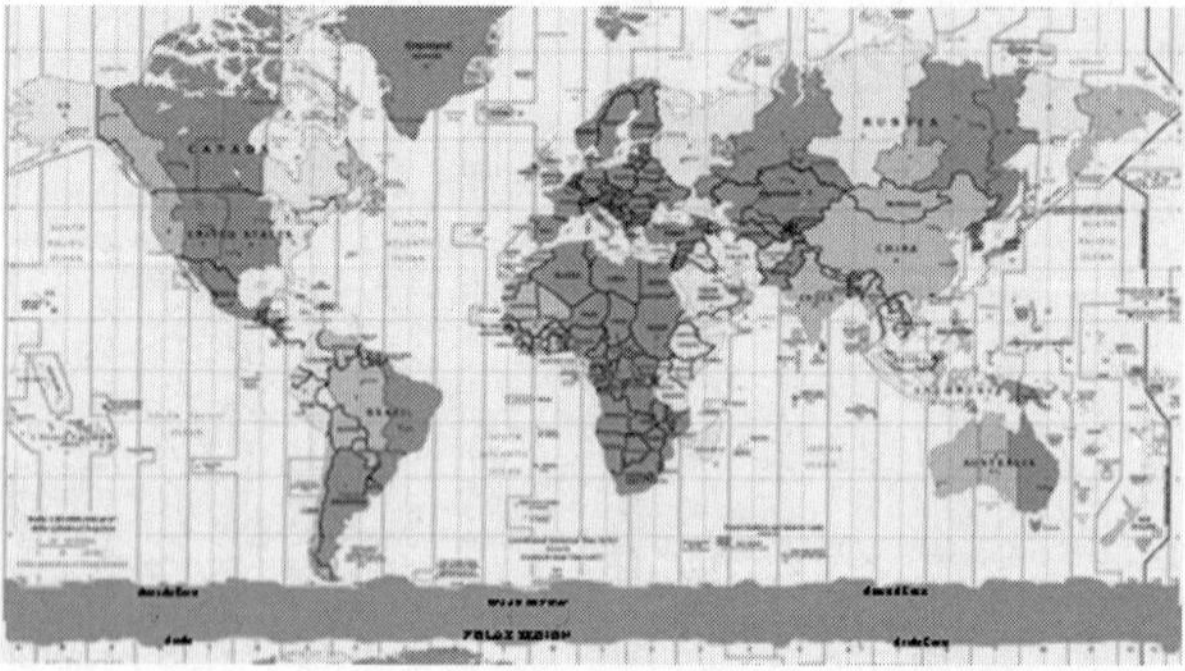

図４　地図どうしを貼り合わせてつくった世界地図

た場所と同じだ。それも問題ない。ふだん見慣れた地図と同じだ。だが、地図の上辺のすべての点が一点、すなわち北極を表すという前提が、この地図では通用しない。ここでは、上辺のすべての点が同じ経度を持つ下辺の点と同じだが、異なる経度を持つ上辺の点どうしは別々の点なのだ。

この世界を空間上の天体として表現するには、地図の上端と下端を貼り合わせ、右端と左端を貼り合わせる必要がある。そうすると、どんな形になるだろうか。図５に示すように、長方形の上辺と下辺を貼り合わせると円柱ができる。右辺と左辺を貼り合わせると、円柱の両端をくっつけるのと同じで、ドーナツの表面のような形になる。

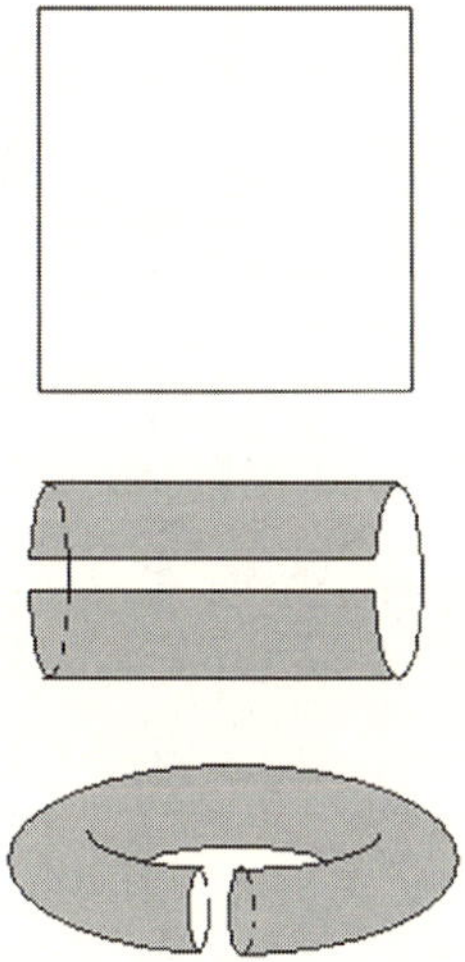

図５　上の長方形の上辺と下辺を貼り合わせると、中央の円柱になる。円柱の右端と左端を貼り合わせると、トーラスになる。図４の地図をこのトーラスに貼り付けたところを想像してみよう。

このような面（ドーナツのような中身のある立体ではなく、表面の部分）を「トーラス」という。

地球がトーラスのような形をしているわけがないという反論もあるだろう。地球がトーラスの形をしていれば、輪の内側（ドーナツの穴に面した部分）に住んでいる人には反対側の表面が湾曲しているのが見えるはずだ。そうかもしれない。しかし、地球が途方もなく大きかったらどうだろうか。あるいは、輪の内側の部分が図4の世界地図の極地に相当するとしたらどうだろうか。コロンブスの時代に、その可能性を否定することができただろうか。できなかったはずだ。マゼランが一周したのは、トーラスの穴の内側だった可能性も、外側だった可能性もある。世界が途方もなく広いとすれば、マゼランが穴の外側から内側へ向かい、再び外側へ戻ってきて、トーラスを輪切りにするような航跡を描いた可能性さえある。

図2の地図に戻って、私たちの住む世界が北に向かっても、南に向かっても無限に伸びていることがわかったとしよう。その場合、世界は無限に長い円柱の形をしていることになる。

結論は、極地を含むすべての領域が高い精度で描かれるまでは、私たちの住む世界はこういう形をしていると絶対の確信をもって断言する術《すべ》はなかったということだ。

極地や地図から抜けていた大陸の内部が地図に描かれるまでには一九世紀を待たねばならなかった。

第3章　あり得る世界の形

一般読者向けの数学の本には、数学が確実性や証明にこだわる学問であることを強調するものが多い。数学者たちも、厳密性へのこだわりを自ら揶揄《やゆ》するような冗談をしばしば言い合う。しかし、厳密性の追求には、厳密性そのものの確保よりずっと大きな意味がある。厳密性を追求することによって、通常の経験の世界には存在しない対象について理に適《かな》った推論を下せるようになるからだ。厳密性は、物事の現在の状態だけでなく、可能性を探るための道具なのだ。

前の章では、世界がトーラスの形をしている可能性について論じた。空を見上げてもドーナツの形は見えないので、地球がドーナツのような形をしていると想像するには、さまざまな可能性を受け入れる柔軟性が必要である。いまは地球を飛び立って衛星や宇宙船から地球の写真を撮ることができる。しかし、宇宙船のなかった時代の人々が、月や星を、正面から見た平たい円板ではなく、球体と見なすには想像力を働かせる必要があった。地球以外の惑星や星は点にしか見えない。天空に何が見えるかを論じるのはやめて、ここで、地表より上には何も見えない世界を想像してみよう。金星のように始終雲に覆《おお》われた惑星に住んでいると想像するのだ。その世界では、私たちの住む惑星はどんな形をしているだろうか。球体でもトーラスでもない形をしているのだろうか。

これらの問いは、普通の感覚では「間違っている」ことがわかっている地球の形を想像することを人々に強いる。数学の持ち味であるこのような想像力の遊びが新しい理解や新しい構造を生み出し、それが後になって科学の飛躍的な進歩に欠くべからざる役割を果たした例は山ほどある。

これ以上議論を進めるには、曖昧《あいまい》性を排除した明確な用語が必要だ。この章でもっとも重要なのは2次元多様体または曲面という概念である。ここでは私たちが住んでいる世界のあり得る形を考えることによって、その概念を明らかにしよう。私たちが住んでいるかもしれない世界をモデルにして2次元多様体を想像することに害けない。まず、「2次元多様体」または「曲面」を、すべての領域が紙に描いた地図で表せるような数学的対象であると定義しよう。「2次元」という言葉は、そのような対象の上の任意の点について、その近くにある点を独立した二つの方向を使って表せることを意味している。点どうしの関係を定義できなければ地図を作成することはできないため、このことは重要だ。すべての点を特定できなければならない。地図、つまり、世界を構成する点を表すのに使われる紙きれは2次元である。曲面上のすべての点が少なくとも一枚の地図に含まれるようにつくられた、曲面を表す地図の集合は「アトラス」と呼ばれる。地球のアトラスを買えば、世界の地図帳が手に入る。地球上のどんな場所も、その地図帳に含まれた少なくとも一枚の地図には載っているはずだ。したがって、2次元多様体または曲面は、アトラスによって表すことができる物体であるともいえる。

説明を補足しよう。まず、2次元多様体とは、物理的な物体を理想化した数学的対象である。「地球は球面である」という場合、その意味するところは、数学的対象である球面が地球の表面のモデルに適しているということだ。ところで、「球面」とは、球の外側の表面のことであって、球の中に詰まっているものは含まれない。したがって、「地球は球面である」という場合、地表の下にある岩盤やマグマはそこに含まれない。同様に「トーラス」はドーナツの表面をモデルにした2次元多様体であって、中身は含まれない。こうして注意深く用語を定義し、厳密性を期すことによって、どんな奇妙な物体でも定義できるようになるが、物理的な概念と数学的な概念を混同しないように注意しなければならない。ここでいう2次元多様体とは、ある点の近くのすべての点が地図で表せるような特性を持った点の集合である。定義はそれに尽きる。2次元多様体なら必ず何らかの立体の曲面であるとは言えないが、数学者は「曲面」と「2次元多様体」を同義語として使う[17]。どんな多様体の上でも一貫して右と左を定義できるわけではない[18]。しかし、一貫して右と左を定義できるような2次元多様体は何らかの立体の曲面として表現できるし、その逆も成り立つ。そのような2次元多様体のことを「向きづけ可能」な多様体という[19]。

もうひとつ注意する必要のある重要な言葉は「次元」だ。日常会話では、「地球(あるいは球面)やトーラスは3次元だ」と言うことがよくある。球面やトーラスを空間に収めるには3次元空間が必要だからだ。しかし、この本で「次元」という言葉をそのような意味で使うことはない。この本でいう「次元」とは、ある物体の上に存在する特定の点の近くのすべての点を表すのに必要な独立した方向の数である。アトラスに含まれているすべての地図を集めて曲面全体を表す物体を再現するときに3次元(あるいはそれ以上の次元)が必要になることはたしかだが、2次元多様体あるいは曲面の次元はあくまでも2次元である。次元とは、多様体に生物が住んでいるとすれば、その生物が経験する世界の独立した方向の数であって、その多様体を空間に収めるのに必要な次元の数ではない[20]。したがって、地球の曲面は2次元である。なぜなら、紙に描いた地図を使って曲面のひとつの領域を表すことができるからだ（あるいは、緯度と経度のような二つの数字を使って、特定の固定点の近くの任意の点を表すことができるからだ）。平面は2次元だが、曲がっていようがいまいが（たとえ円であっても）、線はすべて1次元である。地球が存在する空間（つまり宇宙）は3次元であり、地球の表面下の部分（つまり岩盤やマグマ）も3次元である。後の章で次元の概念について再び論じるときに次元をより厳密に定義し、次元を数値に置き換える。そのときに任意の次元の多様体が存在することがわかるだろう。

日常会話でもよく使われる言葉だが、この本で使えるような厳密な意味では使われていない用語をあと二つ定義しておこう。ひとつは「境界」である。2次元多様体の中には境界を持っているものも、持っていないものもある。2次元多様体の境界は、多様体に住んでいる人から見た、その多様体の縁、または縁の集合である。あらゆる方向に無限に続く平面は境界を持っていないが、平面上の円板は境界を持っている。その場合の境界は円板の区切りとなる円だ。全長一メートルの銅パイプの外表面は境界を持っている。その場合の境界はパイプの両端の円だ。球面は境界を持っていない（ただし、球面は、球面に囲まれた球の境界である）。地球に住んでいる人間が地球の果てに行き着くことはない。同様にトーラスは境界を持っていない（ただし、トーラスは、トーラスに囲まれたドーナツの境界である）。2次元多様体が境界を持っていれば、その境界は1次元である。境界という概念は物体の次元をまたぐ。円は境界を持っていない（ただし、円は、円に囲まれた円板の境界である）。両方向に無限に伸びる直線も境界を持っていない。しかし、全長一メートルの直線の線分は境界を持っている。その場合の境界は両端の二つの点だ。地球内部という立体は境界を持っている。その場合の境界は球面という2次元多様体だ。多様体が境界を持っている場合、その境界の次元は多様体の次元より一つ小さい。

定義する必要のある二つめの用語は「有限」である。2次元多様体を表す地図の数が有限であれば、その2次元多様体は有限である（または「コンパクト」である）という。学校で習った、二つの独立した方向へ無限に伸びるユークリッド平面（これ以降は「ユークリッド2-空間」または単に「2-空間」と言う）は、有限でない2次元多様体である。球面もトーラスも有限な多様体である。いずれの場合も、多様体の上を移動すれば、最終的には必ず出発点の近くへ戻ってくる。果てしなく移動が続くことはない。

「ある物体が有限であるためには、境界を持っている必要がある」というのは、よくある勘違いだ。昔の人々が大地は有限かどうかを考えはじめた頃、大地は無限に続いているのか、それとも大地には果てがあって、そこを通り越すと奈落《ならく》の底へ落ちるのかという議論がしばしば交わされた。当時の人々の頭には、大地が球面（またはトーラス）であり、したがって有限であると同時に境界を持っていないという考えは浮かばなかった。大地が球面であると考えるには、地球の裏側にいる人々がこちら側に足の裏を向けて歩いているという一見すると馬鹿《ばか》げた考え方を受け入れる必要があった。現在この考え方に抵抗を感じる人はいないが、宇宙のことを話す段になると、それと同じ間違いを犯す人は今でも大勢いる。彼らは、宇宙が有限なら、宇宙には境界（2次元の物体）があり、そこから先には行けないと考えるのだが、そんなことはない。

◆幾何学と位相幾何学

最後に、二つの多様体が「同じであること」が何を意味するのかを厳密に定義しておく必要がある。何が対象であってもそうだが、「同じであること」の意味は見る人の観点によって異なる。二つの物体が、ある意味では同じ、つまり「同値」であるが、別の意味では異なることがあり得る。私たちが形について話すときに注目するのは、大きさや距離のような「幾何学」に関連する特性ではなく、引き伸ばしたりちょっと変形したりしても変わらない性質である。そのような性質は「位相幾何学」の範疇《はんちゅう》に属する。ここで、近くにある点の集まりどうしが対応するように、一方の曲面上の点をもう一方の曲面上の点に一対一対応させることが可能であるとき、それら二つの曲面は「位相的に同じである」と定義しよう（このような対応を「連続」という）[21]。位相的に同じである二つの多様体は「同相」であるといい、それらの多様体が同じであることを成り立たせる一対一対応のことを「同相写像」という。位相幾何学では、二つの曲面（またはその他の物体）が同相であるかどうかを見きわめるうえで決め手となる曲面（およびその他の物体）の性質を研究する。そのような性質は「位相的性質」と呼ばれる。

位相的性質は、長さや角度などの幾何学的性質とまったく異なることがある。一方の曲面を伸ばしたり縮めたりして変形すると、もう一方の曲面になるような二つの曲面は、すべて同相である（引きちぎると連続性が失われるため、引きちぎることはできない）。異なる半径を持つ二つの球面は同相である。図６に示す曲面はすべて同相であり、位相幾何学者はこれらの曲面をすべて球面と見なす。位相幾何学者にはコロ

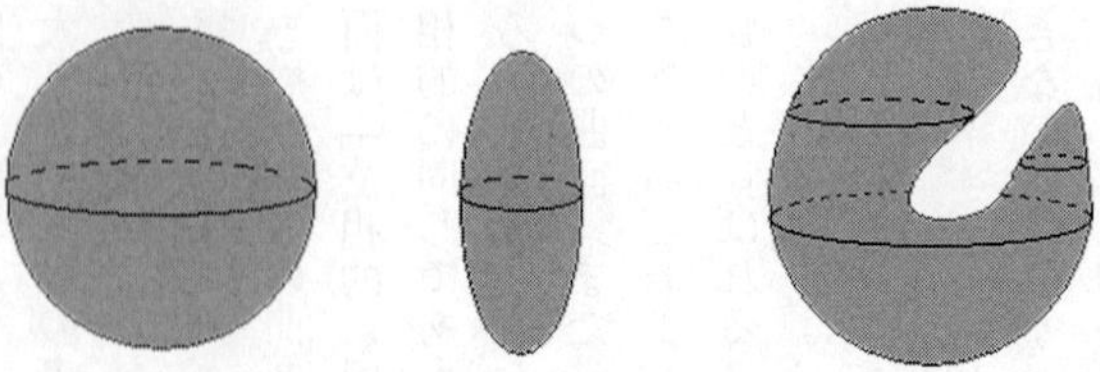

図6　これらはすべて２次元球面と同相である

ンブスが何を心配していたのか理解できないだろう。位相幾何学者にとって、コロンブスが想像した洋梨《ようなし》のような世界は、リンゴの表面と同様に球面なのだ。混乱を避けるために、図６の左端に示した対称的な球面のことを「完全に丸い球面」ということがある。コロンブスが思い描いた洋梨の形はその完全に丸い球面ではないが、球面であることに変わりはない。

同相写像は、「同じであること」を示す概念としては明らかに非常に大雑把なものだ。たとえば、図７の「結ばれた」トーラスと普通のトーラスとの関係を考えてみよう。（トーラス上の点が自分自身と交差することが許されない限り）一方のトーラスを連続的に変形してもう一方のトーラスにすることはできないが、それでも、これら二つのトーラスは同相である。[22] 第２章の図４の地図の上辺と下辺を貼《は》り合わせて円柱をつくり、ひもを結ぶようにその円柱を結んだあと、円柱の両端を貼り合わせれば、結ばれたトーラスが出来上がる。雲に覆われた世界に住んでいるため、遠くにあるものの形が見えない住人は、アトラスだけを見ても、自分の住んでいる世界が結ばれたトーラスなのか普通のトーラスなのかわからない。人間が「結ばれたトーラス」のような世界に住んでいるとすれば、大地の表面を複数の地図に分割し、それを貼り合わせて曲面を組み立てたときに、それが普通のトーラスになる可能性がある。

◆曲面の分類

図７　結ばれたトーラス

これで用語を定義したので、あり得る世界の形に関する意味のある問いを提起できるようになった。ここで、すべての地域が隈《くま》なく地図に描かれた世界に私たちが住んでいるとしよう。つまり、全世界を構成するすべての地図からなる地図帳があると仮定するのだ。地図の数が有限なので、その世界が果てしなく続いている可能性はない。縮尺をほぼ同じにして地図をコピーし、重複する部分を取り除き、地図を貼り合わせると、どんな形になるだろうか。つまり、2次元多様体があり得る形にはどんなものがあるのだろうか。

まず、球面とトーラスだけがあり得る形ではないことを言っておこう。図8に示す2穴トーラスのような形もある。このような世界に住んでいる人がどこから移動を開始しても、大地の果てにたどり着いて奈落の底に落ちることはない。この世界に果てはない。どの領域の地図でもつくることができる。すべての地図を集積して世界のアトラスをつくることができる。この世界に住む地理学者がアトラスを調べて、世界がどんな形をしているか突き止めることはできるだろうか。穴に出くわす探検家はいない。すべての部分がつながっている。

この世界のアトラスがどうなっているかを調べるために、簡単に地図が描けるような領域に地表を分割してみよう。それらの領域地図をつなぎ合わせれば、ひとつの世界をつくることができる。図9に示すように、ある点を始点とする四本の曲線に沿って曲面を分割する。どことどこをつなげればよいかわかるように、曲線にA、B、C、Dという記号を付けておき、図の方向に切断する。まず曲線Aと曲線Cに沿って曲面を切断し、紙の上に置くと8の字の形になる。残りの二本の曲線（この時点では直線の線分になっている）に沿って曲面を切断し、広げた形は八角形に変形でき、最終的

図8　2穴トーラス

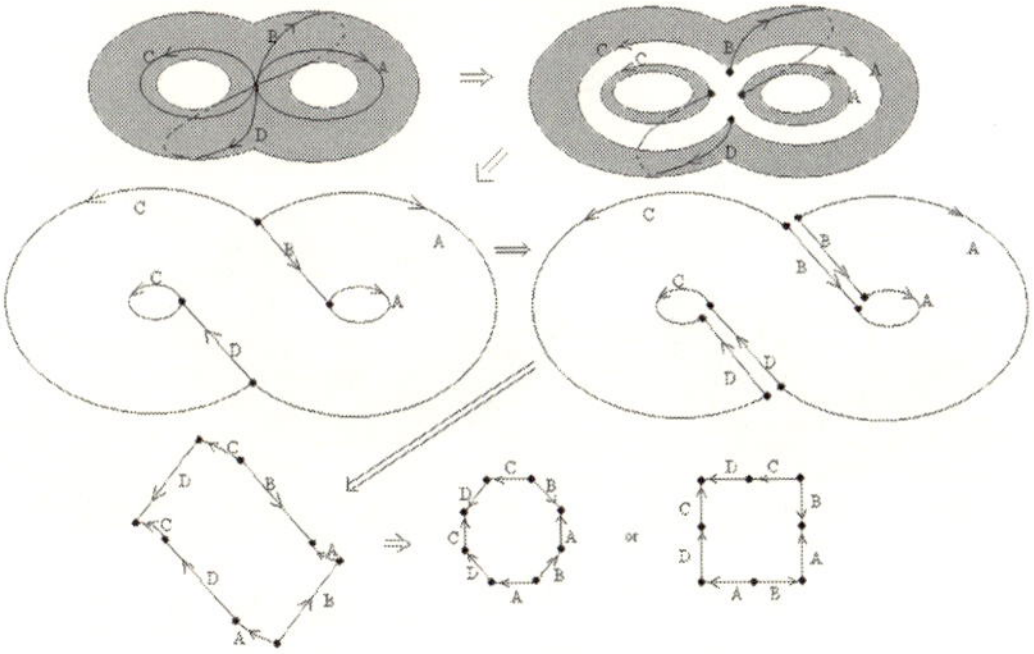

図9　2穴トーラスを切り開く

には長方形にも変形できる。そうすると、貼り合わせるべき辺に同じ記号が付いた地図が得られる。

　この状態で、あり得るすべての2次元多様体を列挙することはできるだろうか。マゼランの艦隊が戻ってきてから人間が極地に足を踏み入れるまでの間、あり得る世界の形を推測することはできたのだろうか。その問いに対する解答と証明は、一九世紀のもっとも優れた数学の業績のひとつである。

　解答、つまりすべてのあり得る形のリストは拍子抜けするほど簡単だ。私たちは2穴トーラスに住んでいる可能性がある。同様に、3穴トーラ

図10　3穴トーラス

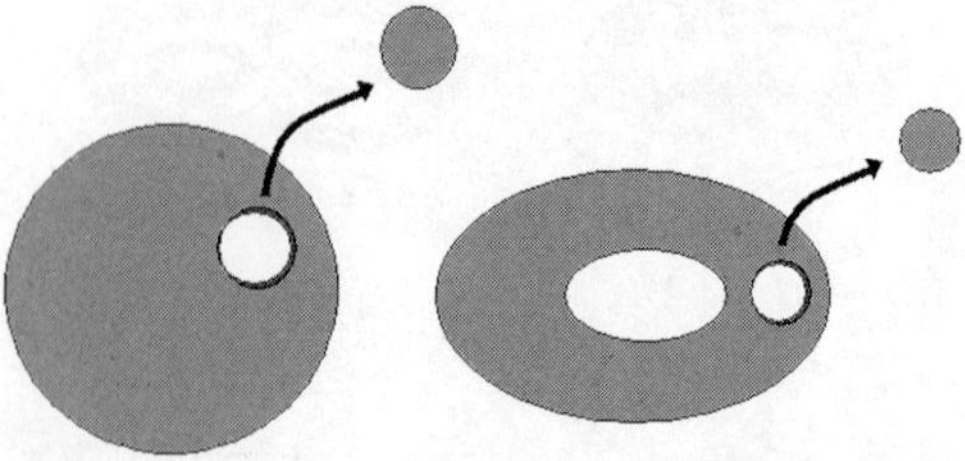

図11　球面（左）とトーラス（右）から円板を切り抜く

ス（図10）に住んでいる可能性も、4穴トーラスに住んでいる可能性もある。要するに、任意の数の穴を持つトーラスに住んでいる可能性があるのだ。これらはすべて異なる形であり、存在し得る向きづけ可能な2次元多様体はこれらに尽きる。これらが世界のあり得る形のすべてだ。世界の形がその中のひとつであれば、その世界のどこに住んでいても、その場所の周囲の地図をつくることができる。

さまざまな多様体について考えるときには、二つの多様体の連結和という概念を利用すると便利だ。ここで二つの2次元多様体があり、それぞれの多様体から円板を切り抜くことを想像してみよう（図11）。

円板の境界は円である。円板を切り抜いた後に残った、境界を持つ多様体どうしを、それぞれの境界である円を同じものと見なして境界で貼り合わせると、境界のない新しい2次元多様体が得られる。このような多様体は、もとの二つの多様体の「連結和」と呼ばれる。図12は、2穴トーラスが二つのトーラスの連結和であることを示している。3穴トーラスは2穴トーラスと普通のトーラスとの連結和であり、したがって三つのトーラスの連結和である。4穴トーラスは四つのトーラスの連結和であり、穴の数がそれ以上のトーラスでも同様の関係が成り立つ[23]。

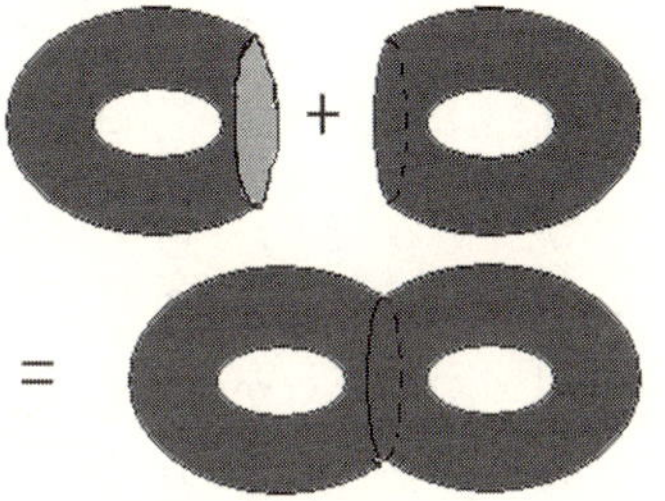

図12 連結和

したがって、トーラスと球面の連結和をとれば、境界を持たず、向きづけ可能で、有限な2次元多様体（つまり何らかの立体の曲面）の完全なリストが得られる[24]。この結果についてよく考え、数学を深く知れば知るほど、そのことがますます不思議に思えてくる。曲面は数学のあらゆる分野に登場するが、その形は実にさまざまだ。当代きっての数学者ウラディミール・アーノルドは、曲面の分類定理の発見が数学に導入されたことをアメリカ大陸の発見になぞらえている[25]。

有限な2次元多様体のあり得るすべての形がわかった

ところで、未知の世界の完全なアトラスを目の前にした地理学者の立場に立ってみよう。つまり、すべての領域が隈なく載っている地図帳を持っているが、世界の形がわからないと想定するのだ。その地理学者は、その世界がどの2次元多様体なのか、判断できるだろうか。すべての地図を貼り合わせることによって曲面の構成を試みることもできるが、それはきわめて難しい作業になるだろう。住んでいる世界が2穴トーラスあるいはもっと複雑なトーラスだとしたら、その作業の難しさは想像を絶する。

この問いから面白い数学理論が浮かび上がる。その理論の中核となるのは、曲面上の「閉道」または「ループ」について考えることだ。ループは、同じ点が始点であり、終点でもある経路だ。曲面上に住んでいる人にとってループは周遊旅行のようなものだ。つまり、ある地点から出発し、スタート地点に戻ってくるまでの曲面上の軌跡である。糸を垂らしながら移動し、スタート地点に戻ってきたときに、その糸が描く曲線と考えればいい。数学者は「ホモロジー」と呼ばれるループどうしの関係を導入し、それを利用してさまざまなループを分類し、ループを数のように操作することができる。位相的に異なる多様体は、多様体上のループの振る舞いの違いによって区別される。それについて詳しく説明すると話が先に進みすぎてしまうので、ここでは重要な例をひとつ挙げるにとどめておこう。

普通は「トーラスには穴が開いている。それが球面とトーラスの違いだ」といえば事足りる。だが、トーラスの形をした途方もなく大きい（おまけに雲に覆われている ために遠くが見えない）世界に住んでいて、宇宙船が利用できなければ、その穴を見ることはできない。しかも、図７のようにトーラスが結ばれていたら、穴の意味を説明することとさえままならない。

ところが、自分が住んでいる世界がトーラスなのか球面なのかを区別する方法があるのだ。トーラス（またはトーラスの連結和）の上には、球面上のどのループとも本質的に異なるループが存在する。理解を助けるために、多様体に住んでいる人が周遊旅行に出かけたところを想像してみよう。出発点に杭《くい》を打ち、細い釣り糸をその杭にしっかり結び付けて、釣り糸を垂らしながら移動する。中間地点で立ち止まり、その場でリールを巻き上げると、出発点の杭に釣り糸が結ばれているため、糸がピンと張る。そのとき、釣り糸は、立ち止まった場所と出発点との間の最短経路を示す（糸の長さを測れば、出発点と立ち止まった場所との間の正確な距離がわかる）。さらに周遊旅行を続けよう。

出発点に戻ってくると、釣り糸の巨大なループが形成される。そこでリールを巻き上げてみよう。釣り糸は出発点に固定されているが、糸を最後まで巻き上げることはできるだろうか。住んでいる世界が球面または平面であれば答えはイエスだ。たとえ地球の赤道に沿ったループであっても、最終的には出発点にまで縮めることができる。リールを巻き上げると、釣り糸は、たとえば北に向かって球面上をスライドする。その状態のループは、もはや赤道に沿って移動した軌跡からは外れている。ループは次第に径を小さくしながら、北大西洋からカナダへ移動し、北極の上を通り、再び南下して、最終的には出発点に戻ってくる。

たとえば、球面がコロンブスの洋梨のような形をしている場合は、出っ張った部分を通り越すときにリールをちょっとゆるめて糸を繰り出す必要があるが、その後は糸を引っ張ってループを一点に縮めることができる。リールを巻き上げるにつれて「曲面上」のループはどんどん小さくなる[26](ただし、ループを曲面から離したり、地下に潜らせたりすることはできないものとする)。しかし、トーラスの上には一点に縮めることができないループが存在する。特に「穴」の円周上を移動した場合、そのループを縮めて穴の直径より小さくすることはできない。トーラスの連結和についても同じことが言える。図13は一点に縮めることができないループと、縮めることができるループを示している。

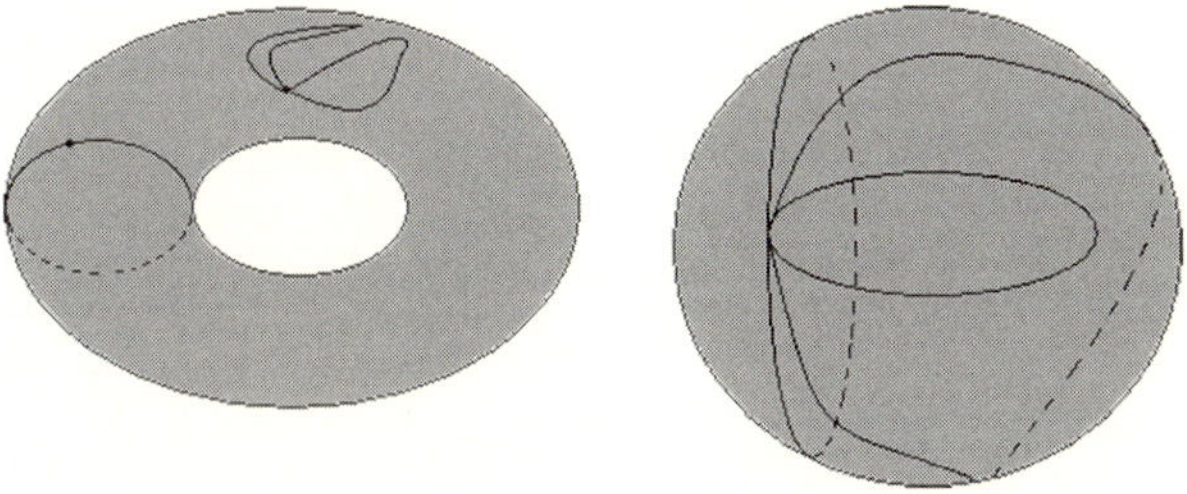

図13　上に示したトーラス上の左端のループを曲面上の1点に縮めることはできない。他の2つのループは1点に縮めることができる。球面上のループはすべて1点に縮めることができる。

ある多様体上のすべてのループを一点に縮めることができれば、その多様体は「単連結」であるという。２次元多様体の分類定理から、球面が唯一《ゆいいつ》の単連結な２次元多様体であることがわかる。難しい作業ではあるが、アトラスを目の前にした地理学者は、アトラスが描く多様体が単連結であるかどうかを調べることによって、世界が球面かどうかを判断することができる。

「３次元多様体」については、まだ定義していない。地球をモデルにして２次元多様体を考えたのと同様に、３次元多様体を、宇宙をモデルにした数学的対象と考えることができる。「３次元球面」と呼ばれるきれいな形をした３次元多様体がある。３次元球面は有限であり、境界を持たず、すべてのループを一点に縮めることができるという性質を持っている。ポアンカレ予想によれば、これが有限で単連結な

「唯一の」3次元多様体である。その予想はいったい何を意味しているのだろうか。
そして、3次元空間とは何なのだろうか。

第4章 宇宙の形

地球と同じように、宇宙のアトラスも複数の地図から構成される。ただし、宇宙の領域を表す地図は長方形の紙切れではない。地図をつくるとすれば、惑星や恒星の位置に対応する液晶が点灯する、透明な液晶に満たされたガラスボックスのようなものになる（水槽や透明な靴箱のようなものと考えればよい）。太陽系が含まれたボックス地図を見ると、地球から真上の方向へ四三一光年離れた場所に北極星に相当する点が見える。地球の軌道面には太陽系の他の惑星が見える。ボックスの赤道面から南方向へ四光年ちょっと離れた場所には、地球にいちばん近い恒星であるケンタウルス座のプロキシマ星とアルファ星がある。ボックス地図の縮尺によっては、これも赤道面から南の別の方向に二万五千光年離れたところに巨大なブラックホールを宿した銀河中心が見える。そこから少し違う方向へさらに二百九十万光年離れた彼方《かなた》には、地球にもっとも近い渦巻銀河であるアンドロメダ銀河がある（図14）。

宇宙のアトラスは、このような透明な靴箱の集積であり、宇宙のすべての領域が少なくともそのうちのひとつのボックスに描かれている。現在有力な説が正しく、宇宙が無限に広がるものでないとすれば、完全なアトラスを構成するボックスの数は有限である。だが、それらのボックスを組み立てて構築した宇宙全体の姿を「見る」術《すべ》はない。宇宙のすべての部分が描かれた地図から構成される宇宙の完全なアトラスがあれば、透明な靴箱の地図を組み立てようと試みることはできる。しかし、すべての世界地図を集めて地球を組み立てるだけの平坦《へいたん》な場所が地上にないのと同様に、通常の空間には、すべての靴箱地図がうまく収まる場所がない。宇宙全体の形を思い描くことは難しい。

さらに、宇宙の外に出られないという問題がある。それが地球と宇宙の大きな違いだ。地球ではロケットで外から地球を眺めることができる。したがって、2次元である地球の表面を3次元で見て、地球が3番目の方向に曲がっていることを確認でき、全体の形を簡単に頭に描くことができる。ところが、宇宙の形を見るために宇宙の外へ出られたとしても、宇宙は3次元であるため、少なくとも4次元でものを見る能力がない限り、宇宙全体の形を思い描くことはできない。

だからといって宇宙に形がないわけではない。また、宇宙が湾曲している可能性がないわけでもない。宇宙はさまざまな形をしている可能性がある。地球の表面と同様に、宇宙の湾曲の度合いが場所によって異なることもほぼ間違いない。

宇宙は地球に比べれば途方もなく大きいが、宇宙を調べることには、大地の形について頭を悩ませていたピュタゴラスの後継者たちが考えも及ばなかった大きな利点がある。地球では、水平線に阻《はば》まれて遠くまで見通すことができないため、適度な大きさの領域を地図に描くには人間が移動する必要があるが、宇宙の場合は、望遠鏡を使って、はるか遠方まで見ることができる。空に見えるさまざまな物体までの距離を測定する技術も大幅に向上している。したがって、地球から飛び立たなくても、宇宙のかなり大きい領域をカバーする地図を作成できる。数学もコロンブスの時代に比べて格段に進歩しており、宇宙の形の解明に利用できる強力な数学の道具もたくさんある。

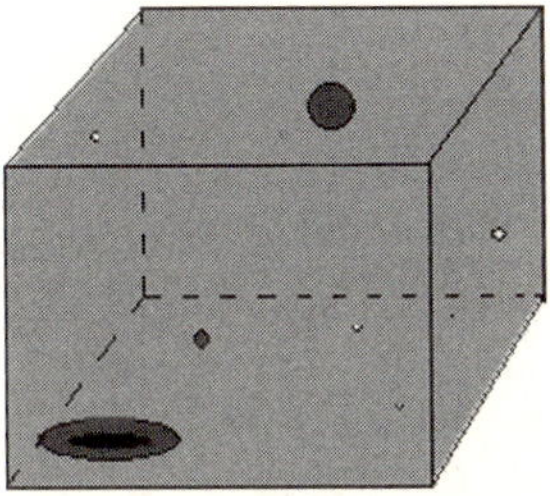
図14　小さい渦巻銀河が左下の手前に見える宇宙の領域の地図

◆有限な宇宙

ギリシャ人は地球が球体であると考えていたが、その多くは宇宙は無限に続いていると思っていた。たとえば、ピュタゴラス学派の名だたる数学者でプラトンの友人だったアルキタスは、宇宙についてこんな言葉を残している。

たとえば、私が大地を飛び立ち、恒星の天空に達したとしたら、そこで外に向かって手や棒きれを突き出すことはできるだろうか。それができないと考えるのは馬鹿《ばか》げている。棒きれを突き出せるとすれば、外側にあるものは物体か空間であるはずだ（後で述べるが、物体でも空間でも結論は変わらない）。そうだとすれば、その物体なり空間なりを突き進み、新たな境界に達したら同じ問いを発して、さらにその外側に出ることができる。このように棒きれを突き出せる新たな場所が常にあるということは、広がりに限りがないことにほかならない。果てしなく広がっているものが物体であれば、宇宙の広がりに限りがないという命題が証明される。たとえ広がっているものが空間であったとしても、空間には物体が現に存在しているか、存在する可能性があり、無限のものについて考えるときは存在の可能性を存在として扱う必要があるため、果てしなく広がる物体と空間が存在するはずだという結論に変わりはない。(27)

アルキタスは、宇宙には境界がないと言っている。宇宙のどこにいても、空を見上げれば、宇宙が宿している物体のほかは、ほぼ同じものしか見えないだろうというのだ。宇宙の果てが見えることはない。宇宙のどこにいても、手や棒きれを突き出すことができるからだ。アルキタスは、境界がないのだから宇宙は無限だという誤った結論に達した。彼の議論のどこが間違っているかを理解するには、地球の表面を舞台にして同じ議論を展開してみればよい。地球上のどこにいても、屋外である限り、水平方向に手や棒きれを突き出したときに、それを妨げる障壁はない。地球上には境界もへりもない。アルキタスの結論が正しいとすれば、大地はすべての方向へ無限に広がっていることになる。しかし、実際はそうなっていない。大地は球面である(トーラスである可能性もあった)。「地球にはへりがないのだから、地球は無限に広がっている」と言えないのと同じことで、宇宙に境界がないことは、宇宙が無限に広がっていることとは違う。

宇宙は無限に広がっているかもしれないが、その可能性はきわめて低い。空間と物質は非常に密接に関連しているので、宇宙に無限の量の物質が存在するという説が正しいとなれば、数々の重大な理論上の問題が生じる。一方、宇宙に境界のようなものがある可能性もあるが、それは地球が円板であり、へりから外へ出ると奈落《ならく》の底に落ちるという考えにやや似ている。数学の教育を受けた科学者で、この説をまともに信じている者はほとんどいない。

あり得る地球の形がたくさんあったように（球面、トーラス、二つのトーラスの連結和など）、あり得る宇宙の形もたくさんある。その数は果てしなく多い。しかも、曲面の場合と違って、宇宙のあり得る形については分類さえなされていない。ともかく種類が多すぎる。

宇宙の大きさと形に関する限り、私たちが置かれている状況は、一四九二年のコロンブスの状況とほぼ同じと言ってよいだろう。コロンブスの時代に地球の完全なアトラスがなかったのと同様に、現在、宇宙の完全なアトラスは存在しない。超高速の宇宙船で地球を出発し、（惑星や恒星にぶつからないように注意しながら）一定の方向に突き進めば、きわめて長い年月を経て、やがて出発点の近くに戻ってくるというのが大半の宇宙論研究者や数学者の意見だ。もちろん距離が膨大であり、光速によって物理的な航行速度が制限されるという条件の違いはあるが、地球から飛び立って宇宙を一定方向に直進すると出発点に戻ってくるという説の持つ意味や逆説性は、エラトステネスやそのおよそ千七百年後のジョン・マンデヴィルが唱えた、スペインから西へ航海すれば出発点に戻ってくるという説のそれと変わりがない。また、コロンブスの時代と同様に、戻ってくるまでの距離についてもさまざまな推定値がある。

◆3　多様体

人間は3次元を超える次元でものを見ることができないし、宇宙から外へ出ることもできないため、宇宙全体の形を頭に描くことは難しい。宇宙の形を論じるときには、曲面の場合にもまして論じる内容に厳密性を期する必要がある。第3章では「2次元多様体は地球の表面と主な性質を共有する数学的対象である」と説明した。その主な性質とは、すべての領域を紙の上の地図に描けることだった。2次元多様体の上の任意の場所にきわめて微小な生物が住んでいるところを想像してみよう。その生物には周囲の領域が無限に広がっているように見える。その生物は平面の上で暮らしているように感じる。球面とトーラスは2次元多様体の具体例であり、私たちは、あり得る世界の形として、さまざまな2次元多様体を考えた。2次元多様体はあり得る世界の形をモデルにした数学的対象である。

それに相当する、宇宙をモデルにした数学的対象は「3次元多様体」または「3-多様体」である。3-多様体は、透明な水槽や靴箱の内部の点の集合として地図に描くことができる領域に属するすべての点の集合だ。言い換えれば、この多様体では、任意の点の周囲の領域が平面ではなく、空間のように見える。2次元多様体の場合と同様に、地図の集合を「アトラス」という。すべての点がいずれかの地図によって表される領域に属するという意味で、アトラスは「完全」である。3-多様体は、アトラスに含まれているすべての地図によって描かれる物体である。

3-多様体より思い描くのがやや簡単なのは「境界付き3-多様体」である。球体や地球がその例だ。ただし、今度は地表だけでなく、地下にあるものも含まれる。地球の内部に人が住んでいるとすれば、その人は周囲のすべての点を水槽の中の点の集合に対応させることによって地図に描くことができる。地球の境界、つまり曲面は2次元球面である。中身の詰まったトーラスも境界付き多様体である。たとえばドーナツや金属のリングがその例だ。この場合も境界は2次元多様体だが、地球と違って、その境界は球面ではなく、トーラスだ。トーラスの表面ではなく、ドーナツの中に人が住んでいるとすれば、その人も周囲の点を水槽の中の点に対応させることによって地図に描くことができる。

二つの境界付き3‐多様体があって、それぞれの境界（2次元多様体）が互いに同相（たとえばどちらの境界も球面）であれば、二つの境界の間に存在する同相写像の関係のもとで、対応する点を同じものと見なす（いずれの境界上にも存在しない点を別々の点と見なす）ことによって、二つの多様体を境界に沿って貼《は》り合わせることができる。その結果得られる数学的対象は境界のない多様体である。なぜなら、貼り合わせることによって、かつての境界点が境界点でなくなるからだ。かつての境界点では、境界の片側の領域は一方の多様体に属し、反対側の領域はもう一方の多様体に属するため、一方の多様体ともう一方の多様体の間を自由に行き来できる。言い換えれば、かつての境界点に人がいるとすれば、その人の周りの領域は一方の多様体またはもう一方の多様体に属する点で満たされており、その人は立体の靴箱を使って、その領域を地図に描くことができる。

曲面のときと同じように、一方の3‐多様体の点をもう一方の3‐多様体の点と連続的に一対一対応させることができれば、二つの3‐多様体は「位相的に同じである」という（「連続的」という言葉は、近くの点どうしが対応するという概念を表す専門用語である）[28]。位相的に同じ二つの3－多様体も「同相」であるといい、それらの多様体が同じであることを成り立たせる一対一対応を「同相写像」という。

3－多様体を表す有限なアトラスが存在すれば、その3－多様体は「コンパクト」または「有限」であるという。ユークリッドが考えた無限に広がる平面に相当する3次元の概念は、有限でない3次元多様体である[29]。もっとも単純な有限な3－多様体は「3次元球面」または「3－球面」である。

◆3－球面

二つの球体があるとしよう（図15）。それぞれの球の境界は2次元球面であり、球には内部の領域も含まれている。これら二つの球を境界に沿って貼り合わせたところを想像してみよう。つまり、「二つの球の互いに対応する境界球面上の点を同じ点と見なす」と宣言するのだ。ユークリッドが考えた平面に相当する3次元の概念である3－空間で境界球面を物理的に貼り合わせることはできないが、それは問題にならない。そのような宇宙に住んでいるところを想像することはできるからだ。その宇宙に住んでいる人が、かつて一方の球の境界だった球面を通過すれば、ただちに隣の球に入り、その球面越しに反対側を見れば隣の球が見える。区切りはまったく見えない。ちょうど2次元球面である地球の赤道を通過するようなものだ。赤道には線が引かれているわけではない。赤道をはさんで向こう側にあるものは通常通りに見える。

この宇宙では、宇宙のどの点にいる人も、靴箱の内部を使って周囲の領域の地図をつくることができることを思い出してほしい。この構造について考える別の方法は、二つの球がこの章の冒頭で説明したボックス地図のようなものだと想像することだ。ただし、その地図は、中身の詰まった透明な靴箱ではなく、中身の詰まった透明な球だ。それぞれの球が宇宙の半分を描いた地図になっている。つまり、それぞれの球の内部には銀河や星雲が描かれているが、境界上の物体が一致するだけで、二つの球の中身はまったく異なる。

二つの円板（つまり2-空間内の二つの円と、円内の平面の領域を足したもの）を使って同様の構造体をつくれば、2次元球面が得られる。その場合、二つの円板は2次元球面を構成する二つの半球面になる（図16）。2次元球面は二つの円板の境界を貼り合わせることによって得られる。2次元球面の場合は、平らな円板の中心を膨らませたものを3-空間内に置いたところを想像することで、二つの円板を貼り合わせた様子を簡単に頭に描くことができる。

この場合も円板を地図と見なすと話がわかりやすい。実際、長方形の地図の代わりに円で区切られた二枚の円板の地図を使って地球を表す方法はよく使われる。図17はそのような地図の一例で、一方の円板が南北アメリカ大陸の属する半球を、もう一方の円板が残りの属する裏側の半球を表している。

3-球面の場合は、3-球面の外に出るために必要な一つ上の次元がないため、全体の形を想像することが難しい。3-球面の半球は境界付きの2次元の円板ではなく、中身の詰まった二つの球であり、共通の境界は円ではなく、2次元球面である。

多くの学者が、イタリアを代表する詩人で作家のダンテ・アリギエーリ（一二六五〜一三二一年）が『神曲』を書いたときに想像した宇宙は、間違いなく3-球面だと主張している[30]（もちろんダンテが宇宙の形を3-球面と呼んだわけではない）。『天国篇』に描かれたダンテは、地球の中心にある地獄から這《は》い上がって、さまざまな惑星の住み家である同じ中心を持つ球面状の殻を次々と通って地表に達した後、さらに恒星が住む球面状の殻を通過して、第九天すなわち原動天（プリムム・モビーレ）に達する。原動天の頂きで、ダンテは恋人のベアトリーチェと共にいま縦断したばかりの

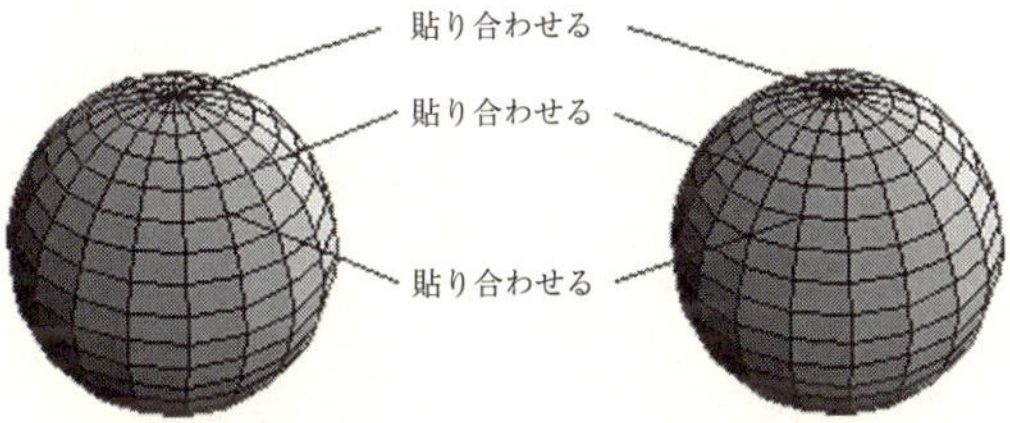

図 15　球の境界上の対応する点どうしが一致するように 2 つの球を貼り合わせると 3 − 球面が得られる

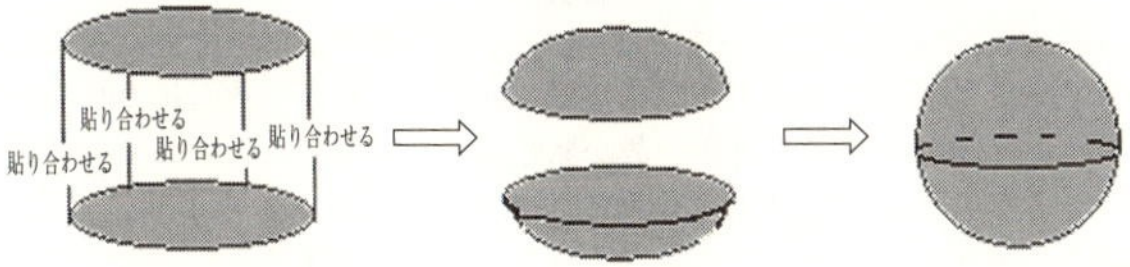

図 16　2 つの（2 次元の）円板の境界円を貼り合わせると 2 次元球面が得られる

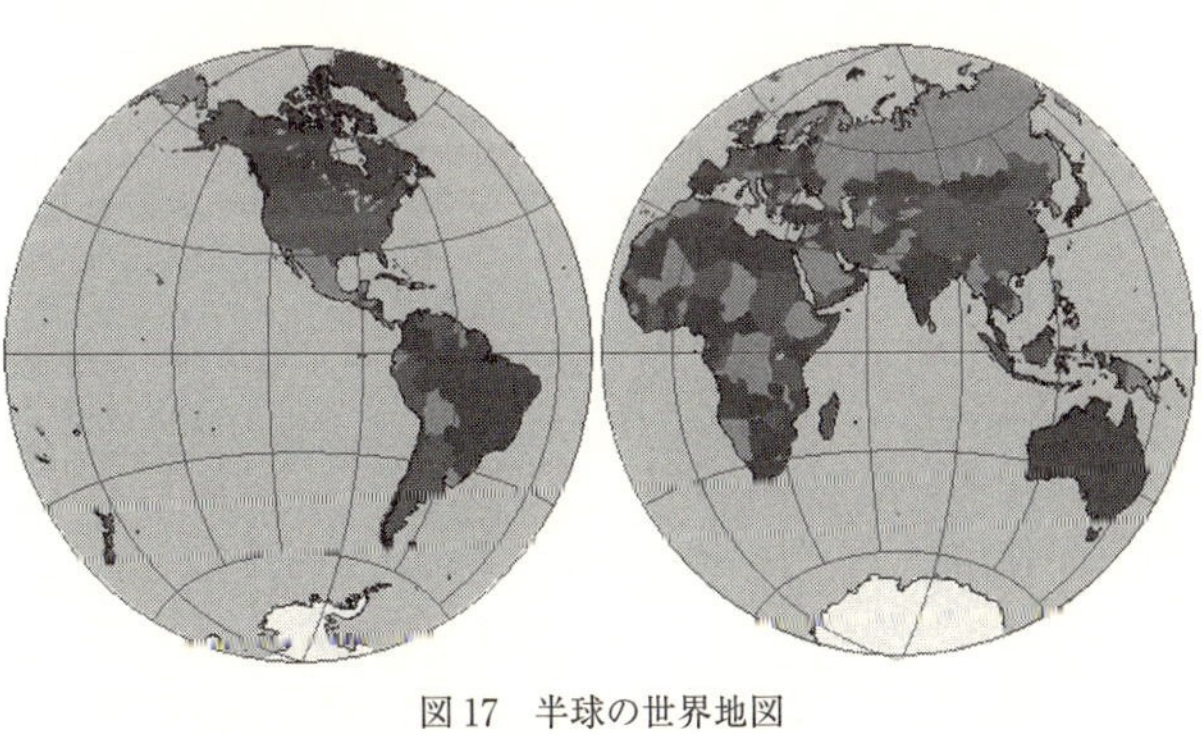

図 17　半球の世界地図

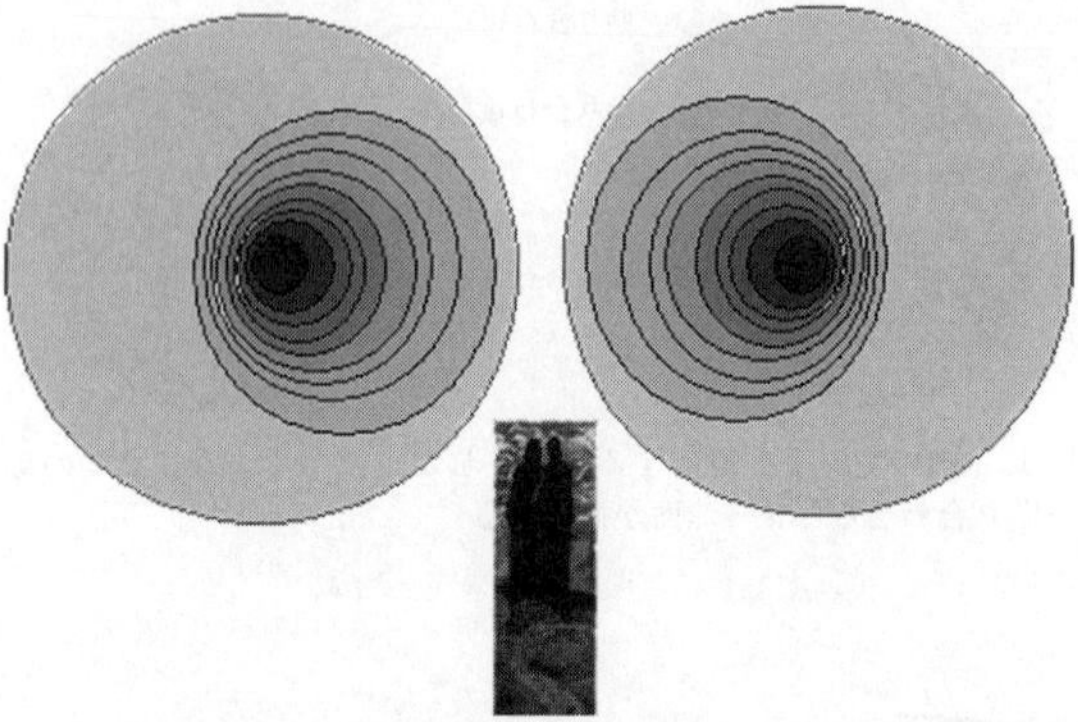

図18　ダンテとベアトリーチェ（中央）が2つの半宇宙を見ているところ。左の円は、物質界の半宇宙を構成する。同じ中心を持つ球面状の殻の断面を示している。いちばん外側の殻が原動天（その端にダンテと女神が立っている）で、そこから中心に向かって恒星天、土星天、木星天、火星天、太陽天、金星天、水星天、月光天と続き、中心に地球がある。右の円は天使の住む宇宙である至高天を示している。至高天は、外側から、天使、大天使、権天使、能天使、力天使、主天使、座天使、智天使が住む球面状の殻に満たされており、中心には熾天使の天球がある。

宇宙の半分をのぞき込み、もう一方の天の半宇宙を仰ぎ見る。天の半宇宙は、天使たち、大天使たち、さらに高位の天使たちが住む、同じ中心を持つ数々の球面状の殻から構成される。原動天と呼ばれる球面状の殻の端にある2次元球面は宇宙の赤道に相当し、そこからダンテとベアトリーチェは宇宙を見渡す。地球（および地球の中心にある地獄）が宇宙の一方の極にあり、もう一方の極には熾《し》天使《てんし》の天球がある。

図18に描かれた半宇宙は、

中が見えるように円錐《えんすい》形の切り込みを入れた球を上からのぞき込んだところを表している。左側の球の中心には地球があり、右側の球の中心には熾天使の天球がある。ダンテとベアトリーチェが天の半宇宙を見上げているところを描いたギュスターヴ・ドレの美しい版画がある（図19）。この絵の中心には、はるか彼方の熾天使の天球が見える。残念ながら、このスケッチは正確さに欠ける。ドレは、天使の殻を、同じ中心を持つ球面状の殻ではなく、リングとして描いている。ダンテとベアトリーチェが球の中心の明るい天球を頂点とする円錐形の切り込みをのぞき込んでいて、天使のリングが中心を切り取った後に残った球面状の殻の縁だと解釈すれば、この絵でも辻褄《つじつま》が合う。その場合は、球面状の殻が画面の奥に向かって幾重にも重なっており、その背後に光り輝く中心が存在することになる。

3－球面は有限である。つまり、有限個のボックス地図を使って、つなぎ合わせた二つの球によって地図に描かれたすべての領域をカバーすることができる（もちろん一部の地図は両方の球の領域をカバーする必要がある）。任意の大きさの3－球面が存在する。貼り合わせる球の大きさは自由に選べる。

最後に、やや難解かもしれないが、3－球面内ではすべてのループを一点に縮めることができる。理解を助けるために、図15に示した3－球面の内部に住んでいる人が

図19　ドレの版画。ダンテとベアトリーチェが天の半球を仰ぎ見ているところ

釣り糸を垂らしながら周遊旅行に出かけたところを想像してみよう。たとえば、左側の球の中心付近からスタートして、球の表面に向かって移動し、境界に達すると、そこから先は右側球になる。右側の球の内部を突っ切って反対側の表面まで移動すると、今度は左側の球に戻ってくる。こうして出発点に戻り、リールを巻き上げたとしよう。そうすると、釣り糸の先端が出発点に固定されていても、リールから繰り出された糸は難なく巻き取られ、同じ出発点を始点と終点として持つループはどん

どん小さくなる。やがてループは左側の球に収まり、さらにリールを巻き上げると、ループは最終的に出発点にまで縮まる。したがって3－球面は2次元球面と同様に単連結である。すべてのループを一点に縮めることができるからだ。

◆その他のコンパクトな3－多様体

3－球面以外にもコンパクトな3－多様体はたくさんある。たとえば、同じ中心を持つ二つの球面に挟まれた空間内の領域から構成される球面状の殻を考えてみよう。つまり、アボカドの皮と種にはさまれた果肉のようなものを想像するのだ。これは、境界が二つの2次元球面から構成される境界付き3－多様体である。この多様体の内側の球面上のすべての点が、それぞれの点にもっとも近い外側の球面上の点と一致するように（つまり、内側の境界球面上の点が、その点から放射状に外側に伸びる直線上にある外側の境界球面上の点と一致するように）、内側の球面と外側の球面を貼り合わせると、境界のない3次元多様体が得られる。

このような形をした宇宙に住んでいるところを想像してみよう。巨大な球面状の殻

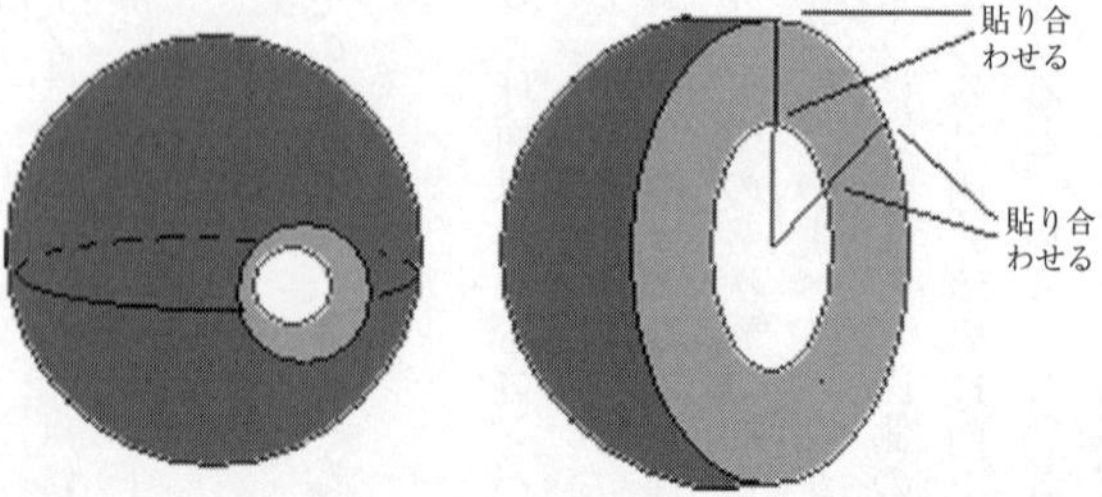

図20　内側の境界球面上のすべての点を、それぞれの点から放射状に外側に伸びる直線上にある外側の境界球面上の点と貼り合わせると、境界のない３－多様体が得られる

の内部に非常に小さい人間が浮遊している。その人が殻の外側に向かって移動し、外側の２－球面を通り抜けると、殻の外に出る代わりに、ただちに内側の２－球面から殻の中に入る。もちろん殻の外が見えることはない。内側の球面境界が外側の球面境界と同じだからだ（図20）。内側の球面「境界」を構成する球面が見えることもない。外側の球面越しに殻の外を見ると、内側の球面越しに殻の内部が見える。これらの「境界」は想像の世界で多様体をつくるときに使った概念的な道具にすぎない。この多様体の中に住んでいる人にとって、そこに境界は存在しない。多様体内部のどこにいても、周囲を見回せば、自分がユークリッド３－空間内の領域で浮遊しているように見える。周囲の領域の地図を描くこともできる。この多様体はきわめて大きいが、

無限に大きくはないため、すべての領域が描かれた有限個の靴箱型の地図からなるアトラスを作成することができる。

多様体全体の観点から見ない限り、この多様体の内部に住むことと3－球面の内部に住むことの違いは明らかにならない。この多様体では、ある点から放射状に外側に向かって移動すると、出発点に戻ってくる。そのときの移動の軌跡は閉じたループになる。この軌跡に沿って釣り糸を垂らした場合、その釣り糸をリールに巻き取ることはできない。この釣り糸のループが、多様体をつくるために貼り合わせた内側の2－球面と外側の2－球面の間の距離より短くなることはない。したがって、この多様体は3－球面とは異なる。

しかし、別の観点から見れば、この多様体は3－球面と似ている。どちらも壁がないのに有限である。どの方向へ移動しても出発点の近くに戻ってくる。いずれも、あり得る宇宙の形である。内側と外側の球面境界を物理的に貼り合わせることができないため、「こんな多様体が実際に存在するはずはない」と反論する人がいるかもしれない。しかし、それは的外れな議論だ。想像の世界で内側と外側の球面境界を貼り合わせたのは、この多様体を頭に描くための方便にすぎない。肝心なのは多様体であって、このような数学的対象が存在することは疑う余地がない。私たちの住む宇宙がこの多様体のような形をしているかどうかはわからない。しかし、3-球面と同様に、この多様体も宇宙のあり得る形なのだ。

直方体（または水槽）をベースにして別の3-多様体を考えてみよう。この多様体の境界は六つの面から構成される。六つの面は、三組の互いに平行な二つの長方形から構成される。向かい合う面上の向かい合う二つの点を同じと見なすことによって、直方体の向かい合う面どうしを貼り合わせたところを想像してみよう。つまり、直方体の右側の面を通り抜けると左側の面から中へ入り、上面を通り抜けると底面から中へ入り、裏面を通り抜けると正面から中へ入ると考える。この場合も、境界がないことを頭に入れることが重要だ。この多様体の中のどこをどう飛び回ろうと、壁に衝突することはない。しかも、多様体から外に出ることもない。荒唐無《こうとうむ》稽《けい》な話のように思えるかもしれないが、そうではない。前の章までで、世界地図の左端に描かれた場所が右端に描かれた場所と同じで、上端に描かれた場所が下端に描かれた場所と同じであるような世界を簡単に想像できることを説明した。その世界とは2次元トーラスである。3次元の世界の2次元トーラスに相当するもの、つまり直方体の向かい合う面どうしを貼り合わせることによって形成される物体は、「3次元トーラス」または「3-トーラス」と呼ばれる。

長方形の向かい合う辺を貼り合わせて2次元トーラスをつくった例にならって、3ートーラスを別の観点から見ることもできる。ここで、無数の長方形の紙を前面から後面に向かって重ね合わせたものから元の直方体が構成されているとしよう。この直方体の上面と底面を貼り合わせ、右の面と左の面を貼り合わせると、自動的に、直方体を構成する紙の上端と下端がくっつき、右端と左端がくっつく。つまり、繊維状に織り込まれ、重なり合った2次元トーラスを構成単位とする立体が出来上がる。そのとき得られるものは「トーラス状の殻」、つまり、内側の2次元トーラスと外側の2次元トーラスに挟まれ、サイズが徐々に大きくなる、同じ中心を持つ無数のトーラスに満たされた領域である。境界は二つの2次元トーラス（折り重なった紙のうち最前面のものと最後面のものに相当する）から構成される。図20はトーラス状の殻を示している。3ートーラスをつくるには、境界を形成している二つの2次元トーラスを貼り合わせる。この多様体の中に住むことは、トーラス状の殻の内部に住むのと同じことだ。ただし、外側のトーラスは内側のトーラスと同じであるため、いずれのトーラスも見えない。一方のトーラスを通過すると、もう一方のトーラスから殻の内部へ戻る。

この多様体も一点に縮めることのできない閉じたループを持っている。殻の中央の

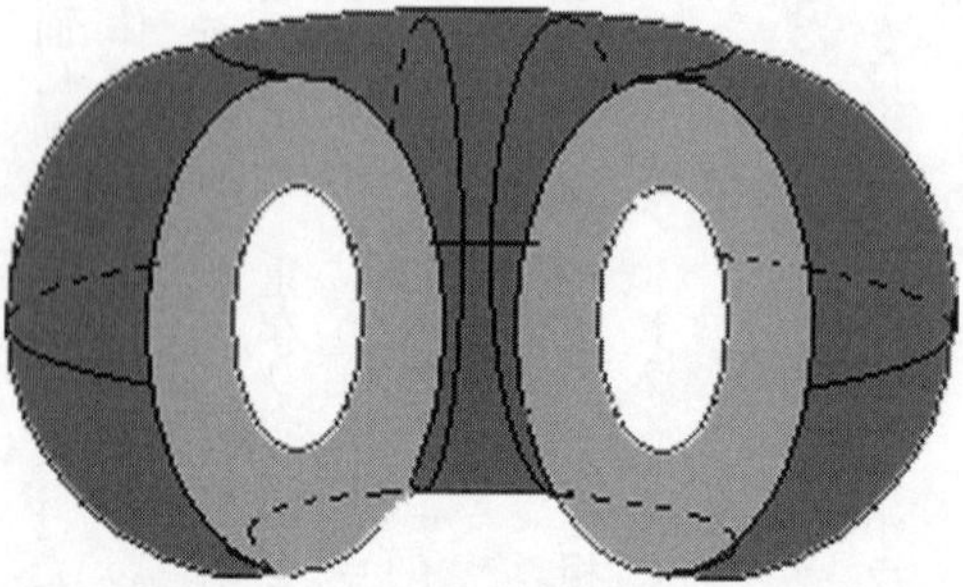

図21　トーラス状の殻の内側と外側のトーラス上の点どうしを貼り合わせると、3－トーラスが得られる

一点からスタートして外側へ移動し、外側のトーラスを通過して内側のトーラスから殻に入ると出発点に戻ってくる。図21はそのような経路を示している。この経路を一点に縮めることはできない。したがって、この多様体は、すべてのループを一点に縮めることができる3－球面とは同相でない。また、球面状の殻の内側と外側の境界を貼り合わせてつくった多様体とも同相ではない[31]。

　できるだけ多くの領域を取り込んだ世界地図をつくるという考え方は宇宙にも応用できる。宇宙全体の地図を作成し、宇宙のさまざまな領域にある恒星や銀河が描かれた何百という透明なガラスボックスが出来上がったところを想像してみよう。そうなると、すべてのボックスの縮尺を合わせて、なるべく多くのボックスを組み合わせて大きな宇宙の立体地図をつくりたくなる。しかし、世界地図の場合と同じように、ある程度まで作業が進むと、空間の一方の端にあるブロックの面と反対側の端にあるブロックの面をつなげる必要が生じる。2次元平面にとどまる限り、世界地図の両端にある点どうしをつなげることができないのと同様に、3次元空間にいる限り、宇宙地図（水槽地図）の外側の境界にある面どうしをつなげることはできない。ただし、落胆することはない。学校の幾何学で習った無限の広がりを持つ2次元平面や3次元空間も数学的対象であり、概念上の構造物であるという点では、いま考えている多様体と変わりないのだ。

◆ポアンカレ予想

この章では、3－トーラス、3－球面、球面状の殻の内側と外側の境界を貼り合わせてつくった多様体など、コンパクトな3－多様体の例をいくつか挙げた。それ以外にも、無限に多くのコンパクトな3－多様体がある。2次元多様体の種類も無限に多いが、2次元多様体の場合はすべての形が分類されている。3次元多様体の場合はそうはいかない。3次元多様体の種類は2次元多様体の種類よりはるかに多く、人類はそのすべてを分類するまでには至っていない。人間の知恵は無尽蔵といえるほど豊富であり、その智恵《ちえ》の多くが、さまざまな3-多様体を構築することに使われている。正多面体の向かい合う面をさまざまな方法で貼り合わせることによって3-多様体をつくることができる。3-多様体がひとつあれば、そこからトーラスの立体を切り出し、そのトーラスを別の方法で元の3-多様体に貼り合わせることによって別の3-多様体が得られるが、それが別種の3-多様体になることはよくある。二つの3-多様体があれば、それぞれから球体を切り出し、取り出された球体の境界を形成していた2次元球面上の点どうしが一致するように、残った二つの境界付き多様体を貼り合わせることができる。これらの3-多様体はいずれも宇宙のあり得る形だ。3-多様体の種類は困惑するほど多い。すべての形を整理する術はあるのだろうか。

過去一世紀にわたって、幾多の人々が3-多様体の理解を深めることに生涯を費やしてきた。だが、腹立たしいことに、あらゆる労力を注ぎ込んでも、もっとも簡単な問いに対する答えを出すことができなかった。「これらのあらゆる3-多様体の中に、すべてのループが一点に縮まるという性質を持ちながら、3-球面でないものがあるだろうか」というのがその問いだ。もし、そのような多様体がないとすれば、完全なアトラスを使って、すべての閉じたループを一点に縮められるかどうかをチェックすることによって、私たちの住む宇宙が３－球面かどうかを確信を持って断言できる。ポアンカレ予想では、そのような多様体はないと言っている。肯定形の文章を使って正式に言えば、ポアンカレ予想とは、「多様体上のあらゆる閉じたループを一点に縮めることのできるすべてのコンパクトな３－多様体は３－球面と位相的に同じ（つまり同相）である」という主張だ。

これは、宇宙のあり得る形に関して発することのできる問いの中でもっとも単純なものだ。しかし、罪作りな問いであり、それに取り憑《つ》かれて一生を棒に振った学者が何人もいる。ＭＩＴとストーニーブルック校に満員の聴衆を集めたのはこの問いだ。この問いがペレルマンが解決した予想である。そして、この問いが百万ドルの懸賞がかかった予想なのだ。

第5章　ユークリッドの幾何学

宇宙が無限に広がっていないのであれば、そして宇宙に壁がないのであれば、宇宙は曲がっているのではないか。前の章で定義した用語を使って言い直せば、境界を持たないコンパクトな3次元多様体は、いずれも、その多様体自身に向かって湾曲しているのではないか。そうでなければ、ある方向に突き進むと出発点に戻ってくる理由を説明できない。平たい紙切れの上に世界のさまざまな領域の地図を描けるという意味で、私たちの住む世界の表面が2次元だという話はわかるが、世界が湾曲するには3番目の次元が必要だ。同じことが3次元の宇宙にも言えるのではないか。「湾曲している」という言葉の意味が何であれ、宇宙が湾曲しているとすれば、湾曲する方向が必要なのではないか。だが、宇宙にすべてのものが既に含まれているとすれば、湾曲する方向はどこにあるのか。そもそも「湾曲する」とは、どういうことなのか。これらの問いは、何か意味を持っているのか。それとも用語の定義が曖昧《あいまい》であるがゆえに生まれた言葉の遊びなのか。

これらの問いは、意味があるし、ポアンカレ予想とその証明にとって不可欠なものだ。さらに、これらの問いは数学者たちが絶対的な厳密性にこだわる理由も示している。私たちが他人と意思の疎《そ》通《つう》を図るときは、必ず長年にわたる共通体験がその前提になっている。コップがテーブルを突き抜けて床に落ちることはないし、ビルの中には部屋があって、ドアからそこに入ることができるし、世の中には右利《き》きの人と左利きの人がいる。だれもがそれを知っている。恋をすることや痛みを感じることがどういうことかも知っている。だから言葉をいちいち厳密に定義しなくても意思の疎通を図ることができる。しかし、数学の対象は共通体験の世界には存在しない。数学的対象は、細心の注意を払って定義しない限り、それに対して意味のある操作を行ったり、他人とそれについて語り合ったりすることはできない。

芸術家や人文科学者は複雑さや曖昧さを大切にする。それと対照的に、数学者の仕事は、執拗《しつよう》に用語を定義し、用語から余分な意味をはぎ取ることによって成り立つ。すべての用語を厳密に定義し、すべての命題を証明することに神経症とも思えるほどこだわることが、最終的には、想像のつかないものを想像したり論じたりする自由を保障する。たいていの人は、学校で数学を習った苦い経験から、数学が細部にこだわる厳しい学問であることを十分承知しているが、あらゆる人間の営みの中で数学がいちばん自由で創造的であることを理解するに至る人はきわめて少ない。絶対的な厳密性は、意味のある夢を見る自由を手に入れる切符なのだ。

ただし、絶対的な厳密性を確保するには、それなりの代償を払う必要がある。十分な注意を払って用語を定義する必要があり、自明の理と思えるようなものも含めて、すべての命題を証明する必要がある。自明の理としか思えない命題の証明がおそろしく難しいこともあるし、ときにはその命題が間違っていることが判明することさえある。一見すると取るに足らない例外が重要な意味を持ったり、細部がすべてを覆《くつがえ》したり、作業の進展が耐え難いほど遅くなったりすることもある。数学は絶対的な確実性をもって何かを知ることのできる唯一《ゆいいつ》の人間の営みであるが、定義や公式化の泥沼をかき分けて進む骨の折れる作業があまりにも苦しいため、たいていの場合は、強固な意志を持ったごく少数の人間しか夢を見る段階にまで漕《こ》ぎつけることができない。ユークリッドの『原論』ほど、厳密性と夢の拮抗《きっこう》を雄弁に物語るものはない。幾何学に関する有名な論文である『原論』は、ポアンカレ予想にまつわる物語に不可欠である。この章では、そこに焦点を当てる。

◆『原論』

ユークリッドの『原論』は、プトレマイオス一世ソーテールの治世下、紀元前三〇〇年頃にアレクサンドリアで書かれたとされる。発表当初から一大センセーションを巻き起こした『原論』は、タレスやピュタゴラスに始まり、プラトンやアルキメデスに至る時代に発展した数学を体系化し、千年の歴史を持つバビロニアやエジプトの数学をギリシャ独自の枠組みの中で新たに解釈したものだ。

残念ながら、ユークリッド（エウクレイデス、紀元前三二五頃～二六五年頃）本人については、ほとんど何もわかっていない。[32] ユークリッドについては、ピュタゴラスに輪を掛けて情報が乏しく、判明しているとされる情報も学者間の激しい論争の的になっている。ユークリッドは少なくとも十冊の書物を著したが、今日まで残っているのはその半分にすぎない。互いに矛盾しない多くの情報によれば、ユークリッドは、アリストテレスの後、アルキメデスの前に生まれたらしい。アレクサンドリアの大図書館で研究した最初の数学者のひとりであるユークリッドのもとには、才能のある数学者たちが集まったという。ユークリッドに関する伝説は数多く存在し、その大半

（おそらく典拠の疑わしい話）は他の数学者の著作に挿話の形で登場する。ある話によれば、プトレマイオス王がユークリッドに手っ取り早く幾何学をマスターする方法を尋ねたところ、ユークリッドが「幾何学に王道なし」と答えたという。また別の話によれば、ある弟子が『原論』の最初の命題を学んだ後、幾何学を学ぶことの実用的な価値をユークリッドに尋ねた。そのとき大数学者ユークリッドは、吐き捨てるように召使いにこう言ったという。「あの小僧に小銭をくれてやりなさい。あいつは、学んだことを何としても金儲《かねもう》けに利用したいようだから」。

『原論』は一三巻（一三章）からなる。一巻から六巻では平面幾何学を、一一巻から一三巻では立体幾何学を、七巻から一〇巻では数論を論じている。あらゆる議論が第一原理を出発点としている。第一巻の冒頭には二三個の定義が掲げられ、続いて五つの共通概念と五つの公準が提示されている。「定義」は、ユークリッドが考察する基本的な対象や概念の名前を示すものだ。「共通概念」とは、ユークリッドが『原論』の中で明確にする論証や関係について一般に受け入れられている規則である。「公準」または公理とは、考察の対象に関して証明なしに真であると容認される主張である。

現在、私たちは共通概念を公理として扱っている。定義、共通概念、公準は、その先に展開される「命題」と呼ばれる主張を厳密な論理規則に従って証明するときの出発点となる。特別な意味を持つ命題は「定理」と呼ばれ、定理を証明することを主な目的とする命題のことを「補題」といい、定理から容易に導かれる命題を「系」という。命題の「証明」とは、順序立った精密な演繹《えんえき》的推論であり、個々の主張は、公理または以前証明された命題であることも、公理または以前証明された命題から正式な論理規則に従って導かれることもある。証明は公理および既知の命題に始まり、証明の対象となる記述で終わる。

以下に第一巻の定義の一部を示そう。(33)

一　「点」とは部分を持たないものである。

二　「線」とは幅のない長さである。

……

八　「平面角」とは、平面上にあって互いに交わりながら一直線をなすことのない二つの線の間の傾きである。

九　角をはさむ線が直線であるとき、その角は「直線角」と呼ばれる。

一〇　直線と直線が交わっていて、隣接する角どうしが等しいとき、等しい角のそれぞれは「直角」と呼ばれ、上に重なる直線はその下の直線に対する「垂線」と呼ばれる。

……

二三「平行線」とは、同じ平面上にあって、両方向に限りなく伸ばしたときにいずれの方向でも互いに交わらない直線である。

以下は五つの共通概念である。

一　同じものに等しいものどうしは互いに等しい。
二　等しいものに等しいものを加えた和どうしは等しい。
三　等しいものから等しいものを引いた差どうしは等しい。
四　重なり合うものどうしは等しい。
五　全体は部分より大きい。

以下は五つの公準である。

一　任意の点から任意の点へ直線を引くことができる。

二　有限な直線は任意の直線に延長することができる。
三　任意の中心と任意の半径を持つ円を描くことができる。
四　すべての直角は互いに等しい。
五　二つの直線と交わる直線の同じ側の内角の和が二直角より小さい場合、その二つの直線を限りなく延長すると、二つの直線は二直角より小さい角のある側で交わる。

次に、ユークリッドは、定義、共通概念、公準、以前証明された命題のみを使って、平面幾何学のあらゆる一般的真理を導き出す。たとえば命題一は、任意の線分が与えられれば、その線分を一辺とする正三角形をつくることができると述べている。命題四は、ある三角形の二辺とその二辺にはさまれた角が別の三角形の二辺とその二辺にはさまれた角と等しければ、それら二つの三角形は等しいというものだ。これは三角形の合同条件として学校の教科書に載っている。命題五は、二等辺三角形の底辺上の二つの角は等しいと述べている（「二等辺三角形」の定義では二辺が等しいことしか述べていない。したがって、それら二辺と底辺がなす角が等しいことを証明する必要がある）。命題三二は、三角形の内角をすべて足すと二直角になる（あらゆる三角形の内角の和は一八〇度である）というもので、命題三七は三角形の面積を求める公式だ。命題四七は、直角三角形の直角をはさむ二辺の上に描かれる正方形の面積の和は、直角に対する辺の上に描かれる正方形の面積に等しいというピュタゴラスの定理であり、命題四八はその逆（三角形の長辺の上に描かれる正方形の面積が他の二辺の上に描かれる正方形の面積の和に等しければ、長辺に対する角は直角であること）を述べている。このように、幾何学の二千年の歴史が、密度の濃いわずか数ページの記述に凝縮されている。

ユークリッドの前にも、ユークリッドと同じように演繹に重きを置いた書物はあった。しかし、ユークリッドはまとめ方がうまかった。公理の選択、命題の並べ方、範囲の広さ、どれをとっても秀逸であり、『原論』の登場によって他の書物は存在価値を失った。プラトン、アリストテレスをはじめとするギリシャの哲学者たちは数学に多大な関心を抱いていた。タレスやピュタゴラスの時代からアレクサンドリアの建設に至る二世紀の間は、幾何学の研究が盛んで、どの命題からどの命題が導かれるかが議論され、第一原理としてふさわしい命題に関する高度な意見交換が行われた。ユークリッドはあちこちに分散していたさまざまな証明や議論を体系化した。二百年を超す年月にわたってなされたギリシャの幾何学や数論の発見、その千五百年前のバビロニア数学が、第一原理から厳密に確立された。少数の単純な命題を出発点として、一度に少しずつ厳密に議論を進めることで、ユークリッドは次々と深遠な結果を導き出した。ユークリッドの手にかかれば、長い歳月にわたって多大な困難を経て達成された業績も当然の結論のように見えた。

幾何学を重視し、さまざまな異なる結果に頭を悩ませ、形式的推論の規則を確立した文化に『原論』が登場したことで、初期のアレクサンドリアは爆発的な創造性の開花を見ることになった。卓越した数学者たち、中でも才能が抜きん出ていたアルキメデス（紀元前二八七〜二一二年）とアポロニウス（紀元前二六二〜一九〇年）は、『原論』が築いた土台のうえに重要な数学の成果と数学理論を構築した。その後、二百年にわたって数学と科学は長足の進歩を遂げた。テオドシウス（紀元前一六〇〜九〇年）とメネラウス（七〇〜一四〇年）は球面幾何学を研究した。ヒッパルコスとエラトステネスは数理地理学と天文学の水準を高めることに貢献した。数理地理学や天文学の著作の多くは失われた。残ったものもあったが、その中から著者の主張をくみ取ることは難しかった。

◆厳密性と『原論』

『原論』のように、意識的に厳密性を期した著作が発表されれば、その著作がどれほど厳密であるかが議論の的になる。何世代にもわたって数学の教師たちが善意で盛んに唱えている説とは異なり、ユークリッドは公理や定義のみに基づいて議論を展開したわけではない。実は暗黙のうちに他の性質も使っているのだ。

たとえば第一命題について考えてみよう。この命題は、任意の線分が与えられれば、その線分を一辺とする正三角形をつくることができると述べている。その議論は次のように展開される。与えられた線分の端点をA、Bとする。第三命題によれば、点Aを中心とし、線分ABを半径とする円を描くことができる。同じく第三命題によれば、点Bを中心とし、同じ半径を持つ円を描くことができる（図22）。

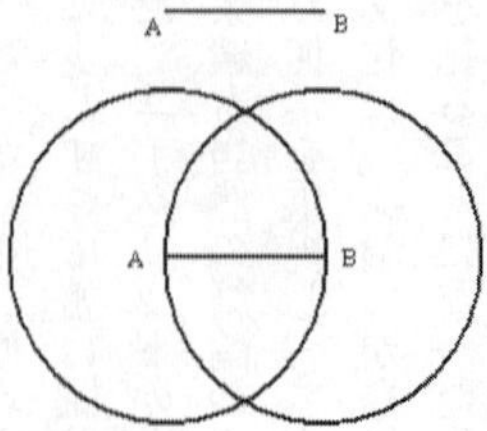

図22　同じ半径を持つ２つの円

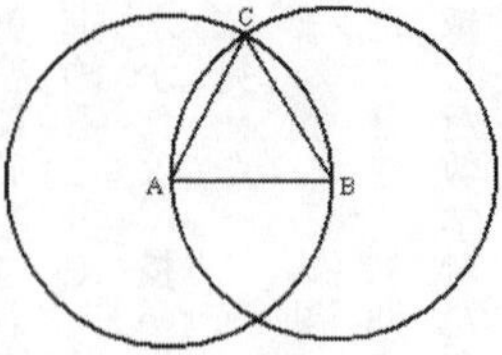

図 23　正三角形がつくられる

これらの円は二点で交わる。二点のどちらかを選択し、それをCと呼ぶ。第一命題によれば、線分ACと線分BCを描くことができる。AB、BC、ACの長さが等しいので（すべてが同じ半径を持つ円の半径であるため）、AB、BC、ACを辺として持つ三角形は正三角形である（図23）。

なるほど、その通りだ。しかし、Aを中心とする円とBを中心とする円が必ず交わると述べている命題や性質は、どこに書かれているのか。

これは公準や定義から導き出されることではなく、発表当初から指摘され、多くの注釈書でも言及されている明らかなギャップである。あらゆる前提を完全に明示し、何事も当たり前とは考えないのが『原論』の骨子であるとすれば、なぜユークリッドは互いに交わる二つの直線あるいは円が共有点を持っていなければならないことを暗黙のうちに想定したのだろうか。ここで必要なのは、ある直線または円に別の直線または円に属する点が含まれていれば、二つの直線または円は少なくとも一つの共有点を持っていなければならないとする何らかの「間《あいだ》」の原理である。[34] ギャップはほかにもある。第一命題の証明だけでなく、多くの命題の証明に説明不足が多々見られる。さらに、明確でない公準もある。第二公準は、任意の線分を限りなく伸ばすことができるという意味なのか。あるいは任意の線分を分断できるという意味なのか。前者の意味だとすれば、その結果描かれる直線は一意と言えるだろうか。また、定義はどれだけ真剣に受けとめるべきものなのか。定義とは、事実上未定義の（現在の解釈、そしておそらくユークリッドの解釈による）言葉に関する手引書のようなものなのか。あるいは、ある言葉の意味を完全に明確にするものなのか。後者だとしたら、「幅のない長さ」とは、いったいどういう意味なのか。

数学者をはじめとする学者たちはユークリッドの論理にギャップがあることを知っており、『原論』の代わりとなる公理や公理を追加する可能性に関する議論が時代を通じて盛んに交わされた。それにもかかわらず、『原論』の荘厳《そうごん》な秩序、理解しやすさ、明白な有用性に魅了されたユークリッド崇拝者の教師たちは、何世代にもわたって、これぞ人類の叡智《えいち》の結晶と、『原論』を礼賛《らいさん》しつづけた。だが、『原論』は、物事を深く考える生徒の目には、合理的というより、いい加減なものとして映る可能性がある。『原論』は微塵《みじん》の誤りもない厳密な思考の極みであるとする主張は、一部の生徒の数学離れを引き起こす可能性がある。ユークリッドは完璧《かんぺき》であるという主張と、一部の生徒が抱く「『原論』はどこかおかしい」という、はっきり表現できない直観的な感覚との乖離《かいり》は、数学に対する恐怖心のどれだけの部分を占めているのだろうか。そのような疑念を抱いた生徒は、よほど反骨精神に富んでいない限り、自分を責めて、数学は自分にとって高嶺《たかね》の花だと結論づけるのが落ちだ。

数学の業績は、特定の文化を超越する永遠の真理だと言われるが、実際は、限定された社会的文脈と文化的文脈の中で継承され、理解されるものであることを頭に入れておいたほうがいいだろう。たとえば、ギリシャ人は、バビロニアやエジプトの数学理論がどのような文脈で利用され、発見されたのかを知る術《すべ》がないまま、その理論の意味を理解するために証明を発明したという説がある。(35) その説によれば、ギリシャ人は、過去の数学理論を利用するために、一見すると矛盾するさまざまな計算を整理し、独自の用語で理論を再構築する必要があった。たしかに、もっともらしい話だ。同じ文明の中に生きていても、数学者は、世代ごとに前の世代の数学を再解釈し、再構成する。数学の学習は数学の再発明にほかならない。

しかし、曖昧性の根はもっと深い。二千三百年前のアレクサンドリアで栄えた文明は、現代文明とはまったく異なる。アレクサンドリア文化の初期の数百年は、数学も科学技術も非常に進んでいたが、その知識の大半が失われたため、『原論』がどのような文脈で書かれたかについては、ほとんど何もわかっていない。ルチオ・ルッソは、最近イタリア語から英語に翻訳された挑発的な著作で、アレクサンドリアでは紀元前三〇〇年から一五〇〇年にかけて現代でいう科学が栄えたが、その後、科学知識が失われたと主張している。[36] ルッソの説によれば、『原論』の幾何学の部分はもともと計算理論だった。ギリシャ人は、まずそれを幾何学に書き換え、定規とコンパスを使って計算に必要な幾何学構造を作成し、それを測定することによって計算したのだという。当時の定規とコンパスは、何世紀も後の計算尺と同様の計算を目的とするアナログ的な道具であり、『原論』はその使い方と使用目的を説明する一種のマニュアルのようなものだったというのだ。

ルッソの説は主流から大きく外れているし、激しい批判を浴びることは間違いない。しかし、第一命題の証明に明らかなギャップが存在することは、ユークリッドが絶対的な厳密性を求めていたのではなく、定規とコンパスを羊皮紙の上で使って何ができるかを示す数学モデルを作成していたのだとするルッソの主張を裏付けている。『原論』の第一公準は任意の二点間に直線を引けると言っており、第二公準は任意の直線を限りなく延長できると言っている。これら二つの公準をまとめると、要するに、ここに定規があるが、これからの議論では定規が短すぎることから生じる一切の問題を無視すると言っていることになる。任意の点を中心とする任意の大きさの円を描けるとする第三公準は、「理想的なコンパス」、つまり必要に応じて大きくも小さくもなるコンパスを持っていると言っているに等しい。ユークリッドは、定規とコンパスを使って何ができるかを探求するが、定規とコンパスの物理的な限界は考えないことにすると言っている可能性がある。だとすれば、ユークリッドは、定規とコンパスを使って描いた直線や円が互いに交われば、少なくとも一点で交差すると主張することなど、考えもしなかっただろう。ユークリッドが理想的な物理的物体を頭に描いていたのだとすれば、この話には合点がいく。

ルッソの説のもっともらしさは、謙虚であることの重要性を私たちに思い知らせてくれる。私たちは『原論』の目的や想定読者を知らない。しかし、『原論』が子供向けの教科書だったという広く流布《るふ》されている説は間違っている可能性がある。ざっと読んだだけでも、『原論』の想定読者が子供ではなく、大人だったことは明らかだ。『原論』がアレクサンドリア図書館で生徒用の教科書として使われていたという説は、あくまでも憶測にすぎない。

◆『原論』の長い寿命

欠陥はあるものの、『原論』を読んだ者は、全体の構成の素晴らしさと証明の巧妙さに心底から感嘆を覚えずにいられない。もっとも単純な概念から、微妙、深遠、かつ美しい命題へのたたみかけるような展開は、人間の理知の力の証左ともいえる。現代という時点から振り返れば、『原論』の長い寿命を前提として、『原論』が生き残った理由を後づけで何とでも説明できる。たとえば、これほどの名著だから生き残るのは当然だと思う人もいるだろう。現代まで生き残っていることが古代の真の名著の証《あか》しだという考え方だ。その説によれば、書物に権威があるほど、繰り返し複写され、アラビア語に翻訳される可能性も高いため、ギリシャ語の原稿が失われても生き残る可能性が高いということになる。この説は単純で、わかりやすいが、そう考えるには、失われた書物がいかにも多すぎる。それが証拠に、ユークリッドは古代のもっとも有名な幾何学者だったにもかかわらず、著作の半分は残っていない(37)。『原論』ほどの名著なら必ず残るはずだと単純に考えると、『原論』が生き残った奇跡の物語がかすんでしまう。かつては創造的エネルギーにあふれ、質の高かったアレクサンドリアの学問が徐々に衰退する間も『原論』は生き残った(紀元前四七年にジュリアス・シーザーがアレクサンドリア港を焼き払った頃、アレクサンドリアの学問はすでに末期的状態にあった)。四一五年三月に起きた新プラトン主義の数学者ヒュパティア(三七〇～四一五年)の惨殺《ざんさつ》事件を機に学問の地としてのアレクサンドリアの役割が終焉《しゅうえん》した後も、『原論』は生き続けた。ヒュパティアのカリスマ的な魅力と講義の持つ力を脅威と感じ、暴徒と化した熱狂的なキリスト教徒たちは、彼女を裸にし、肉をそぎ落として死に至らしめた。それは、彼らがヒュパティアの権威、美、学問を歴史から消し去りたかったからだ。しかし、その試みは成功しなかった。ヒュパティアが父のテオン（三三五～四〇五年頃）と共に講義で使用した『原論』の版は、彼女の死後、『原論』の標準になった。その版に基づいて編纂《へんさん》されたのが、カリフ〔預言者ムハンマド亡《な》き後のイスラム共同体、イスラム国家の指導者、最高権威者の称号〕となったマンスール（七一二～七七五年、在位七五四～七七五年）がビザンティン皇帝から入手し、後にアラビア語の優れた翻訳者ハッジャジ（七八六頃～八三三年）が一度ならず二度までも翻訳した原本である(38)。アラビアの学者たちは、ギリシャ人と同様に『原論』に魅せられ、アラビア学問の研究の場では『原論』が何百回も翻訳され、複写され、編集された。数え切れない解説書、要約本、注解書、翻訳書が出回った。

　数百年後、再びアラビア語からラテン語に翻訳された最初のギリシャの書物には、『原論』やアリストテレスのさまざまな著作が含まれていた。クレモナのジェラルド（一一一四～一一八七年）は、そのとき先頭を切って翻訳を行ったとされる。一二六一年から一二六四年まで教皇だったウルバヌス四世の礼拝堂付き司祭ヨハネス・カンパヌスは『原論』を再翻訳した。ジェラルドたちによって怒濤《どとう》の勢いで行われた古典の翻訳は、ボローニャ、パリ、オックスフォード、ケンブリッジ、サラマンカなど、ヨーロッパ各地で世界最古の大学がほとんど自然発生的に誕生した時期と時を同じくしている。つまり、ユークリッドは、本当の意味で、現在の大学の中核をなしているのだ。(39)

『原論』は、一五世紀半ばに印刷機が登場したときに最初に出版された科学書だった。(40)ルネサンス時代のヨーロッパでは、『原論』のさまざまな版がベストセラーになった。『原論』が人類史上二番目に多くの人に読まれた本であることは広く認められている。(41)一〇世紀にはインド亜大陸に流布し、一六〇七年に中国語に翻訳されていたことを考えると、『原論』が史上もっとも多くの人に読まれた本である可能性も十分にある。それに匹敵する書物といえば聖書とコーランしかないというのは、大変なことだ。

これだけ長い年月にわたって『原論』が人気を保ったことは、『原論』が人間の根深い欲求に応《こた》える書物であることを示唆《しさ》している。『原論』の学習が推論の能力を高める効果は多くの人が認めている。エイブラハム・リンカーンは議員だった頃、毎晩ベッドに『原論』を持ち込んでいた。トーマス・ジェファーソンは若者へのアドバイスとして『原論』の後半の巻を読むことが将来必ず役に立つと言っている。ユークリッドは特に若い女性にとって有益だという説を唱える者もいた。一八三八年には、米国でいちばん古い女子大学であるマウントホリオーク大学が、学生にシムソン版またはプレイフェア版の『原論』を所有し、学習することを義務付けていた。[42]

『原論』は生き残り、人気を保ったが、初版がどのようなものだったかはまったくわかっていない。この時代の書物はすべてそうだ。印刷技術が発明されるまで、文書は手書きで次々と複写されたため、文章を書き写すときに間違いが混入し、その間違いは筆写が度重なることによって倍増した。『原論』のように何度も複写された書物の場合は、特にその傾向が著しい。『原論』が現代に伝わるまでの経緯は、他の古代の書物よりはるかに複雑だ。[43]何千人もの学者や教師が『原論』を研究し、丁寧な注釈を付け加え、読者からわかりやすいと言われるように自らの手で複写し直した。さまざまな版、注解、訳本が出回った。ギリシャ語からアラビア語への訳本の初版も、原本となったギリシャ語の原稿も、現在は残っていない。

長い間、標準的なアラビア語版の方が現存するギリシャ語版より古いと考えられていた。しかし、一八〇八年、フランソワ・ペイラールは、ナポレオンが盗んでパリに持ち帰ったバチカン図書館所蔵の『原論』のギリシャ語原稿の写本の方がアラビア語版より古いと主張した。重大な手掛かりは、テオンがプトレマイオスの『アルマゲスト』に付け加えた注釈で、『原論』の第六巻の最後の命題に自分が文章を付け加えたと書いていることだった。バチカンが所蔵していた原稿にはその補遺が含まれていなかったのだ。ペイラールは、当時もっとも権威があったシモン・グリノーによって編纂されたギリシャ語版（一五三三年、バーゼル）の修正までしている。

一八八三年から一八八四年にかけて、デンマークの学者J・L・ハイベルクは、バチカン所蔵の原稿やその他の原稿に基づいて編纂されたオリジナルのギリシャ語テキストだけを頼りに、学問的なレベルの高い復元版を出版した。ハイベルク版のほうがテオンとヒュパティアの編纂とされる版より「純正」であることは間違いない。現在、大半の学者はハイベルク版を基準にしている。一九〇八年、ヒースによって編纂された標準の英訳版は、ハイベルク版をもとにしている。ハイベルクほどの学識の深さをもってしても、バチカンの原稿がテオンとヒュパティアの版よりどれだけ古いのかは、わからなかった。テオンとヒュパティアの版はユークリッドの『原論』の七百年後に編纂された。バチカン版がテオン版の数百年前に編纂されたとしても、そこには数百年分の変更が加わっている可能性がある。ことによると、ハイベルクの復元版は、ユークリッドのオリジナルとは大きく異なるのかもしれない。

『原論』の最大の魅力は、『原論』の放つ威光ではなく、『原論』が及ぼした副次的な効果だ。文章自体が重要なわけではない。一般に持たれている印象と異なり、歴史の試練に耐えたのも文章自体ではない。重要なのは、幾何学が人々の好奇心をかき立てたことであり、広く認められた知識に疑問を投げかける意欲を人々が持ったことであり、他人の業績に基づいて知識を構築する仕組みがつくられたことである。『原論』のほとんどすべての言葉、すべての行が何千人もの注釈者の厳しい目にさらされた。原文に代わるさまざまな言い回しが提案され、他の証明法についても議論が交わされた。定理には、さまざまな国で独自の名前が付けられた。イギリスでは命題五が「ポンズ・アシノーラム」（ロバのつまずく橋）と呼ばれた。現在ピュタゴラスの定理として知られている命題四七を「結婚の定理」または「花嫁の定理」と呼んでいた時代もあった。(44) 古代の注釈書でもっとも完全に近い形で残っているのはローマのプロクロス（四一〇〜四八五年）が書いたものだ。そのプロクロスの時代にも、既に少なくとも四冊の注釈書があったらしいが、いずれも断片しか残っていない。(45) それはど個々の著作が残るのはまれなことなのだ。『原論』は、人間の営みを推進する活力となり、相互依存の素晴らしさを教えてくれ、個人の業績の信頼性の低さを浮き彫りにした。

ポアンカレ予想について言えば、『原論』でいちばん重要な意味を持つのは第五公準であり、空間に対する現在の認識が第五公準に取って代わった過程である。

第6章　非ユークリッド幾何学

ペレルマンによるポアンカレ予想の証明を理解するには、空間が湾曲することの意味を理解する必要がある。湾曲の意味を理解するには、「まっすぐ」と「平ら」の意味を明確にしなくてはならない。それにはユークリッドの『原論』だけでは不十分で、過去二千年の間に進展した幾何学に対する高度な理解が欠かせない。具体的にいえば、一見単純な「まっすぐ」と「平坦《へいたん》」という概念を理解するには、ユークリッドの名著の第一巻に載っている第五公準に隠された謎《なぞ》を解く必要がある。

◆第五公準

ユークリッドの第五公準は、発表当初から反発を招いた。

二つの直線と交わる直線の同じ側の内角の和が二直角より小さい場合、その二つの直線を限りなく延長すると、二つの直線は二直角より小さい角のある側で交わる。

第5章の100〜101ページに示した五つの公準を見てみよう。最初の四つは短いのに対し、第五公準だけが長い。ユークリッドは、この公準をリストに加える前に熟考したに違いないが、それでもこの文章には決して満足していなかっただろう。ユークリッドはこの公準を使うのをなるべく先延ばしにしているが（命題二九まで）、それには理由がある。当初から、この公準は複雑すぎるという批判があった。他の公準はすっきりしているし、読みやすいし、内容も一目瞭然《いちもくりようぜん》である。それにひきかえ、第五公準は一見して複雑そうだし、文章もすっきりしない。何度か読み返さないと意味が理解できない。

この公準をわかりやすい言葉で言い換えてみよう。まず一回転は三六〇度である。その四分の一、つまり直角は九〇度だから、二直角とは一八〇度のことだ。つまり、第五公準が言っているのは、たとえば垂直に直線を一本引いて、その直線と交わる二本の直線を引き、垂直線の右側の内角（図24の角Aと角B）の和が一八〇度未満になるようにすると、その二本の直線は最終的に右側の一点で交わるということだ。

プロクロスは「これは公準ではない。定理だ」と反発し、その証明を試みたが、挫《ざ》折《せっ》し、大地理学者プトレマイオスによる証明の試みについて詳しく解説した。プトレマイオスは一冊の本を丸ごと使って第五公準の証明を試みたらしいが、その本は残っていない。プロクロスが指摘したように、第五公準は通常「平行線公準」と呼ばれているものと同値である。[46] それをユークリッドが知っていたことは間違いない。

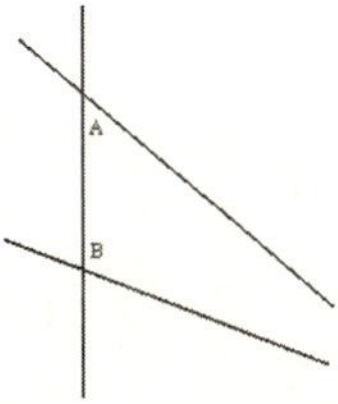

図24　角Aと角Bの和が180度未満であるため、垂直線と交わる2本の直線は右側の1点で交わるはず

直線Lとその直線上にない点Pが与えられているとき、Pを通ってLに平行な直線は一本しか存在しない。

プレイフェアがユークリッドの『原論』を編集したときに、第五公準をこの記述に書き直したため、この公理は「プレイフェアの公理」と呼ばれることが多い。

ユークリッドは、ギリシャ人が平行線の存在について交わしていた議論の恩恵を受けている。その議論の記録の大半は失われたが、アリストテレスが「平行線を巡る議論の多くが循環論法になっている」と苦言を呈していることから、たしかに議論が存在したことがわかる。アリストテレスは、平行線の存在を証明する多くの議論が、平行線の存在と実質的に同じ事実を利用しているため、証明しようとしている事実を暗黙裏に前提としていると指摘した。アリストテレス自身の言葉によれば、「AがBから導かれ、BがCから導かれ、CがAから導かれるのであれば、Cが真だからAは証明されたとは言えない」ということだ。

こうした欠陥があるにもかかわらず、ユークリッドが第五公準をリストに含めた勇気は賞賛に値する。たいていの人はここで袋小路に陥るだろう。だが、ユークリッドは、非難されることを覚悟のうえで、問題を抱えたまま議論を先に進めて、後世に名著を残した。

アラビア人も第五公準にこだわって、この公準を他の公準から導き出そうとしたり、他の公準に置き換えようとしたりしたが、どの試みも失敗に終わった。ただし、アラビア人たちは、多くの新しい数学の技法を編み出すことによって、計算を単純化し、幾何学から代数学を切り離すことに貢献した。

しかし、第五公準に関する疑問は相変わらず解消されなかった。他の公準から第五公準を導き出すことはできるのだろうか。あるいは、公理と見なせるような、もっと自明な記述があるのだろうか。一七世紀になると、現在の科学に相当する学問が誕生し、その発展に伴って怒濤《どとう》の勢いで数学の発見がなされた。その熱狂的な雰囲気の中で、多くの学者が第五公準の解決に執念を燃やした。ニュートンに大きな影響を与えたジョン・ウォリスは、著書の『デ・ポストゥラトム・クイント（第五公準）』で、第五公準に関する文献を精査している。一六〇七年から一八八〇年にかけて、第五公準だけを扱った優に千冊を超える書物や研究論文が出版された。本格的な証明の試みがなされ、さまざまな証明が発表されたが、綿密な検証に耐えたものはひとつもなかった。

証明の試みには優れたものがたくさんあった。とりわけ卓越していたのは、イエズス会の司祭でパヴィア大学の教授だったジョヴァンニ・ジェローラモ・サッケーリ（一六六七〜一七三三年）の労作だ。彼は第五公準と同値な多数の公準を調べて、それらがすべて誤っていると想定した。たとえば、サッケーリは、第五公準が、三角形の内角の和は二つの直角の和（つまり一八〇度）に等しいと言っているのと同じであることを入念に証明した後、それと矛盾する例を挙げるために、内角の和が二直角より大きくなる例と二直角未満になる例を考察した。彼は、その反例を発見したと確信さえしていた[47]。

啓蒙《けいもう》運動と科学の台頭に伴って、新しい大学が相次いで創設された。なかでも最高の名門とされたゲッティンゲン大学が、ハノーファー選帝侯で英国王のジョージ二世によって一七三七年に創設された[48]。啓蒙思想に基づいて創設されたゲッティンゲン大学は、理学部が神学部に従属するのではなく、神学部と対等の立場に立つ最初の教育機関のひとつとなった。数学の歴史と基礎に関心を抱いたゲッティンゲン大学の教授で数学者のアブラハム・ゴットヘルフ・ケストナー（一七一九〜一八〇〇年）は、広く読まれた四巻からなる『マテマーティシュ・アンファングスグリュンデ』の序文でこう述べている。

> 平行線の理論から派生する問題が、長年の間、私の頭から離れない。昔は、ハウゼンの『エレメンタ・マテセオス』（一七三四年）によって問題が完全に解決されたと思い込んでいた。ところが、あるとき、ライプツィヒのフランス人信徒向け説教師だったコステ氏と共に散歩している最中に、「ハウゼンがこの著作で述べている推論には誤りがある」と言ったコステ氏の言葉に、私はすっかり動揺した。すぐに私自身もその誤りを確認し、それ以来、自ら問題を解

決するか、問題を解決した著者を見つけることに全力を尽くしているが、いずれも失敗に終わっている。お蔭《かげ》で、このテーマについて特に詳しく論じている幾何学の第一原理について書かれた書物のちょっとした図書館並みの蔵書を集めることになった[49]。

ケストナーは、第五公準の代わりに、それと同等のウォリスの公理[50]を採用した。ケストナーの教え子G・S・クリューゲルは、一七六三年に書いた学位論文で、およそ三〇篇の第五公準の証明を検証し、そのすべてに欠陥があるとして、次のように結論づけた。「つまり、互いに交わらない二本の直線の間隔が広がる可能性があるということだ。それが馬鹿《ばか》げた話であることはわかっているが、我々は厳密な推論に基づいて、あるいは直線と曲線に関する明確な概念に基づいてそう判断しているわけではなく、経験と自分の目を通してそう思っているだけのことだ[51]」。

ケストナーの友人で才能豊かなヨハン・ハインリヒ・ランベルト（一七二八～一七七七年）は、クリューゲルの論文を読んでこの問題に興味を抱いた。ランベルトは大家族の一員として生まれ、生活を支えるために父親を継いで仕立て屋になった。しかし、仕事の片手間に勉強を続け、スイスの貴族の家庭教師の仕事にありついたことから、研究をする時間の余裕を得た。ランベルトは優秀だったが、変わり者だった。奇妙な服装を好み、人と話すときは、面と向かわずに、相手と直角の位置に立つのがいちばんよいという持論を実行した。有名なスイスの数学者レオンハルト・オイラー（一七〇七〜一七八三年）の熱狂的な支持を得て、ベルリンのプロイセン科学アカデミーの会員に推薦されたが、フリードリヒ二世が入会に待ったをかけた。フリードリヒ二世は、ランベルトと初めて会った後、友人に「いまプロイセンいちばんの大馬鹿者と会ったところだ」と言ったとされる。フリードリヒ二世は、その後すぐにランベルトを見直して、ランベルトの洞察力を高く評価するようになった。以後、多才なランベルトは、光学、宇宙論、哲学、数学に大きく貢献した。[52] とりわけ貢献が大きかったのが一七六六年に平行線公準について執筆した『テオリー・デル・パラレルリニーエン（平行線の理論）』である。ランベルトは、論文の出来に満足していなかったため、この論文を発表しなかった。この論文は彼の死後、一七八八年に発表された。

ランベルトは、パヴィアのイエズス会司祭サッケーリと同様に、第五公準と同値な結果が誤っていると想定するとどうなるかを調べた。まず三角形の内角の和と三角形の面積を関連づける式をつくり、その式を使って三角形の内角の和が二直角より大きい場合と、二直角未満の場合の面積を調べた。ランベルトは、球面上では、直線を大円と考えれば、三角形の内角の和が一八〇度より大きくなるし、自分のつくった式で正しい三角形の面積を求めることもできると書いている（実際、ギリシャ人は、式も含めて、この結果を知っていた）。彼は、適切な想像上の曲面では、内角の和が二直角より小さくなることもあり得るのかどうかも検討している（負の数の平方根が含まれた半径を持つ球面にまで言及している）。

◆一八世紀の終焉《しゅうえん》

一八〇〇年までには啓蒙思想が隈《くま》なく普及した。デカルト、ガリレオ、ニュートンの蒔《ま》いた種が実を結んだ。世の中は、知性に対する新たな自信や人間の理性と科学に対する信頼に満ちあふれていた。イオニアの哲学者が活躍し、アレクサンドリアの学校が栄えたとき以来の長い空白を経て、人々が宇宙を理解可能な対象として見るようになった。多くは啓蒙専制君主たちの支援を受けて既に形成されていた科学協会が、揺るぎない地位を確立した。科学協会や古くからあった大学に加えて、複雑化の度合いを増す社会の要請に応《こた》えるために新しい高等教育機関が創設された。

過去に蓄積された科学知識と、哲学や芸術へのその反映が、人間の理解できる数学の法則に従って宇宙が動いているという世界観をかたちづくった。影響力の大きかったドイツの哲学者イマヌエル・カント（一七二四〜一八〇四年）は「サペレ・アウデ！　自分の理性を使う勇気を持て！……それが啓蒙思想の標語だ」と書いた。(53) 一七七六年のアメリカの独立宣言は「これらの真理を自明のものと考える」と宣言した。一部の真理は自明だったし、すべての真理は理性と推論の力で理解できるはずだった。カントによれば、ユークリッド幾何学の命題はその真理の一部であり、その命題が宇宙に当てはまることは自明の真理だった。主人公と女主人公が、普遍的な愛と理性を説くピュタゴラス教団とよく似た教団に入団しようとするモーツァルトのオペラ『魔笛』がヨーロッパのあちこちの舞台で上演された。

このような社会背景のもとで、第五公準をめぐる疑いは、軽い鼻風邪のように執拗《しつよう》で、やや厄介な存在になっていた。公準が真であることを本気で疑う者はいなかったが、まだ発見されていない、より単純な原理を発見する必要性があることを認める者もいた。頭に血が上りやすいフランスの数学者で百科全書の執筆者ジャン・ル・ロン・ダランベール（一七一七〜一七八三年）は、怒りをこめて、第五公準をめぐる疑惑を「スキャンダル」と呼んだ。遅かれ早かれ疑問が解決されるとみんなが見ていたが、おおかたの人は、時間をかけてこの問題を本気で調べても見返りが少ないことを認識していた。

ダランベールの同国人アドリアン・マリー・ルジャンドル（一七五二～一八三三年）は、第五公準に戦いを挑んだ非常に優秀な数学者のひとりである。ユークリッドの『原論』を単純化し、近代化したルジャンドルの『エレマン・ドゥ・ジェオメトリ（幾何学原論）』は一七九四年に出版された。この本は、それ以後、百年にわたって、幾何学の基礎の先進的な解釈を示す代表的な書物となり、何度も版を重ねた。それから三十年以上にわたって、ルジャンドルは平行線公準の証明に挑戦した。その試み跡は『幾何学原論』のさまざまな版に残っている。結局、証明には失敗したが、死ぬまで公準が真であることを確信していた。

一八世紀末が近づくにつれて、啓蒙思想が広まり、経済が急激に変化し、教育が普及したことによって、既成概念を疑う風潮が強まっていった。独立宣言は、すべての個人が持つ権利、自由を享受《きょうじゅ》する権利、教育を受ける権利を謳《うた》った。啓蒙主義がもたらした初期の社会変化に取って代わって、それ以降の時代の先駆けとなる野放しの爆発的な変化が起きようとしていた。ヨーロッパを揺るがした社会不安は、さまざまな形で予測不能な影響を及ぼした。新しい可能性が生まれ、確実性の時代が過ぎ去った。

フランス革命（一七八九年以降）が成功し、血の雨が降る中で旧体制が崩壊するのを見て、ヨーロッパ中の人々が恐れおののいた。神聖なものなど何ひとつ存在しなかった。処刑されたフランス国王ルイ一六世とその妃マリー・アントワネットの親族が先導する軍隊がフランスを攻撃したことで、ナポレオンは反撃に出る機会を得た。やがてナポレオンは権力を握り、最終的にヨーロッパの大半を支配した（一八〇五年以降）。

◆ガウス、ロバチェフスキー、ボヤイ

最終的に第五公準の役割を明確にし、第五公準に埋もれた宝を発掘したのは、ヨハン・カール・フリードリヒ・ガウス（一七七七〜一八五五年）、ニコライ・イワノヴィッチ・ロバチェフスキー（一七九二〜一八五六年）、ヤーノシュ・ボヤイ（一八〇二〜一八六〇年）の三人である。

ガウスは一九世紀初頭のもっとも有名な数学者であり、人類史上もっとも偉大な数学者のひとりである。[54]ガウスの父親は小学校しか出ていない労働者で、肉体労働から

解放されることが生涯なかった。母親は小学校も出ていないメイドだった。父親の家族は、農村から現在のドイツにあるブラウンシュヴァイク市へ引っ越した。数年前だったらガウスのような家庭の子供がまともな教育を受ける機会はなかった。小学校のクラスには五十人の生徒がいたが、ガウスの優秀さは際立《きわだ》っていた。両親に教わることもなく、小学校に入学する前に独学で読み書きを覚えたらしい。ガウスにとって（そして後世の我々にとっても）幸いなことに、担任教諭の補佐は、ゲッティンゲン大学で数学を学んだ、ガウスより八歳年上のマルティン・バルテルスだった。

バルテルスはガウスの才能に注目し、担任教諭と共に、高等教育機関への入学を目指す優秀な生徒が集まるドイツの厳格な高校ギムナジウムにガウスが入学できるよう取り計らった。三年後、ガウスはブラウンシュヴァイク＝ヴォルフェンビュッテル公に紹介され、それ以降、公爵《こうしゃく》から定期的に援助金を支給されることになった。前途有望ではあるが経済的に困窮している若者に援助金を支給することは珍しいことではなかった。その慣習が今日の奨学金制度の先駆けとなった。高等教育を受けた労働者を大量に養成する必要があった政府にしてみれば、そのような援助金は確実な投資にほかならなかった。奨学金のお蔭でガウスは勉強を続けることができた。最初はブラウンシュヴァイクに開設された科学指向のエリート校[55]に通い（一七九二〜一七九五年）、その後ブラウンシュヴァイクから南におよそ一〇〇キロ離れた、当時は外国だったハノーファーのゲッティンゲン大学に通った（一七九五〜一七九八年）。ゲッティンゲン大学で、ガウスは、後にヤーノシュ・ボヤイの父親になるファルカシュ・ボヤイ（一七七五〜一八五六年）と出会った。二人の境遇には大きな隔たりがあった。ファルカシュ（ドイツ名のミドルネームはヴォルフガング）は、かつては裕福だったが、いまは凋落《ちょうらく》の一途をたどる、トルコ人との長い戦いの歴史を持つ家系の出身だった。ファルカシュの父親はわずかな私有地にしがみついていたが、家の金はとうに尽きていた。ファルカシュは一二歳で学校をやめた。大学に通うことができたのは、ケメニ男爵の息子である八歳のシモン・ケメニの家庭教師として雇われたからだった。ファルカシュはシモンの親友になり、男爵はファルカシュとシモンをゲッティンゲン大学に通わせた。ガウスとファルカシュは、第五公準に大きな関心を抱いていたアブラハム・ケストナーの講義に登録した。ケストナーは既に七〇代にさしかかっており、講義はかつての勢いを失っていた。ガウスは、初歩的すぎるとして、ケストナーの講義の大半に出席せず、ケストナーをからかうことを楽しんでいたとされる。講義が終わると、ファルカシュとガウスは、ユークリッドの公理、平行線公準の独立性、その他の数学の問題について議論した。ファルカシュは第五公準に魅せられ、ガウスは第五公準に対する関心を一生抱き続けることになった。大学に入学する前に、ガウスが、既にケストナーの講義を受講していたマルティン・バルテルスから第五公準に関する話を聞いていたことは間違いない。

ガウスとボヤイは一七九八年に大学を卒業し、それぞれ将来の不安を抱えながら帰郷した。公爵に促されて、ガウスは公爵が支援していた地方の大学であるヘルムシュテット大学に博士論文を提出し、一七九九年に博士号を授与された。ガウスの最初の著作『ディスクイシティオネス・アリトゥメティカエ（整数論）』は一八〇一年に出版され、ただちに名著との評価を受けた。しかし、ガウスが本当に有名になったのは、その翌年のことだ。一八〇一年六月、ドイツの有力な天文学者が小惑星ケレスの軌道を計算し、発表した。ケレスはその年の一月一日に発見されたが、二月一一日には太陽の陰に隠れて見えなくなった。おおかたの予想では、一八〇一年の年末か一八〇二年の初頭に再びケレスが現れるはずだった。問題はどこに現れるかだった。当時の観測天文学の最大の課題は、天文観測によって得られた、それぞれが誤りを含む数少ない数値に基づいて天体の軌道を計算することだった。ガウスは、まだ発表していない自ら考案した手法を使って軌道を計算し、天文学者たちが推測した軌道と大幅に異なる軌道を予測した。ガウスの予測した場所と時間にケレスが現れたことによって、ガウスは一躍有名になった。

ガウスは、ただちにサンクトペテルブルクの天文台から天文台長職の誘いを受けたが、ブラウンシュヴァイクも既にガウスのために天文台の建設に着手していた。ドイツの天文学者たちはガウスを自国にとどめようと奔走した。ゲッティンゲン大学も、天文台を建設し、優秀な助手をつけることを約束した(図25)。ガウスは一八〇五年にその誘いを受諾し、結婚して、サンクトペテルブルクとバイエルンからの誘いを断った。それはガウスにとって絶好のタイミングだった。というのも、支援者のブラウンシュヴァイク＝ヴォルフェンビュッテル公が七〇歳でプロイセン軍の指揮を任され、ナポレオンとのイエナの戦いで致命傷を負ったからだ。ハノーファーはフランスの支配下にあったヴェストファーレン王国の一部になったが、管理の才に長《た》けていたフランス人たちのお蔭で、ゲッティンゲン大学の栄光が衰えることはなかった。

それにひきかえ、ガウスの旧友ファルカシュの運命は過酷だった。(56) ファルカシュの支援者である男爵は経済的な苦境に陥り、息子のシモンにしか帰国の費用を送金することができなかった。一文無しになったファルカシュは、借金と友人の援助に頼って一年間ゲッティンゲンに留まった。最終的には、友人からの送金で借金を返済し、徒歩でハンガリーに帰国した。故国では、不本意ながら、薄給で長時間拘束されるが安

図25　ガウスが天文台長を務めたゲッティンゲン大学天文台

定した仕事に就き、マロシュヴァーシャルヘイのカルヴァン派大学で数学、物理学、化学を教えることになった。一八〇一年に結婚し、翌年の一八〇二年一二月に息子のヤーノシュが生まれた。妻は極度の不安神経症を患《わずら》っていた。妻の健康が悪化するにつれて、妻との同居は日増しに困難になった。ファルカシュは少ない収入を補うために、戯曲を書いて出版したり、大学でパブを経営したり、タイルや鋳鉄製ストーブを設計したりした。そのかたわら、暇を見つけては数学の研究を続けた。

ファルカシュは、頭脳明晰《めいせき》な息子を数学者にすることを目論《もくろ》み、息子の教育に心血を注いだ。ヤーノシュが九歳になるまで大学の教え子を家庭教師につけて教育し、ヤーノシュがギムナジウムに入学すると、ファルカシュ自ら数学を教えた。ヤーノシュは、一三歳の頃にはプロ並みにバイオリンを弾きこなし、微積分と解析力学に精通し、数ヶ国語をマスターしていた。だが、ファルカシュには、ヤーノシュを一流大学に通わせるだけのお金がなかった。ファルカシュは一八一六年にガウスに手紙を書き、ヤーノシュをガウスの家に寄宿させ、数学を勉強させてほしいと頼み込んだ。結局その願いが聞き入れられることはなく、ヤーノシュは父親と相談のすえ、ウィーンの王立工科大学に入学することにした。七年間の工兵学の課程を四年で卒業した後、一一年にわたってオーストリア＝ハンガリー帝国陸軍に勤務し、剣術とダンスの腕前にかけては帝国陸軍で右に出る者がいないとの評判をとった。[57]

　ガウスの運命を好転させ、ボヤイ一家には逆風となった啓蒙主義がもたらした社会変革の波は、ヨーロッパの東の端にも押し寄せていた。ロシアのニジュニー・ノヴゴロトの測量局に勤める事務員だったニコライ・イワノヴィッチ・ロバチェフスキーの父親は、ロバチェフスキーが七歳のときに亡《な》くなり、後に残された妻は、無一文のまま女手ひとつで三人の子供を育てる羽目になった。一家はシベリアの端に位置するカザンに引っ越し、子供たちは、貧困だが優秀な少年の教育を支援する国の奨学金制度を利用してギムナジウムに通った。ロバチェフスキーは、ロシア皇帝アレクサンドル一世の改革政策の一環として一八〇四年に創設されたばかりのカザン帝国大学へ進学した。大学で最初に出会った指導教官のひとりが、ガウスの小学校で担任教諭の補佐を務めていた、あのマルティン・バルテルスだった。指導者として優れていたバルテルスの影響を受けて、当初医学を志していたロバチェフスキーは、数学の道に進むことを決意した。バルテルスが数学史の講義で第五公準について書かれた教科書を使ったことが、その後のロバチェフスキーの運命を決定づけた。

ロバチェフスキーは、一八一一年に大学を卒業した後、母校で順調に昇進を重ね、一一年後には正教授に就任した。大学の運営委員会のメンバーを経て、数学・物理学部の学部長、図書館長、天文台長を歴任し、最終的には学長になった。運営者として優れていたロバチェフスキーは、アレクサンドル一世の後半の治世（一八一九～一八二五年）のもとで大学の舵《かじ》取りをし、君主主義への回帰、啓蒙思想に対する不信感、バルテルスをはじめとする優秀な教授たちの流出といった数々の難局を乗り切った。一八二五年、ニコライ一世の即位に伴って反動的な傾向が強まるなか、ロバチェフスキーは大学の改革に中心的な役割を果たし、学問的水準と研究者の士気の向上に努めた。

一八二〇年代まで、カザンのロバチェフスキーとマロシュヴァーシャルヘイのファルカシュは、いずれも数学研究の中心からは遠いところにいて、余暇の大半を第五公準の研究に費やしていた。ガウスも幾何学への強い関心を失っていなかった。ガウスはボヤイに宛《あ》てた手紙で、ボヤイが提起した第五公準の証明の間違いを指摘している。ガウスは、一八一六年に書いた書評で、他の公準から第五公準を導き出せるとするいくつかの証明を批判した。

ガウスは学問の応用への関心も高かった。一八一五年以降、中央ヨーロッパの主な国々は、地表面の曲率を考慮して広域にわたる正確な測量を行う測地測量に資金を注ぎ込んでいた。一八一八年、ガウスは、ハノーファーとブレーメンの土地を正確に測量し、その結果をデンマークの測量結果と結びつけるという大規模なプロジェクトのまとめ役になった。正確な三角測量を行うのに十分な数の標高の高い測量地点がなかったため、平坦で森林が密集している海岸地帯の測量は困難をきわめた。ガウスは、一八一八年から一八三二年にかけて、大半の時間をこの測量プロジェクトに費やした。その過程で、測地学に大きな貢献を果たした。

ガウスは、その仕事を通じて、微分を利用した幾何学の研究である微分幾何学に関心を抱くようになった。一八二三年には、角度を保つ曲面間の一対一対応を論じた論文を発表している。その五年後に発表した秀逸な小冊子『ディスクイシティオネス・

ゲネラレス・キルカ・スペルフィキエス・クルウァス（曲面の曲率に関する論文）』では、オイラーたちの研究成果を大幅に進展させた幾何学のアイデアについて解説した。これは数学の主流に位置する論文であり、その中に第五公準に関する言及はない。ガウスは、この論文で、3－空間内の任意の曲面上の距離を求める方程式を論じ、現在「ガウス曲率」と呼ばれている曲面の湾曲の度合いを示す概念を定義し、その量を計算するには、曲面上の測定だけで十分であり、曲面から離れた位置での測定は必要ないことを示した。また、曲面上の三角形の面積と三角形内部の平均曲率との間に関係があることも発見した。

◆第五公準を超えて

ガウスは、一八二〇年代の半ば、あるいはもっと早い時期に、第五公準が成り立たなくても成立する幾何学があり得ることを確信していたようだ。一八二四年に友人のタウリヌスに宛てた手紙で、次のように述べている。

三角形の三つの内角の和が一八〇度未満だと想定すると、我々の幾何学［つまりユークリッド幾何学］とはまったく異なるが、完全な整合性を持つ奇妙な幾何学が成立する。私は、その幾何学の研究を完全に満足がいくまで進展させ、事前に固定することができない定数の決定を除いて、その幾何学で生じるすべての問題を解決できるようになった……三角形の辺を十分に長くすれば、三角形の三つの内角はいくらでも小さくすることができるが、辺をどんなに長くしても、三角形の面積は、一定の限度を超えるどころか、その限度に達することさえない。(58)

ガウスがこのような研究成果を発表する可能性はなかった。ガウスは世界的に有名であり、有力な数学者たちとの付き合いもあったが、自らを孤高に保つ傾向があった。保守的であり、自らの幸運を自覚しており、常に自分の地位に若干の不安を覚えていた彼は、自分を支配する立場にある人々の機嫌を損ねないように注意していた。ガウスと父親の関係はよくなかった。ガウスの最初の妻は、三人目の子供を産んだあと、結婚三年目の一八〇八年に亡くなった。その後、亡くなった妻の親友と結婚し、さらに三人の子供をもうけたが、生活は最初の結婚ほど幸せではなかった。息子たちとの関係も、もつれていた。ガウスは冷淡な印象を与える人物で、孤独を好み、友人はほとんどいなかった。多くの数学者と親交があったドイツの著名な探検家で博物学者のアレクサンダー・フォン・フンボルトも、ガウスのことを「冷淡」と評している。

ガウスは、第五公準に関する研究成果を発表すれば大騒ぎになることを承知していた。世間の注目を浴びたり、騒ぎに巻き込まれたりすることは避けたかった。長年の間に、第五公準に対する関心は、哲学者や大衆紙にまで及んでいた。ガウスは、第五公準を論じた本や論文が非常に多いこと、発表の機会を待ち望んでいる奇人変人がまだたくさんいることを知っていた。哲学者については、次の言葉に見られるような健全な疑念を抱いていた。「哲学者が真実を語るとき、その真実は取るに足らない。哲学者が重要なことを語るとき、それは真実ではない[59]」。

図26　カール・フリードリヒ・ガウス

一方、ヤーノシュ・ボヤイは、一八二〇

年に、自分が第五公準を研究していることを父に知らせた。それを知って心配した父は、研究を思いとどまらせようと返事を書いた。

平行線の理論を究めようという試みは是非とも断念してほしい。一生を棒に振ることになるぞ……。お前の言っている方法でも、他のいかなる方法でも……試みてはいけない……。すべての光を呑《の》み込み、人生のあらゆる喜びを奪ってしまうその深い闇《やみ》を私自身が通ってきたからこそ、そう言えるのだ。一生のお願いだから、なんとしてもあきらめてくれ。このテーマは、肉欲と同じくらい恐ろしいものと心得よ。すべての時間を奪い、健康も、心の平安も、幸福な人生も損ねるおそれがあるからだ。(60)

この強い言葉には父の苦い経験が反映されている。

ヤーノシュは、当初、ユークリッドの公準を他の公準から導き出せる別の記述に置き換えようと試みた。その試みは一年以内に諦《あきら》めたが、父の懇願は無視した。次に、第五公準が成り立たないと想定するとどうなるかを真剣に考えはじめた。ヤーノシュのノートは、現在「双曲幾何学」と呼ばれている理論をそのとき彼が考えはじめたことを示している。一八二三年に、ヤーノシュは、父への手紙に「まったく新しい別の世界をゼロからつくっている最中です」と書いている。一八二四年にはその研究が完了したものと思われる。

　当初やや懐疑的だった父も、最終的には息子の研究成果の価値を確信した。父は、一八三二年に出版された、幾何学、解析学、整数論、代数学の基礎を厳密かつ体系的に論じた自分の大著『テンタメン』の付録としてその研究成果を発表するようヤーノシュを説得した[61]。ファルカシュはその付録をガウスに送り、ガウスはそれを読んで、友人のゲルリングへの手紙にこう書いている。「この若い幾何学者ボヤイは第一級の天才だと思う」。ボヤイの父親に宛てた手紙にはこう書いた。

> 君の息子さんについてひとこと言っておこう。いきなり「この論文を賞賛することはできない」と言ったら君は驚くだろうが、そうせざるを得ない事情がある。なぜなら、この論文を賞賛することは、自分自身を賞賛することになるからだ。論文全体の内容、彼がたどった論理の道筋、彼の得た結果は、私自身が発見した結果と一致している。その発見の一部は三〇年から三五年も前にさかのぼる。ただ驚くばかりだ。私自身の研究成果については、今まで論文に書

いたことがないし、生きている間に発表するつもりもなかった。おおかたの人間は私たちが論じている問題を明確に理解できないし、この問題について私が言いたいことに関心を持っている人は、ほとんどいないこともわかっている。このような問題を取り上げるには、必要とされていることの本質を注意深く考察しなければならないが、それについては不確実なことだらけだ。一方、私は、少なくとも私の死と共にこの成果が葬《ほうむ》り去られることがないように、後日すべてを書き残すつもりだった。したがって、その面倒な作業をやらなくて済むことはうれしい驚きであり、この問題について私に先んじて仕事をした人物がほかならぬ旧友の息子であることは特に喜ばしい(62)。

ファルカシュはこの返事を読んで満足したが、ヤーノシュは立ち直れないほどの衝撃を受けた。ヤーノシュの精神状態は悪化しはじめた。苛立《いらだ》ちやすくなり、精神の安定を失いはじめ、一八三三年には軍隊を退職した。そのうえ、まだ苦しみが足りないとでも言わんばかりに、ボヤイに先駆けて同じ研究成果を発表した人物がいることがわかった。ロバチェフスキーも一八二〇年代に第五公準を研究しはじめており、第五公準を否定したときに成立する幾何学が完全に理に適《かな》っていることに気づいていた。

ロバチェフスキーの思考の根っこにあったのは、空間、時間、広がりなどの概念は経験を経ずに認識されるものであって、心は感覚的な経験に秩序を与える役割を果たすとするカントの超越論的観念論に対する反発だった。ロバチェフスキーにとって、空間は、人間の頭脳が外的な経験から抽出する後天的な概念だった。ロバチェフスキーは一八二六年に研究成果を発表し、一八二九年に非ユークリッド幾何学の理論を発表した。当初はサンクトペテルブルク科学アカデミーに論文を提出し、比較的読者の多いアカデミーの刊行物での発表を目論んでいた。しかし、当時ロシアでいちばん有力な数学者で、西ヨーロッパでもよく知られていたミハイル・ワシーリェヴィチ・オストログラドスキーが論文を却下した。そこで、ロバチェフスキーは、地方の一般学術誌でロシア語の論文を発表し、一八三五年から一八三九年にかけて、やはりロシア語の論文を《カザン・アカデミー会報》で発表した。当然のことだが、こうして発表されたロバチェフスキーの論文が注目を浴びることはなかった。

では何が起きたのか。一言で言えば、何も起きなかった。少なくともしばらくの間は。

ロバチェフスキーは大学の学長としての業務を遂行し、そのかたわら数学の研究に打ち込んだ。ロバチェフスキーの管理能力の高さは万人が認めるところだった。彼の舵取りでカザン帝国大学は数々の難局を乗り切った。一八二六年には学部を再編成し、コレラが流行した一八三〇年には人命を救い、一八四二年の大火の後、大学の建物を再建した。科学知識を普及させ、地域の初等教育と中等教育を近代化することにも全力を尽くした。裕福な家庭で育った、はるか年下の女性と一八三二年に結婚し、七人の子どもをもうけた。晩年は、経済的な苦境、病気、視力の低下、長男の死などの苦難に見舞われた。

残念ながら、ロバチェフスキーの数学の研究成果が存命中に広く認められることはなかった。それでも彼は論文を発表しつづけた。一八三七年には研究成果の報告を当時の有力な数学誌にフランス語で発表し、一八四〇年には平行線理論に関する著作をドイツ語で発表した。ガウスはそのドイツ語の著作に深い感銘を覚え、ロバチェフスキーをゲッティンゲン科学アカデミーの会員に推薦し、ロバチェフスキーの他の論文を読むためにロシア語を勉強した。ただし、いかにもガウスらしく、ロバチェフスキーの論文を公《おおやけ》に支持することはなかった。失明し、困窮したロバチェフスキーは、失意のさなかで一八五六年二月二四日に亡くなった。

ファルカシュ・ボヤイは一八五一年に教職を退き、度重なる脳卒中に見舞われた後、一八五六年一一月二〇日に没した。ファルカシュの最初の妻は一八二一年に亡くなっており、二番目の妻はファルカシュより長生きした。ファルカシュは、遺書で、ドイツから帰国した後の人生を苦い思いでこう振り返っている。

ドイツから帰国するまでは、すばらしい日々の予感をはらんだ朝だったが、やがて空一面がいつ晴れるとも知れない雲に覆《おお》われ、炎と氷に苛《さいな》まれる日々が続いたかと思うと、雨模様となり、最近はとうとう雪が降りはじめた。(63)

ヤーノシュは一八三三年に引退し、父方の祖母が一家に遺《のこ》した屋敷で暮らしはじめた。その後、父が交際を認めなかった女性と事実上の婚姻関係に入り、父と子の関係は悪化した。ヤーノシュは引き続き数学の研究を続けたが、数学の主流からは遠いところにあった。ガウスはヤーノシュの父にロバチェフスキーの論文の存在を知らせたが、ロバチェフスキーの一八二九年の論文をヤーノシュが一八四八年に知ったのは、それがきっかけだったのだろう。ヤーノシュは論文を精読してノートに詳細なメモを記し、苦悩の思いを書き綴《つづ》っている。ロバチェフスキーなどという人物は存在せず、すべてはガウスがヤーノシュの功績を横取りするために仕組んだ茶番だというヤーノシュの邪推は、彼がいかにロバチェフスキーの論文を高く評価していたかを物語っている。ヤーノシュは、ハンガリー独立宣言の後、同居していた女性と一八四九年に正式に結婚したが、一八五二年に離婚した。その頃、彼の関心の対象は、数学から一般認識論の確立へ移っていた。一八六〇年一月二七日、肺炎のため五七歳で亡くなった。父親の著書の付録以降、ヤーノシュが論文を発表することはなかったが、二万枚を超える数学の草稿を残した。その草稿は、ティルグムレシュ市のテレキ＝ボヤイ資料館に保存されている。

一八五〇年に至っても、第五公準が成り立たない幾何学が存在し得るという認識は、ほとんど浸透していなかった。ガウスが研究成果を公にしていれば話は違っていただろうが、ガウスは晩年、科学界の表舞台から身を引いていた。ガウスは、第五公準に関する論文を一切発表することなく、一八五五年にゲッティンゲンで亡くなった。

やがて、ガウス、ボヤイ、ロバチェフスキーの業績は数学の主流に組み込まれていった。ガウスの死後発表された書簡集や科学研究ノートは、まずガウスが非ユークリッド幾何学を発見し、ボヤイとロバチェフスキーの業績が受け入れられる下地をつくったことを示している。皮肉なことに、ガウスに優先権があったことは、ボヤイは父親を介して、ロバチェフスキーはバルテルスを介して、ともにガウスの影響を微妙に受けたとする、現在は完全に否定されている根拠のない憶測を招く要因になった。べトナム反戦の時代に痛烈な諷刺《ふうし》とユーモアに満ちた唄《うた》を書いたことで有名なハーバード大学教授の数学者兼シンガーソングライターであるトム・レーラーは、この話にまつわるかすかな疑惑を（不当ではあるが）面白い歌詞に織り込んで、ロシア語なまりの英語で歌った。

こんな天才に誰がした？
今じゃ引用される数学者
指導教授は誰だっけ？
今じゃチョークまみれの大天才

俺を育ててくれたのも
責めを負うのもただひとり
その名はニコライ・イワノヴィッチ・ロバチェフスキー
ハーイ！
ニコライ・イワノヴィッチ・ロバチェフスキー

初めて会ったそのときに
ロバチェフスキーはこう言った
数学で成功したいなら
秘訣《ひけつ》はひとつ、そいつはね
盗むことさ、盗むこと

盗むんだ！
人の業績見逃すな
神様がくれた大事な目
ふさいじゃったらもったいない
盗めよ、盗め、盗むんだ！
ただし「研究」と称してな

この先生に会ってから
俺の人生登り坂

その名はニコライ・イワノヴィッチ・ロバチェフスキー
ハーイ！
ニコライ・イワノヴィッチ・ロバチェフスキー

◆ユークリッドの遺産

第五公準を証明しようという試みが一八世紀に失敗に終わったことによって、第五公準と事実上同値な結果がたくさんあることがわかった。その一部を以下に書き出してみよう。

ユークリッドの命題群：第五公準と同値の命題

一　直線Lとその直線上にない点Pが与えられているとき、Pを通ってLと交わらない直線はLとPによって決まる平面上に一本しか存在しない。

二　三角形の内角の和は一八〇度（つまり二直角）である。
三　円の周の長さと直径の比は、円の大きさに関係なく、すべての円で同じである。
四　与えられた任意の三角形について、その三角形と同じ内角を持ち、辺どうしの比がその三角形と等しい任意の大きさの三角形が存在する。
五　ピュタゴラスの定理

『原論』の最初の四つの公準とこれらの結果のいずれか一つを受け入れれば、第五公準およびその他の結果が導かれる。ユークリッドの五つの公準を受け入れれば、前出の枠内のすべての結果が導かれる。ガウス、ボヤイ、ロバチェフスキーの研究は、第五公準、つまり前出の枠内のすべての結果が成り立たない幾何学があり得ることを示した。だからユークリッドは第五公準を公理として『原論』に含めたのだ。第五公準を最初の四つの公準から証明することはできない。バビロニアの時代から知られているお馴染《なじ》みの平面幾何学を成り立たせるには、第五公準あるいはそれと同程度に複雑なことを真と見なす（つまり証明なしに受け入れる）必要があるのだ。

　しかし、ユークリッドの公準、特に第五公準の本質が本当に理解されるまでには、さらに数十年の年月が必要だった。他の公準から第五公準を導くことができないことも、第五公準が成立しない別の幾何学が存在することもわかった。しかし、その別の幾何学は、単なる論理的な好奇心の産物でもなければ、最初の四つの公準が現実の世界をうまくとらえることができないために生じた異常でもなかった。それらの幾何学は、馴染み深い平面幾何学と同様に、完全な実体を持ち、価値のあるものだった。「正しい」ものの見方さえすれば、そのことは一目瞭然だった。しかし、その正しいものの見方は、一八五〇年以前の幾何学に対するどんな見解ともまったく異なり、それらの見解よりはるかに幅広く、はるかに包容力があった。すべてを明確にし、現代的な理解の端緒を開く劇的な見解の変化をもたらしたのは、内気で優秀なガウスの教え子ベルンハルト・リーマンが一八五四年に行った教授資格取得講演だった。科学史上最大の出来事のひとつであるこの講演の話は、ポアンカレの業績と現代の幾何学および位相幾何学を理解するうえで欠かすことができない。

第7章　リーマンの教授資格取得講演

二〇〇三年四月、グリゴリー・ペレルマンの講演を聴こうとMITの階段教室に詰めかけた聴衆には、知の革命の現場を間近に見ているという自覚があった。一八五四年六月一〇日に行われた「幾何学の基礎にある仮説について」と題するベルンハルト・リーマンの講演を聴きにゲッティンゲン大学の講演会場に集まった聴衆にその自覚はなかった。それは、中世以来の伝統となっていた、教授資格を取得するために候補者が受ける長期にわたる試験の最後を締めくくる公式の講演だった。思考を言葉にまとめるのが苦手なリーマンは、講演の準備に六ヶ月もの期間を費やした。聴衆のだれもが理解できるように表現に工夫を凝らしたが、リーマンが念頭に置いていた聴衆は、指導教官であるカール・フリードリヒ・ガウスひとりだった。リーマンがそこで提起した仮説の意味や大胆さを理解できた者はほとんどいなかった。だが、ガウスだけは違っていた。

その講演は、三千年の歴史を持つ幾何学を根本からつくりかえることになった。しかも、リーマンは、平易なドイツ語で、ほとんど数学記号を使わずにそれをやってのけたのである。講演録が出版されたのは、それから十年ちょっとを経たリーマンの死後であり、講演の内容が数学の主流に組み込まれるまでには、さらに十年、二十年の歳月を要した。この講演が現在の微分幾何学の創始を導いた。この講演がなければ、一般相対性理論は生まれていないし、ポアンカレの業績の多くも存在せず、したがってペレルマンの業績もあり得ない。講演の後、ガウスは、珍しく興奮気味に「期待をはるかに超えるすばらしい講演だった」と同僚に語ったという。ガウスには、自分がたったいま前代未聞《みもん》の知的な偉業を目撃したことがわかっていた。死をわずか一年後に控えたガウスは、こうして未来を垣間《かいま》見《み》る機会に恵まれた。

　最近では、リーマン予想などに関する書籍がつづけて数冊出版されたことや、クレイ数学研究所のお蔭《かげ》もあって、世間一般にリーマンという名前が知られるようになった。[64] リーマンの教授資格取得講演は、科学的な偉業が同時代の人々には十分理解されていないことを示す典型的な例だが、数学者たちはリーマンの業績に畏敬《いけい》の念を抱いていた。リーマンの場合に珍しいのは、全著作集が当時の小説ほぼ一冊分に相当する六百ページにも満たないことだ。トルストイの『戦争と平和』はその二倍の長さがある。

リーマンは、才能が開花したのが比較的遅く、四〇歳の誕生日を迎える前に亡くなっているが、それでも、研究したほとんどすべての分野に革命をもたらしている。

◆リーマンの時代

リーマンは、貧しい改革派牧師の六人の子供のひとりとして一八二六年に生まれた。家系には結核患者が多く、リーマン自身も病弱だった。母親はリーマンが七歳のときに亡《な》くなり、父親がひとりで子供を育てた。リーマンの兄は生まれてすぐ、姉妹のうち三人も幼くして亡くなった。リーマンは勉強好きで、信心深く、内気だった。内向的であるがゆえに家族以外の人と接することが苦手だった彼にとって、講演はたいへんな苦痛だった。神学を修めることを期待されて育った貧しい牧師の息子が、ある日の午後、世界でいちばん有名な数学者ガウスを含む聴衆を前にして、ガウスでさえ口にすることをはばかった、確実に物議をかもすテーマについて、なぜ講演することになったのだろうか。リーマンも知っていたに違いないが、聴衆の中には、カントに心酔し、ユークリッドの絶対性に疑いをさしはさむような人物には容赦なく非難を浴びせかねない哲学教授もいた。リーマンの勇気の源泉がどこにあったのかは推測するしかないが、次の章の最後でその理由を少し考えてみることにしよう。

リーマンが受けた教育や身に付けた教養には、いまだに数学や科学を形づくっている数々の社会的要因と経済的要因が反映されており、それを理解することは重要である。リーマンは、ドイツはハノーファーのクイックボン村の自宅で一四歳になるまで父親の教育を受け、その後、近くの町のギムナジウムに寄宿して学んだ。一八四六年に神学を学ぶためにゲッティンゲン大学に入学した。

当時のドイツは、爆発寸前の圧力釜《がま》のような状況だった。ナポレオンの敗北の後、一八一四年から一八一五年のウィーン会議を経て、ヨーロッパは、フランス革命の勃《ぼっ》発《ぱっ》以前に存在した力の均衡を取り戻した。専制君主の地位を強化し、貴族と教会の特権を保持し、厄介な啓蒙《けいもう》思想を一掃することを共通の目的とする三五ヶ国の主権国と四つの自由都市の緩い結び付きからなるドイツ連邦が形成された。ナポレオンが推進した自由主義的な改革は後戻りを余儀なくされ、検閲が実施され、報道の自由は抑圧された。

しかし、病根は反動体制の深い部分に潜んでいた。抑圧的な体制は安定を欠き、三十年にわたって社会的緊張が高まっていった。人口の大半はまだ地方に居住していたが、耕作する土地を所有している者はごくわずかだった。町や都会へ流出する人々が増えていった。賃金の低さ、生活条件の悪さ、社会的自由のなさを訴える散発的な暴動は、いずれもすばやく鎮圧されたが、しばしば鎮圧に用いられた暴力的な手段が余計に民衆の興奮を煽《あお》る結果となった。ハノーファーの小さな町ゲッティンゲンでさえ、その影響を免れることはできなかった。ヴェストファーレン王国の一部だったナポレオン支配の時代を除き、ハノーファーは英国君主の支配下にあった。一八三七年にヴィクトリアが英国女王に即位すると、すべてが変わった。ハノーファーの法律が女性君主の正当性を認めていなかったため、ハノーファー公国の支配権は、超保守主義で知られていた若き女王の叔父カンバーランド公の手に移った。国王は即位すると、ただちに自由主義的なハノーファーの憲法を破棄した。それに反対する抗議書に署名したゲッティンゲン大学の七人の著名な教授が即座に免職されたことが騒乱の火種になった。一九世紀のこの時期には、ドイツ連邦の大半が鉄道で結ばれていたため、共通の言語と伝統を共有しているという意識がドイツ人たちの間に芽生えていたことから、騒乱はすぐにハノーファーの国境を越えて他国へ広がった。ドイツ連邦各国で学生組織が「エーレ、フライハイト、ファーターラント（名誉、自由、祖国）」をスローガンに蜂起《ほうき》した。

市民の自由と民族主義的な感情との新たな結び付きは、強力なうねりをつくりだした。一八四七年の食糧不足に端を発した飢饉《ききん》によって騒乱は激化した。フランスの王制の崩壊と第二共和制の宣言が一八四八年の三月革命の引き金を引いた。ドイツ連邦の各国で大規模なデモが発生し、その結果、市民の自由と政府の民主的な選出を保障する憲法が採択された。非常に強力な国家だったオーストリアとプロイセンさえ、この革命から大きな影響を受けた。

以上が、リーマンのもっとも重要な人間形成期の時代背景である。リーマンは一八四六年にゲッティンゲン大学に入学すると、ただちにさまざまな数学の講座を受講し、神学から数学へ進路を変更してもよいかを問う手紙を父親に出した。父親の許可を得て、リーマンは一八四七年から一八四九年にかけてベルリン大学で数学を学び、革命の真っ只中《ただなか》に放り込まれた。当時のベルリンは世界最先端の数学研究の場でもあった。ヤーコプ・シュタイナー、カール・ヤコービ、ルジューヌ・ディリクレ、ゴットホルト・アイゼンシュタインといった著名な数学教授を目当てに、ベルリン大学にはヨーロッパ中から学生が集まっていた。微積分学が新しい数の体系に応用され、劇的な結果を生み出していた。驚異的な特性を持つ新しい関数が毎日のように発見されていた。さまざまな数学の発見と社会不安、政治不安が渾然《こんぜん》一体となって、ベルリンには豊かで活気に満ちた乱雑な文化環境が形成されていた。リーマンはその中で複素解析をマスターし、さまざまな新しい数学理論を学んだ。物事を概念的に考えるところが好みに合っていたため、リーマンはフランスで教育を受けたディリクレに大きな魅力を感じていた。

嵐《あらし》のような数ヶ月が過ぎ、革命は失速した。一八四八年の秋には、プロイセンの貴族がベルリンの支配権を取り戻し、軍隊が街を占拠した。革命は失敗に終わった。抑圧的な体制が息を吹き返し、何十万人もの市民が、飢饉でアイルランドを脱出した人々と共にアメリカ合衆国へ移住した。四八年組と呼ばれた革命家たちの夢がついえたことと、民主的な国家の統一が挫折《ざせつ》したことは、やがて二〇世紀に破滅的な事態を招くことになる。

◆ドイツにおける研究大学の勃興

革命を後押しした社会情勢は、一九世紀の栄光のひとつであるドイツの研究大学の誕生でも重要な役割を果たした。研究大学は、それまでに存在したどんな機関よりも知識の創造と伝達の効率が優れていた。卓越した才能を育成し、リーマンのような傑出した人材が活躍できる場を提供することによって、研究大学は、一九世紀後半から二〇世紀前半にかけてドイツが世界一流レベルの科学と数学の研究者を輩出するうえで一役買った。

現在の私たちは、知識の創造という大学の役割を当然のことと考えている。しかし、一五〇年前まで、その役割はまったく明確でなかった。一八世紀の間、科学と数学の教育は、主に地方の貴族が援助する国立アカデミーまたは地方のアカデミーで行われていた。ヨーロッパの大半の地域では、そのような援助はほとんど見られなかった。たとえば、イギリスの王室から王立協会への援助は事実上皆無であり、数学は才能のあるアマチュア学者の手に委《ゆだ》ねられていて、その学者の多くは研究を職務としない大学の職位に就いていた。プロイセン科学アカデミーに対する王室の援助はそれよりずっと手厚く、一八世紀のドイツではプロイセン科学アカデミーが科学と数学の中心になっていた。ただし、一部の科学の研究は、特にゲッティンゲン大学のような新しい大学で行われていた。フランスの研究アカデミーはパリに集中しており、(65) 財政援助が比較的うまく機能していた。フランス革命はフランスの科学にとってよい方向に働いた。神学の時代は去り、科学が王者の地位に就いた。数学は科学の女王だった。一九世紀初頭には、パリが世界の知の中心だった。しかし、フランスの大学は、他のどこの大学に比べても教育機関としての色彩が強く、しかも教育分野が修辞学や人文科学に偏《かたよ》っていた。

一九世紀の初頭に、ベルリンやドイツの他の都市がやがてパリに匹敵する科学や数学の中心として栄えることを予測した人は皆無だった。その頃のドイツは、ほとんどあらゆる分野で、イギリス、フランス、スペインの後塵《こうじん》を拝していた。ドイツは、国家を統一するのも、産業化するのも、都市化するのも遅かった。一八〇六年にナポレオンがイエナの戦いでプロイセンに勝利したことは、新世紀がフランスの時代になることを人々に予感させた。ウィーン会議は、ドイツの分裂状態を固定化し、ドイツ連邦の国々が統一を果たすことなく、後進的な社会状態、経済状態にとどまることを保障するものだった。

しかし、皮肉なことに、その分裂状態と小国家間の競争とドイツ経済の相対的な後進性が、大学どうしが優秀性を競い合う環境をかたちづくった。正教授のポストには限りがあり、他の正教授の推薦を受けた者だけがその地位に就くことができた。各大学が優秀で意欲的な教授を獲得しようとしのぎを削ったことから、業績に基づいて研究者を教授に任命する傾向が強くなった。他校から有能な教授を招く慣習が広まったことで、教授たちは契約を再交渉する機会を与えられ、個々の教授が就任の条件を交渉するときに影響力を行使できるようになった。ゲッティンゲン大学がガウスのために天文台を建設した理由はそこにある。さらに、ドイツには、学者になることが若者にとって立身出世の手段となるような社会状況があった。学者になることが魅力的で、そこに競争原理が働いていたため、教授の研究テーマが最先端の分野であるほど、その教授のもとには優秀な学生が集まる可能性が高かった。それが大学のレベルアップにつながり、ひいては優秀な教授が集まる要因にもなった。こうして好循環が生まれた。

　この一九世紀のドイツの経験が物語っているように、若さと経験、研究と教育を融合させることで、大学は自然に活気あふれる科学研究の場になる。数学者で哲学者のアルフレッド・ノース・ホワイトヘッドの次の言葉は、それを的確に表現している。「大学の存在意義は、若者と年輩者の融合を図って学習の創造性の向上に活《い》かすことを通じて、知識と活力の結び付きを保つことにある……。悲しいことに、創造性に富んだ者は経験を欠き、経験が豊かな者は創造力が枯渇《こかつ》している。愚か者は知識がなく、創造力だけを頼りに行動し、空論家は創造力を発揮することなく、知識だけを頼りに行動する。大学の使命は創造力と経験を融合させることにある」[66]。科学と数学で若者が決定的な貢献を果たすことが多いのは偶然ではない。これらの分野は、既成の知識のうえに理論を構築するのではなく、既成の知識の妥当性を疑うことによって前進することが多いのだ。ドイツでは比較的若い研究者が正教授に任命される可能性があったのに対して、フランスで学者の頂点に立っていたのは、科学アカデミーやコレージュ・ド・フランスなどの国立機関の研究者や教授だった。フランス革命は、既存の多くの研究者を追放し、若者が国立機関に就職する余地を広げることによって、科学の発展を推進する効果があった。しかし、国立機関では終身在職権が保障されていたため、一九世紀に入って年月が経過するとともに、研究する暇がほとんどない職場で悪戦苦闘しているうちに、数学者や科学者としてもっとも創造的な年齢を過ぎてしまった者にしか就職口が回ってこなくなった。

もちろん研究機関どうし（およびそれを支援する君主どうし）の競争だけで研究大学の出現の理由を説明できるわけではない。一八〇六年のナポレオン支配下のフランスの勝利も研究大学の勃興《ぼっこう》に間接的に寄与した。この敗北をきっかけに、ドイツ連邦諸国では自己省察の機運が高まり、大学外部の多くの優秀な人材が学問的な質を高めるうえで重要な役割を果たす余地を生み出した。フォン・フンボルト兄弟がその好例である。ヴィルヘルム・フォン・フンボルト（一七六七～一八三五年）は、一八〇九年からプロイセンの内務省文教局長を務め、あらゆる社会階級に属する人々に本格的な教育を施すことを目的とする教育システムの確立を先導した。一八一〇年には、世界一の大学たることを明確な目的としてベルリン大学が創設された。博物学者だったアレクサンダー・フォン・フンボルト（一七六九～一八五九年）は、相続した多額の遺産をアマゾンへの多目的の探検旅行に費やした。地質学者としての教育を受けたアレクサンダーは、長い年月をかけて詳しい探検記の大作を書き上げたほか、当時の有力な科学者たちと絶えず手紙を交わしていた。アメリカに滞在していたときには、当時二期目の任期に入っていたトーマス・ジェファーソン大統領を訪問している。

パリの知的な生活を愛したフォン・フンボルト兄弟は、それと似た風土をベルリンにつくり出すことを決意した。アレクサンダーは特に数学を重視し、ベルリンの一部の若い数学者たちを精神的にも金銭的にも援助した。ベルリン大学は一八二〇年代にゲッティンゲン大学からガウスを引き抜こうと懸命に働きかけたが、ゲッティンゲン大学はその誘いに対抗し、ガウスを引き留めることに成功した。ガウスの引き抜きには失敗したが、一八三〇年代にはベルリン大学に活気あふれる数学科が誕生した。アレクサンダーは、ルジューヌ・ディリクレをベルリン大学に迎えるべく精力的に奔走した。物議をかもしたが絶妙なこの人選によって、ディリクレがベルリン大学に知的な重みをもたらし、特にリーマンに影響を与えることになった。

ドイツの数学界に決定的な貢献を果たした大学外部の人材には、ほかにもプロイセンの公務員アウグスト・クレレがいる。土木技師だったクレレは、数学を愛好し、やがて世界一流の数学誌になった《ジュルナール・フュー・ディ・ライネ・ウント・アンゲヴァンテ・マテマティーク》(67)を創刊した。雑誌の名前には「応用数学」が入っているが、中身はほとんどが純粋数学だった。この数学誌は今でも発行されている。当時もそうだったが、現在この雑誌は《クレレ誌》と通称されている。クレレは数学的才能のたいへんな目利《き》きで、当時無名だった若い数学者の今では著名な論文をいくつも雑誌に掲載している。アレクサンダー・フォン・フンボルトと同様に、クレレも多くの数学者と面識があり、彼らを激励し、援助していた。

一九世紀の半ばまでに、ドイツの大学の科学と数学は、研究の厚みと質の高さにおいて他を寄せ付けないレベルに達していた。その先駆けとなった中世の大学と同様に、これらの研究機関は、創造性豊かな環境の中で自然発生的に出現した。これらの研究機関は、現代の一流大学の手本になり、今の時代をかたちづくった数学と科学の爆発的な進展を推し進めるうえで中心的な役割を果たした。大学が学生と教授に自由を保障したことが卓越した人材の育成を後押しし、リーマンのように自律性の高い人物には特にプラスに作用した。リーマンは、一八四九年にベルリンから戻ると、物理学と哲学を学び、一八五一年にガウスの指導のもとで博士号を取得した。リーマンの博士論文は、あらゆる基準から見て卓越していた。リーマンは、ディリクレから学んだとする原理を利用して、複素解析と呼ばれる新しい分野に飛躍的な進展をもたらした。この分野は、実数に負の数の平方根を加えることで得られる「複素数」に微積分の手法を応用するものだ。[68]ガウスは、リーマンの博士論文に対する講評でその独創性を賞賛し、リーマンが博士課程を修了した後、ゲッティンゲン大学に残れるよう取り計らった。

◆教授資格の取得

他国と同様に、ドイツでも、大学教授になる道は中世のパリ大学から継承されたものだった。学生は、まず博士号を取得することで、講義の助手を務める権利を得る(ちなみに、女性の博士号取得者はほとんどいなかった。社会慣習と根強い偏見によって女性は大学教授になる道を閉ざされていた)。博士課程を修了した者は、研究を継続し、業績を論文（ハビリタツィオンシュリフト、つまり教授資格取得論文）の形で提出し、公開の教授資格取得講演を行う。論文と講演の両方が審査教授会によって審査される。教授資格取得試験に合格した者は、アメリカの大学の助教授にやや似た特別教授に任命される権利を得る。特別教授の給料は非常に安かった。新任の特別教授は、大学で自分の講座を開設し、学生が支払う受講料の一部を受け取る権利がある。受講者の数が十分多ければ、受講料で何とか生計を立てることができた。しかし、安定した人並みの収入を得るには、ポストに限りのある正教授の地位に就くしかなかった。正教授になれば、給与は保証され、国から支払われる。

リーマンは教授資格取得講演の演目の候補として三つのテーマを教授会に提出した。一つは自らが先駆的な仕事をした分野のテーマであり、二番目は自分が専門としていた分野のテーマであり、三番目が「ユーバー・ディ・ヒポテーゼン・ヴェルヒェ・デア・ゲオメトリー・ツゥ・グルンデ・リーゲン（幾何学の基礎にある仮説について）」だった。リーマンがある程度の期間にわたって幾何学を考察していたことは間違いないが、それまでに幾何学を研究したことはなかった。演目の最終的な選択権は指導教授であるガウスにあったが、実際は候補者がもっとも得意とする分野を指導教授が選ぶのが慣習だった。しかし、ガウスは、リーマンの業績がもっとも乏しい分野である三番目の演目を選んだ。リーマンの友人で同僚のデデキントは、ガウスが慣習に反して三番目の演目を選んだのは、「このような若者がこのように難しいテーマをどう料理するかにガウスが興味を覚えたからだ(69)」と書いている。

今となってはガウスとリーマンの関係がどういうものだったかわからないので、ガウスがこのテーマを選んだ理由を知る術《すべ》はない。リーマンとガウスは同じ場所にいたので、ふたりの間で交わされた議論を知る手掛かりとなる手紙はない。この空白を埋めようと、あらゆる推測が生まれたが、その中にはガウスがリーマンの能力を正当に評価していなかったという説もある。ガウスがリーマンの博士論文を賞賛し、リーマンをゲッティンゲン大学にとどめようと取り計らったことは文書に記録されているので、その説が正しい可能性はきわめて低い。一方、リーマンはガウスの業績をよく知っていた。たとえガウスとリーマンが幾何学について議論したことがないとしても、3－空間内の曲面に関するガウスの論文やガウスが書いた書評から、自分の指導教授が幾何学の基礎に関心を持つ可能性があることをリーマンが承知していたことは間違いない。さらに、リーマンは、ガウスの共同研究者であった卓越した物理学者ヴィルヘルム・ヴェーバーと非常に親しかった。反動的なハノーファー国王によって免職されたゲッティンゲン大学の七人の教授のひとりであるヴェーバーは、一八四八年の革命の最中に復職した。ガウスはヴェーバーを信頼しており、平行線公準と非ユークリッド幾何学に関する自分の研究の進行状況をヴェーバーに知らせていた。

以上のことから、幾何学の基礎を講演の演目として提出すれば、ガウスがそれを選択する可能性が高いことにリーマンが気づいていなかったとは考えられない。しかし、あえてそうしたにも関わらず、リーマンは幾何学をテーマとして提出したことを後悔して、父親宛《あ》ての手紙に「ガウスが長年にわたってこのテーマを研究していて、それについて(ヴェーバーを含む)友人たちに話していたという確信を最近ますます強めています」と書いている。人は誰しも、後悔する可能性があることがわかっていながら背伸びをしてしまうものだ。一方、ガウスは、リーマンの講演が面白いものになることを期待していなかったら、この演目を選ぶはずがない。

いずれにせよ、私たちは、このテーマについて講演することをリーマンに強要したガウスに感謝しなければならない。明らかにガウスを聴衆として意識したリーマンの講演は、偉大な指導者の研究業績を述べることから始まったが、その後リーマンが話した内容は、その業績を完全に覆《くつがえ》すことになった。

◆リーマンが講演で話したこと

リーマンは、まず、空間という概念と、空間上の付加的な構造である幾何構造とを区別した。さらに、空間を点から構成されるものと定義し、多様体を、数の集合で表現できる点が含まれた領域から構成される特殊な空間と定義した。

Rと表記されるもっとも単純な多様体は数直線である。つまり、実数が直線上の点に対応すると考えることによって、実数を幾何学的に思い描くのだ。それには、まず直線を描き、その直線が両方向に無限に伸びていると想像する。次に、直線上の一点を選び、その点に数ゼロを割り当てて、長さの単位（たとえばセンチメートル、インチ、ファゾム、光年など）と正の方向と見なす方向（二つの方向のいずれか）を決める。たとえば正の実数には、その数に相当する距離だけゼロから右に移動した点を関連づける。負の数には、その数に相当する距離だけゼロから左に移動した点を関連づける[70]。

二番目に単純な多様体は、二つの実数の組み合わせに対応する平面R^2である。まず、このページが上下左右に無限に広がっていると想像し、その上に互いのゼロ点で交差する二本の数直線を描く。普通は、右を正の方向とする水平な直線を一番目の数直線とし、上を正の方向とする垂直な直線を二番目の数直線とする。これは単なる慣習であって、どの方向に伸びる直線を描いても構わない。ただし、いったん二本の直線を選んだら、二個一組の数のうち、最初の数が最初の数直線と平行な直線上の距離に相当し、符号が方向を表し、二番目の数が二番目の数直線と平行な直線上の距離に相当すると見なすことによって、個々の数の組み合わせを平面上の点に関連づけることが重要だ。(71)

3-空間R^3は、三つの実数の組み合わせに対応する点の集合である（R^2と同様に実数の順番が意味を持つ）。これを幾何学的に思い描くには、それぞれのゼロ点で交差し、二本の組み合わせがすべて別々の平面上に存在する三本の数直線を描く。これを紙の上に描くことはできない。なぜなら、そうすると三本の直線が同じ平面である紙の上に載ってしまうからだ。しかし、紙の上に二本の直線を描き、その二本の直線の両方と直交する三番目の直線が、二本の直線の交差する点から紙を突き破って伸びているところを想像することはできる。(72) たとえば、三つの実数の組み合わせ（2, 3, −1）は、最初の数直線に沿って正の方向に二単位移動し、二番目の数直線に沿って正の方向に三単位移動し、三番目の数直線に沿って負の方向に一単位移動した点に対応すると見なすことができる。[73] 三つの実数の組み合わせ（2.5, −1, 3）は、最初の数直線に沿って正の方向に二・五単位移動し、二番目の数直線に沿って負の方向に一単位移動し、三番目の数直線に沿って正の方向に三単位移動した別の点に対応する。３−空間は、すべての方向に無限に伸びていて、すべての三つの実数の組み合わせが必ずそれぞれに対応する一点に関連づけられているものと想像することができる。

リーマンは、ひとつの実数、二つの実数の組み合わせ、三つの実数の組み合わせにはとどまらなかった。nを任意の正の整数とすれば、順序が定義されたn個の実数の組み合わせのすべての集合をn−空間と呼ばれる空間と見なすことができる。その空間はR^nと表記される。その空間内の「点」はn個の実数の組み合わせであり、n個の実数を使って任意の点を指定できるので、その空間はn次元である。３−空間に三個を上回る異なる方向を収めることはできない。なぜなら、たとえば３−空間内で四番目の軸を描いたとしても、四番目の軸に沿った点は、最初の三本の軸を使って描ける三つの実数の組み合わせとして定義できるからだ。nが３を上回る場合にn−空間の図を描くことはできないが、n−空間という概念は奇妙でも想像不能でもない。たとえば、nが５であれば、５−空間は五つの実数の組み合わせの集合にすぎない。実数が何であるかはわかっているし、五つの実数の組み合わせとは、順序が定義された五つの実数の集合にすぎない。だからn－空間を図に描けなくても何ら問題はない。「n次元多様体」とは、特定の点の近くの点の集合がn－空間内の領域と似ている（同相である）ような点の集合である。nが2または3である場合と同様に、任意のnについて、もっとも単純なn次元の多様体はn－空間であり、そのほかにも無数の異なるn次元多様体が存在する。リーマンは無限次元多様体の存在も認めている。

ユークリッドは、さまざまな用語に基づいて幾何学を構築し、その用語の説明を提起したが、点、直線、平面などの用語は事実上定義されていないに等しい。点を数と見なし、直線上の点を実数と一対一対応するものと見なし、平面を二つの実数の組み合わせと一対一対応するものと見なすことはできるが、ユークリッドの理論を確立するには、それ以上のものを定義する必要があった。リーマンは、距離はユークリッドの基本的な概念よりもっと基本的なものであって、個別に定義する必要があると主張した。解析学の達人であるリーマンが提起した多様体上の距離を定義する方法は、リーマンの他のアイデアと同様に、興味深く、実りの多いものだった。[74] リーマンは、多様体上の任意の経路上の速度を測る方法さえわかれば、多様体上の曲線の長さを測る方法は微積分によって自動的に導かれ、角度を測る方法は代数（および三角法）によって自動的に導かれる点に注目した。[75] 数学では、曲線上の速度を測定するための物差し、または二点間の距離を測定するための物差しのいずれかを「計量」という。リーマンによれば、いずれの物差しも同じだった。

さらに、数学では「直線」を、二点間を最短距離で結ぶ線と定義している。そのような線は「測地線」と呼ばれる。測地線は空間に住んでいる人にはまっすぐに見える。直線という概念が定義されれば、三角形を定義することができる。三角形とは、三本の測地線分を境界とする図形である。三角形が定義されれば、曲率を定義することができる。2次元多様体上の特定の点における「曲率」とは、その点を頂点とする三角形の内角の和が一八〇度からどれだけずれているかを表す数値にすぎない。もっと厳密に言えば、曲率とは、三角形の面積が縮小するにつれて生じる一八〇度からの偏差の量である。曲率が正なら三角形の内角の和は一八〇度を上回り、曲率が負なら三角形の内角の和は一八〇度未満であり、曲率がゼロなら三角形の内角の和はちょうど一八〇度である。

3次元以上の多様体では、ひとつの点を通過する2次元平面がたくさんある。その点を通過するさまざまな平面と接する測地三角形の曲率は、それぞれ異なる可能性がある。その場合の曲率は一つの数値ではなく、ある点における二方向の組み合わせごとに異なる数値の集合である（二方向の組み合わせが方向の空間内の平面を決定し、それが平面上の方向に接する測地線によって描かれる2次元曲面を決定する)。方向ごとに異なるさまざまな曲率を把握するための数学的な道具は「リーマン曲率テンソル」と呼ばれている。

ガウスは、曲面の微分幾何学に関する小冊子で、曲面に対する垂線の振る舞いを使って3-空間内の曲面の曲率を定義した。曲面上の点への垂線を定義するには、曲面が3-空間内に存在しなければならないため、それ以外の方法ではガウスの定義は意味をなさなかった。ガウスは、さらに何ページにもわたる計算を示して、曲面から離れて垂線を描くことができない曲面上の住人でも曲率を測定できることを証明した。リーマンは、大胆にも、ガウスが証明しようと悪戦苦闘した性質そのものを使って曲率を定義したのである。リーマンは、ある空間内のすべての三角形の内角の和が一八〇度である場合にのみ、その空間が「平坦《へいたん》」であると定義した。これは、すべての平面方向の曲率がゼロである場合に相当する。したがって、空間が平坦であるのは、第5章で説明した「ユークリッドの命題群」が成り立つ場合に限られる。つまり、ピュタゴラスの定理が成立する場合、第五公準が成立する場合に限られるということだ。

こうして三千年の歴史を持つ幾何学がひとつの定義に凝縮された。

例を挙げて説明しよう。先ほど、2-空間R^2は実数のペア(x, y)の集合であると定義した。ピュタゴラスの定理を使って距離を定義すれば、その２－空間は「ユークリッド２－空間」になる。その場合は、表記の対象が単なる２－空間ではなく、この特定の距離を持つ２－空間であることを明確にするために、E^2という別の記号を使うことがある。ユークリッド２－空間と同様に、「ユークリッド３－空間」E^3は、ピュタゴラスの定理によって定義される距離を持つ３－空間（一般化すればn－空間）と定義される。[76] この定義に従えば、ユークリッド２－空間またはユークリッド３－空間内の曲線は、その曲線が通常の意味でいう直線である場合にのみ測地線であることを示すことができる。さらに、ユークリッド２－空間またはユークリッド３－空間ではすべての三角形の内角の和が一八〇度なので、ユークリッド２－空間およびユークリッド３－空間は平坦である。この定義を２次元、３次元にとどめる理由はない。「ユークリッドn－空間」E^nは、ピュタゴラスの定理の一般化によって定義される距離を持つn－空間（つまりn個の実数の組み合わせの集合）と定義される。[77] この場合も、すべての三角形の内角の和が一八〇度であり、したがってすべてのnについて、ユークリッドn－空間は平坦である。

　この視点の変化によって、幾何学に対する理解、およびユークリッド幾何学と非ユークリッド幾何学との関係は根本から変革を迫られた。距離を定義すれば、直線が得られる。直線とは、近くの点どうしの間の距離が最小になる線である測地線である。ユークリッド幾何学に神聖な要素は何もない。ピュタゴラスの定理を使って（つまりピュタゴラスの定理が真になるように）距離を定義すれば、平行線は一意である、三角形の内角の和は一八〇度である、任意の大きさの相似な三角形が存在するなどの「ユークリッドの命題群」が成立する。ユークリッドの命題群が成り立つ曲面または多様体は平坦である。その延長線で考えれば、内角の和が一八〇度にならない三角形が含まれた領域、特に何らかの非ユークリッド幾何学が成り立つすべての領域は平坦でないといえる。それらの領域は湾曲している。これ以上自然なことはない。しかし、リーマンの研究成果は、単に未来の幾何学をつくりかえるよりはるかに大きな影響力を持つものだった。リーマンの仕事は、近代の科学と数学の新しい可能性を切り開き、幾何学と位相幾何学が発展する道を根本的に変えたのである。

第8章　リーマンの遺産

変わった、すっかり変わった
あるすさまじい美が生まれた

W・B・イェーツの詩『一九一六年の復活祭』の記憶に残るこの一節は、リーマンがもたらした視点の根本的な変化を端的に言い表している。リーマンの視点を理解することは、二〇世紀の数学と科学の進展を理解するうえで欠かせない。

リーマンの講演によって、通常のユークリッド3－空間内のすべての曲面が計量を持っており、したがって直線を持っており、幾何構造を持っていることがわかった。曲面は、その曲面を取り囲む空間から計量（つまり距離を測る手段）を継承する。リーマンの用語でいえば、曲面上の経路は、その曲面を取り囲むユークリッド空間内の経路であるため、経路上の任意の点で速度を測定できる（ユークリッド空間では経路上の任意の点で速度を測定できるからだ）。速度という尺度に頼らずに曲面上の二点間の距離を測るには、曲面を取り囲む空間で巻き尺（デンタルフロスのように柔軟でありながら伸縮性のない糸のようなもの）を使って距離を測ればよい。

◆球面と測地線

リーマンの考え方をよりよく理解するために、3－空間内に存在する完全に丸い球面、つまり、ある固定点から同じ距離にあるすべての点の集合について考えてみよう。この球面上の測地線つまり直線は、いわゆる「大円」である。大円とは、球面の中心を通る平面が球面と交差したときに球面上に描かれる曲線である。大円が球面上の任意の二点間を最短距離で結ぶことを確認するために、まん丸いビーチボールまたは地球儀の表面上の二点に印を付けよう。次に、その二点の間にひもをピンと張る。すると、ひもは大円と重なる。[78] 地球上の経度線はすべて大円であるが、大円である緯度線は赤道だけだ。[79] 赤道以外の緯度線は、宇宙空間内の平面と地球との交線として表現できるが、緯度線が赤道上にない限り、その平面が地球の中心を通ることはない。したがって、赤道以外の緯度線は、大円ではなく、直線でもない。ここで言う地球は、地球の表面のことなので、議論の対象が地表に描かれる経路に限られる点に注意してほしい。経路が地表に限定されていなければ、二点間の最短距離は、岩盤を通って二点を結ぶ3－空間内の直線になる。

地表のどの点にも、その点を通る任意の方向の大円がある。それを確認するために、特定の地点を極地と見なし、その地点と反対側の極地を結ぶ子午線の集合を考えてみよう（図27）。たとえば、いまパリにいて、ボストンに行きたいとする。ただし、パリを北半球の真ん中にあると考えてはいけない。パリを極地と見なすのだ。極地であるパリを通過する子午線のひとつはボストンを通過する。それが目的の方向だ。(80)

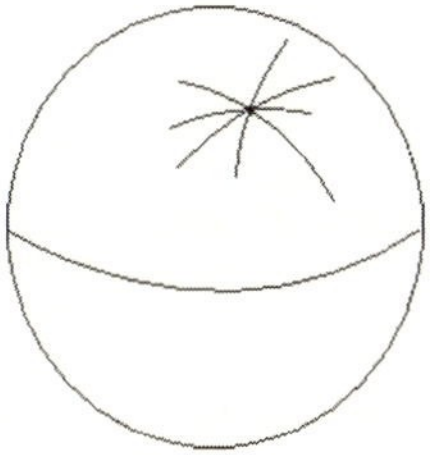

図27　1点を通過する大円の集合

大円航路が地図上で直線に見えることはめったにないし、地図上で直線に見える航路が測地線であることもめったにない。たとえば、北京《ペキン》とフィラデルフィアは同じ緯度にある。この二つの都市の間を同じ緯度に沿って移動した場合の移動距離は一万一三〇マイルだ。それに対して、北極付近を通過する大円航路をとれば、移動距離は六八七八マイルになる。大円航路の方がずっと短いし、飛行機のパイロットから見て直線に見えるのは大円航路だ。大半の世界地図では、大円航路を描くと、航路がいったん北へ向かい、その後、南に戻ってくるように見える。一方、緯度線は直線に見える。そうなるのは、平らな紙の上に描いた地図では距離が必然的に歪《ゆが》むからだ。

大円が地球上の最短経路になることの意味についての誤解から、奇妙な議論が生じることがある。特定の方向に向かって祈ることを慣習とする宗教は多い。たとえば、旧約聖書の時代のユダヤ人はエルサレムに向かって祈ることを慣習としていた。ただし、それは、エルサレムの西にいる人は東を向いて祈るという程度のことだった。バハーイー教では、〔パレスチナの〕アクレに向かって祈ることがしきたりになっている。初期キリスト教では東に向かって祈るのが慣習だった。ただし、これらの慣習は、完全に統一されていたわけではないし、強制力もなかった。

イスラム教の慣習は、もっと厳密であり、戒律に近い。コーランは祈りを捧《ささ》げる信徒に対して「あなたがたはどこに行っても、顔を聖なるモスクの方に向けなさい」（コーラン二章一四四節）と指示している。祈る方向、つまりメッカにある聖なるモスクの方向は「キブラ」と呼ばれており、モスクは正面がその方向を向くように設計されている。イスラム教徒は、キブラに向かって祈ることを求められるだけでなく、キブラに向かって放尿することも禁じられている。中世の初頭から、キブラの方向はメッカに向かう大円の方向と解釈されており、イスラム教徒だった多くの世界一流の科学者たちが、その方向を割り出す方法を研究した。

しかし、意見が食い違うことも多く、アメリカでは、昔からキブラの方向に関する議論が絶えない。一九五三年にワシントンD．C．でモスクを建築中だった建築家たちは、カイロのエジプト建設省にキブラの方向を問い合わせ、その回答に従って、ほぼ北東方向に相当する北から東に五六度三三分一五秒の方向にモスクが面するようにした。モスクを訪れた人々は、エジプト大使も含めて、なぜその方向にモスクが向いているのか理解できなかった。メッカはワシントンから見て南東の方角にある。関係者は眠れぬ夜を幾晩か過ごし、地図を再確認した。ワシントンとメッカの間の最短経路は、たしかに北東方向にあった。

アメリカに住む一部のイスラム教徒たちは、この方向に違和感を覚えた。その結果、モスクは北東ではなく、南東に向けて建てるべきだとするさまざまな指令が出された。モスクの方向を巡る議論は、その後、とげとげしささえ帯びていった。混乱の原因のひとつは、（「航程線」と呼ばれる）等角曲線、つまり子午線と一定の角度を保つ曲線を単純に直線と思い込む人が多いことにある。メルカトル図法で描かれた地図では、たしかに航程線が直線として表示される。地球にはコンパスが指し示す北極という特殊な地点があるため、航程線に沿って航行することは比較的容易だ。しかし、既に説明した北京とフィラデルフィアを結ぶ緯度線の場合と同様に、航程線も測地線ではない。実際、子午線でも緯度線でもない航程線は、極地を中心にらせん形を描く（たとえば、北東にどこまでも突き進むとどうなるかを考えればわかる）。

とにかく、子午線と赤道が測地線であることはわかった。ということは、子午線と赤道を使えば簡単に測地三角形を描けるということだ。北極から赤道へ下ろした二本の子午線と、それが赤道と交わる点の間を結ぶ線分を使えばよい。そうやって描かれた三角形は、必ず底角が直角の二等辺三角形になる。底角の和が一八〇度であるため、三角形の内角の和は一八〇度より大きくなる。この方法を使えば、三つの内角がそれぞれ直角であり、したがって内角の和が二七〇度である正三角形も簡単に描くことができる（図28）。

球面上のすべての三角形が一八〇度を超える内角の和を持っていることは簡単にわかる。平行線公準は成り立たない。たとえば北から南へ下る子午線など、一本の線を球面上に描く。次に、その線と二つの大円が交差しているところを想像しよう。図29に示すように、二つの大円がいずれも子午線と九〇度で交差しているにもかかわらず、二つの大円は最終的に交わる（既に説明したように、緯度線は大円でも直線でもない）。要するに、球面上には平行線というものが存在しないのだ。

球面上の幾何学はユークリッド幾何学ではない。内角の和が一八〇度にならない三角形を描けば、そのことはすぐわかる。完全に丸い球面のように、曲面上のどの三角形の内角の和も一八〇度より大きい場合、その曲面は「正の曲率」を持っているという。まん丸い球面は、完全に対称的であるため、どの点でも曲率が同じであるという点で、特にきれいな形をしている[81]。完全に丸くない球面では、場所によって曲率が変化する可能性がある。地球は極方向に少しつぶれている（つまり正の湾曲の度合いが小さい）ため、地球上では場所によって曲率が異なる。

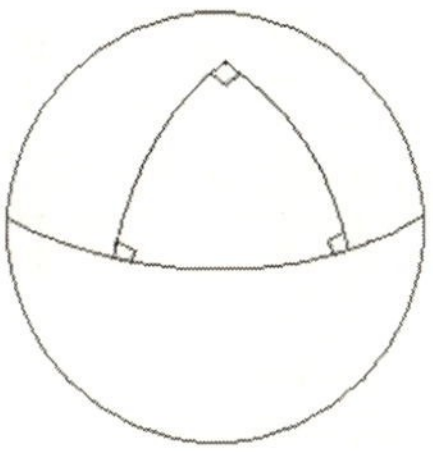
図28　球面上の正三角形

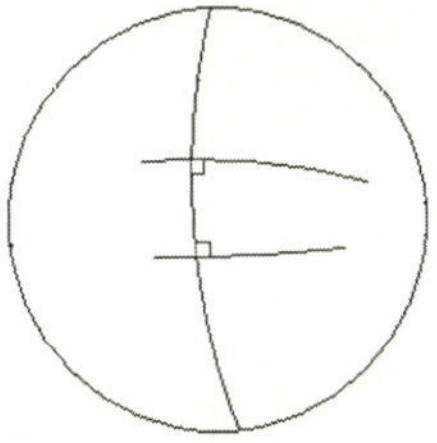
図29　どの2本の線も交差するため球面上には平行線が存在しない

◆曲面上の幾何学

リーマンは、一定の正の曲率を持つすべての空間が必ず有限であることを示すことができた。測地線が無限に伸びることはない。大円は必ず交わる。一方、ロバチェフスキーとガウスは、平行線公準が成り立たない別の例を考えた（図30）。具体的にいえば、特定の直線上にない任意の点を通る、その直線と平行な直線が複数存在する世界だ。その世界で第五公準が成立しないことは言うまでもない。その世界では、二本の直線が一本の直線と交差し、そのときの内角の和が一八〇度未満であるにもかかわらず、その二本の直線が交わらないことがあり得る。その場合は三角形の内角の和が常に一八〇度未満

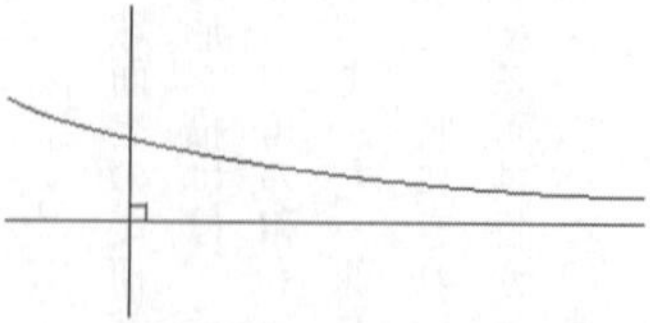

図30　2本の平行線が垂直線と交わるときの内角の和が180度未満になる（ユークリッド幾何学の世界に住み、平面から離れている人には、双曲平面上の直線が曲がって見える。そこでは第5公準が成り立たない）

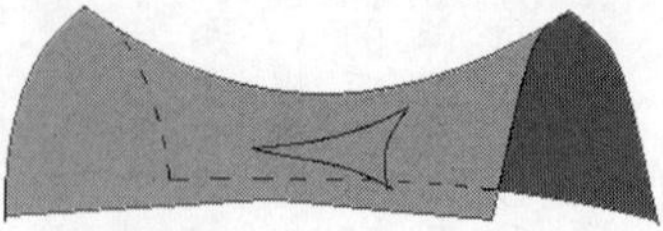

図31　鞍の形をした曲面

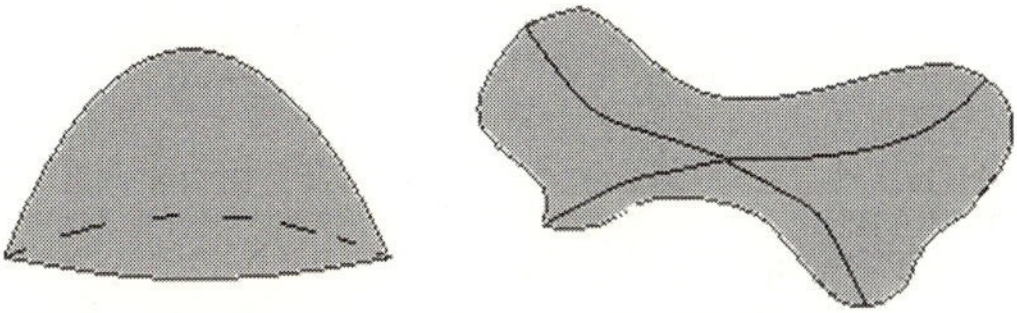

図32 左は曲率が正で、円周と円内の面積が平面より小さい。右は曲率が負で、円周と円内の面積が平面より大きい。

になる。さらに、三角形の面積が大きいほど、内角の和が小さくなる。どの三角形の内角の和も一八〇度未満になるような性質を持つ曲面は「負に湾曲している」という。

3－空間内の鞍《くら》の形をした曲面は負の曲率を持っている（そのような曲面上の測地三角形の内角の和は一八〇度未満になる）。逆に、3－空間内の負に湾曲したあらゆる曲面は、すべての部分が鞍の形をしている。図31は測地線を三辺とする三角形を示している。図28に示した球面では、測地線（つまり直線）を三辺とする三角形が膨らんでいて、内角の和が一八〇度より大きいのに対して、鞍の形をした曲面上の測地線を三辺とする三角形は、中央が吸い込まれたような形をしていて、内角の和が一八〇度未満である点に注目してほしい。微小な生物がこれらの曲面に住んでいるとすれば、その生物には測地線が完全な直線に見えるし、内角の和を測定しない限り、三角形が膨らんでいるのか、引っ込んでいるのかもわからない。

曲率について考える別の方法もある。距離が定義されている曲面上であれば、平面の場合と同様に、与えられた点から等距離にある点の集合として「円」を定義することができる。バビロニアの時代から、平面上では、与えられた点を中心とする円の直径と周囲の長さ（円周）の比率が、円周率と呼ばれる（πと表記される）定数であり、円の面積がπに円の半径の二乗を掛けた値であることがわかっている（直径の半分である半径をrとすれば、円の面積はπr^2という式で表される）。正に湾曲した曲面では、円の直径と円周の比率がπ未満であり、円の面積は古代から伝わる式で計算した値より小さくなる。逆に、負に湾曲した曲面では、円の直径と円周の比率がπより大きく、円の面積は式で計算した値より大きくなる。いずれの場合も、円の半径が大きくなるほど、πr^2からの面積のずれは大きくなる。

負に湾曲した曲面上で、互いにきわめて近い二点から出発し、測地線に沿って一見平行に見える方向へ進むと、表面積が平面より大きいため、二本の線の間隔は広がっていく。正に湾曲した曲面上では、その逆になる（図32）。リーマンが講演でロバチエフスキーとボヤイの業績に触れることはなかったが、二人の業績が彼の念頭にあったことは間違いない。

◆同値の概念の違い

リーマンが登場したことで、同じ数学的対象が別々の構造を持っている可能性があるだけでなく、対象と構造の間で同値の概念が異なる可能性があることも明確になった。使われている建材は違うが間取りは同じ二つの家屋を同じものと見なすことがあるのと同様に、異なる構造を持つ二つの物体が特定の観点からは同じものと見なされることがある。別の観点からは、その二つの物体が似ても似つかぬものと見なされる可能性がある。

位相幾何学の観点から見たときに適切な同値の概念は、同相写像である。二つの空間の間に同相写像の関係が存在すれば、二つの空間は同じものと見なされる（同相写像とは、ひとつの空間上の近くの点が別の空間上の近くの点に対応する二つの空間の一対一対応であることを思い出してほしい）。2次元曲面を対象とする位相幾何学は「ゴムシート幾何学」と呼ばれることが多い。なぜなら、長方形が非常に柔軟なゴムシートや非常に伸縮性に富んだラップで出来ていたら何ができるかを考えることで、長方形の同相写像を思い描くことができるからだ。長方形を、それと同相写像の関係にある曲面の領域へ写像することは、粘着性のあるラップを曲面のその領域に貼《は》り付けるようなものだ。位相幾何学では、同相写像のもとで同じ状態を保つ性質を研究する。[82]

リーマンの主たる関心事は位相幾何学ではなかったが[83]、リーマンは曲面の位相幾何学に対する理解を大きく進展させた[84]。リーマンは、切断した後に残るものが長方形と同相になるように、閉じたループに沿って曲面を切断するという概念を導入した。そのために必要な最小限の切断回数は、曲面の持つもっとも重要な不変量である[85]（この概念は、第3章で説明した連結和を分解したときのトーラスの数と密接に関連している）。

位相幾何学的な観点から見れば、同相写像は曲面間（一般化すれば多様体間）の同値関係を表す概念として自然なものだが、位相幾何学的な観点から見て同じである二つの曲面が、幾何学的な観点からはまったく異なるものに見えることがある。まん丸い球面、細長い葉巻の表面、卵の表面（さらに第3章の図6に描かれているすべての曲面）は、位相的には同じだが、幾何学的には異なる。リーマンが強調したように、幾何構造は多様体上の付加的な構造である。幾何構造は、多様体上の任意の二点間の距離を定義する。曲面が、幾何構造を持つ大きな空間（ユークリッド3－空間など）に含まれていれば、曲面はその大きい空間から幾何構造を継承する。同じ多様体上で別々の幾何構造つまり距離を定義することができる。幾何構造を持つ多様体の同値の概念として自然なのは「等距離写像」と呼ばれるものだ。等距離写像とは、距離を保つ一対一対応の写像である。もとになる二点の間が百万分の一インチ離れているとすれば、それと等距離写像の関係にある像の間も百万分の一インチ離れている。幾何構造を持つ二つの多様体の間に等距離写像の関係が存在すれば、それらの多様体は「等距離的」であるという。

等距離写像は幾何構造を保つ同値の概念であり、位相幾何学に適した同値の概念である同相写像とは異なる。等距離写像はすべて同相写像であるが、その逆の関係は成り立たない。(86) 長方形の同相写像を思い描くには、長方形に切り抜いた粘着性のあるラップを想像すればよいし、同相写像はラップを伸ばして何かに貼り付けることに相当する。一方、距離を保つ等距離写像を思い描くには、柔軟性はあるが伸縮性のない素材で出来た布きれを何かにかぶせることを想像する必要がある。麻のシーツを長方形に切り抜いたものが曲面の一部にぴったりフィットすれば、その長方形と、シーツに覆《おお》われた曲面の部分の間には等距離写像の関係が存在する（曲面のその部分は「平《へい》坦《たん》」であるという)。したがって、シーツで完全に覆うことができる円柱は平坦である。一方、球面や人の頭頂は平坦ではない。なぜなら、シーツの一部にしわを寄せない限り、シーツを表面にぴったりフィットさせることができないからだ。

ここで、注文主の頭の格好にぴったりフィットする球形の布をつくることができる腕利《うでき》きの仕立屋がいるとしよう〔実際には図33のようにすると、円錐《えんすい》形になるので、以下の説明はこの仮定の下での話である〕。その布で出来た帽子と帽子に覆われた頭の部分の間には等距離写像の関係が存在する。その布は、同じ半径の円でシーツを切り抜いたものより円内の面積を小さくする必要がある。仕立屋は、布地にダーツを入れることによってその効果をつくり出す。つまり、布に切れ込みを入れた後、縫い合わせる(図33)。頭や球面の大きさに合わせて布の湾曲の度合いも変える必要がある。どんな物体のどんな曲面でも、球面状の布がぴったりフィットするものであれば、その布きれと等距離であり、布と同じ正の曲率を持っている。正に湾曲した布きれを鏡台の引き出しにしまうには、縁なし帽をしまうときのように、布を折りたたむ必要がある。

一方、鞍の形をした女性の腰のくびれは、人間の頭頂とは対照的に、負の曲率を持っている(図34)。そこにぴったりフィットする布きれを考えてみよう。その布きれの円形の領域には、同じ半径を持つ平たい円形の布より多くの布が含まれている。そ

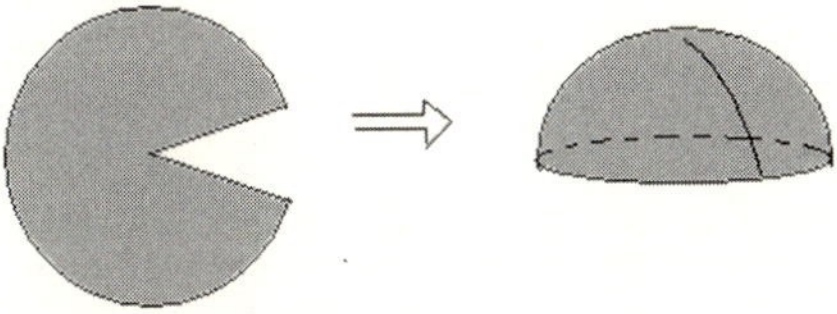

図33　正に湾曲した布きれをつくるには、切れ込みを入れて縫う必要がある

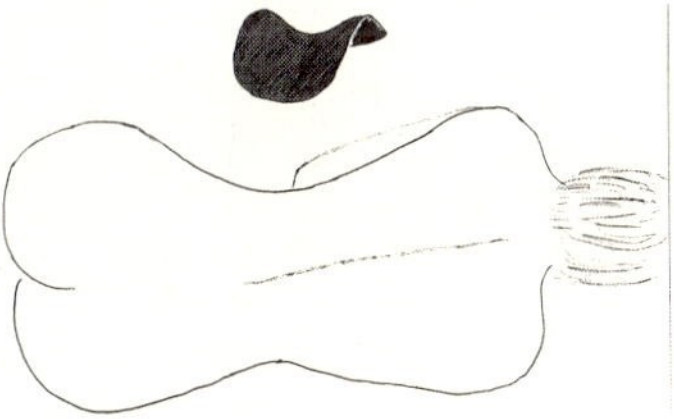

図34　負に湾曲した布きれは女性の腰のくびれにフィットする

図35　負に湾曲した布きれを平面に置いたところ

の布きれをつくるには、布に切れ込みを入れるが、それを縫い合わせるのではなく、切断した部分に余分な布きれ、つまり襠《まち》を入れる。半径の増加につれて面積が増大する比率によって布の湾曲の度合いは異なる。負に湾曲した布きれを平らにして鏡台の引き出しにしまおうとすると、布きれにたくさんしわが寄る（図35）。

以上のことから、等距離写像とは、曲面の一部に布きれをフィットさせることだと考えることができる。肝心なのは、布きれが柔軟ではあるが、伸び縮みしないことだ。

ちなみに、一定の正の曲率を持つ布きれをすべての方向に拡大すれば、最終的にその布きれは閉じて、球面を形成する。一方、一定の負の曲率を持つ布きれをすべての方向に拡大すれば、「双曲平面」と呼ばれる曲面が得られる。この曲面は、拡大するにしたがって面が複雑に波打ち、最終的にはユークリッド３ｰ空間からはみ出してしまう。[87]この曲面に対する別の考え方については、後で説明しよう。

平面に多角形を置いて拡大しても、多角形の角度は変化せず、辺の比も変わらない。ところが、正に湾曲した曲面に多角形を置いて拡大すると、辺は予想より遅いペースで大きくなり、二辺にはさまれた角度は次第に大きくなる（図36の上）。同じ多角形を負に湾曲した曲面に置いて拡大すると、辺は予想より速いペースで大きくなり、二辺にはさまれた角度は次第に小さくなる（図36の下）。負に湾曲した曲面が無限に伸

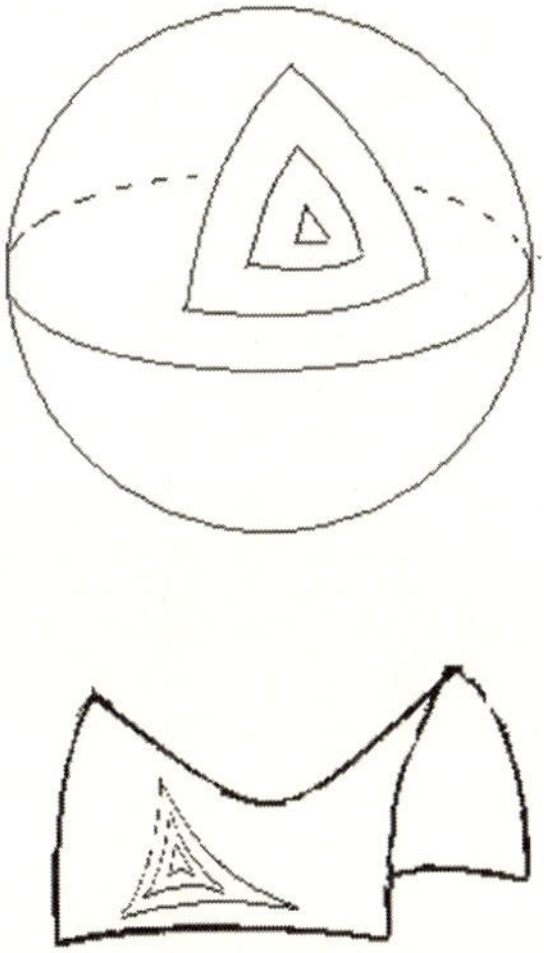

図36　正に湾曲した曲面上で多角形を拡大すると角度が大きくなり、負に湾曲した曲面上で多角形を拡大すると角度が小さくなる。平面上では、多角形を拡大しても内角の和は変わらない。

びていて、多角形が正多角形であれば、多角形をどんどん拡大することによって角度をいくらでもゼロに近づけることができる。

リーマンの講演から見えること

- 数学的実体と物理的実体を区別する必要がある。リーマンは数学的対象についてのみ語るという立場をとった。
- さまざまな数学的空間を調べることによって、宇宙の形を解明するためのモデルの構築が可能になり、過度に狭い先入観から解放される。
- 連続的な空間は任意の次元を持つことができる。無限次元を持つこともできる。(88)
- 単なる空間と、幾何構造を持った空間を区別する必要がある。同じ空間が異なる幾何構造を持つことができる。幾何構造は空間上の付加的な構造である。現代の数学者の言葉で言えば、位相幾何学と幾何学を区別する必要がある。
- 多様体は、整然とした空間から構成される。多様体は、多様体上のすべての点について、近くの点をn個の実数の組み合わせに一対一対応させることができるという意味で、図に描ける空間である。多様体は微分を行うことができる空間でもある。

●多様体上の幾何構造を定義するのに有効な方法は、曲線に沿って動く物体の速度を測る方法を確立することである。速度は位置ごとに異なる可能性がある。リーマンは速度の測定に必要な微分方程式を編み出し、結果を解析した。この方法を利用すれば、直線を定義し、角度を測定することができる。曲率は、内角の和が一八〇度である三角形からの偏差を表す。

●多様体と多様体の持つ幾何構造の中でも特にきれいなのは、一定の曲率を持つものである。一定の曲率を持つ多様体は、剛体（長さと角度が変わらない立体）の運動を可能にする唯一《ゆいいつ》の空間であり、あらゆる空間の中でももっとも対称性が高い。

●全体として考えると、私たちの住む宇宙は、ユークリッド３－空間とはまったく異なる外見を持つものである可能性がある。また、拡大率をどんどん上げて、きわめて微小なものを見ると、そこに見える構造は多様体ではなく、不連続だったり、まったく別の構造だったりする可能性がある。

◆リーマンの講演が及ぼした影響

リーマンの業績の多くがそうだが、この講演も既存の理論を根本から覆《くつがえ》すものだった。リーマンが講演で話したことの一部は、当時すでにアイデアの萌芽として存在していた。しかし、リーマンはそれを明確に理論化し、利用して、まったく新しい方法で、既存の理論とその枠組みをつくりかえ、必要とされる場面で革新的な数学の道具や仕組みを使うことで自論を展開し、数学をそれまでとは別の方向へ導いた。リーマンの語ったことを理解した者は、対象となる問題や分野を見る目が完全に変わった。リーマンは議論の土台を完全に変えたのである。それは、ほとんど盲目だった者に突然視力が備わるような出来事だった。リーマンが変革したのは、ものの考え方であるため、具体的に誰の研究のどの部分がその影響を受けたのかを指摘することは難しい。リーマンの影響はあらゆる部分に及んでいる。それは、時が経《た》ち、人々が彼のアイデアの有用性を理解し、把握するにつれて、弱まるどころか、ますます強まるような影響力だった。近代の数学がリーマンの登場とともに始まったことは、はっきりしている。

リーマンが教授資格取得講演で語ったことの意義が理解され、咀嚼《そしゃく》されるまでには長い年月がかかった。リーマンの講演録が発表された直後、著名な物理学者ヘルマン・フォン・ヘルムホルツは、自分もかねてから多次元空間について考察していたことを発表した。フォン・ヘルムホルツは、固体を歪めることなく空間で動かすことができるという要件を課すのが正しい出発点であると主張した。その要件は、空間に一定の曲率を持たせることに等しいことを示すこともできた。一定の曲率を持った空間は幾何学的に美しいし、魅力的だが、それよりずっと価値が高かったのは、リーマンが許容した余分な柔軟性だった。私たちが住んでいる世界の表面は、位相的には（連続的に一対一対応するという意味で）球面であるが、一定の曲率を持つ曲面ではない。地球は完全に丸い球体ではない。極方向につぶれているし、表面に凹凸（山や谷）もある。

リーマンの講演録を最初に英訳したウィリアム・クリフォードは卓越した幾何学者であり、物理現象を説明する道具としてのリーマン幾何学の利用価値をいち早く見抜いた。

私は以下のように考える。(一)空間の小さい部分は、平均すれば平坦な地表に存在する小さな丘に相当する性質を持っている。㈡湾曲しているまたは歪んでいるというこの性質は、ひとつの部分から別の部分へ波のように連続的に伝わる。㈢この空間の曲率の変動は、具体的なものも抽象的なものも含めて、我々が物体の運動と呼んでいる現象で実際に起きていることである。㈣この物理的な世界で起きていることは、すべてこの変動であって、それはおそらく連続性の法則に従っているだろう。(89)

残念ながらクリフォードはリーマンと他の面でも似ていた。彼も四〇歳前に結核で亡《な》くなったのである。クリフォードには、自分の理論を発展させるための時間も物理学の専門知識もなかった。しかし、クリフォードの考察は、やがて一般相対性理論として実を結ぶいくつかのアイデアの先駆けとなった。リーマン幾何学は、アインシュタインのアイデアを表現するのに必要な数学的言語をもたらした。リーマンの物理学的な深い直観が数学理論の構築に重要な役割を果たしたこと、リーマンが自分の幾何学的なアイデアと物理学との間に明確な関連性を見出《みいだ》していたことは間違いない。リーマン自身が、現在リーマン幾何学と呼ばれている理論のすべて、あるいはその大半を確立したわけではない。リーマンはリーマン幾何学を創始したにすぎない。リーマンは、パリアカデミーに提出した熱伝導に関する論文で幾何学のアイデアの一部を論じているが、一八六二年に急速に健康状態が悪化し、幾何学のアイデアをさらに発展させるのに必要な年月を生きることができなかった。リーマンのアイデアを精緻《せいち》化するには、大勢の人々が長年にわたって骨の折れる創造的な作業を進める必要があった。

リーマンは教授資格取得講演で非ユークリッド幾何学を明確に論じたわけではないが、リーマンの業績は、非ユークリッド幾何学を数学思想の主流に押し上げる基盤になった。そうなったのは、非ユークリッド幾何学がユークリッド幾何学と同じように自然な存在であり、どちらの幾何学も、より広い幾何学の概念に含まれる特殊ケースのように見える文脈をリーマンが用意したからだ。

イタリアの幾何学者エウジェニオ・ベルトラミー（一八三五～一九〇〇年）は、一八六〇年代に、一定の負の曲率を持った曲面上の測地線がロバチェフスキー幾何学の直線と同じように振る舞うことを発見した。ベルトラミーは、今では有名になった論文で、その研究成果を発表し、ユークリッド幾何学に新しい概念やアイデアを導入しなくても非ユークリッド幾何学を確立できることを指摘した。一定の負の曲率を持った曲面の例として、ベルトラミーは擬球面（図37）を使った。擬球面とは、「トラクトリクス（追跡線）」と呼ばれる曲線を、漸近線を中心にして回転させることによって得られる曲面である。(90) 擬球面には、尖《とが》った縁があるという数学的な問題がある。このような曲面上の住人は有限時間内にその縁に到達してしまう。一定の負の曲率を持ちながら縁を持たない曲面があるのかどうかは明確でなかった。

当時イタリア有数の幾何学者だったルイージ・クレモナ（一八三〇～一九〇三年）がベルトラミーの論文の原稿を読んで懸念《けねん》を表明したことから、ベルトラミーは論文の発表を差し控えた。ベルトラミーがたまたまリーマンの講演録を読まなければ、その論文が発表されることはなかっただろう。ベルトラミーは、講演録を読んで、自分の主張が完全に理に適《かな》っていることを確認した。一定の曲率を持つ曲面は、3－空間内に収めることができるかどうかに関係なく、たしかに存在したのである。ベルトラミーの論文は、発表の数年後、ポアンカレに決定的な影響を与えることになる。

リーマンが主張した物理的実体と数学的実体の区別は重要だが、その重要性は忘れられがちだ。構築できることが明白な曲面がある場合、それが実際に3－空間に収まるかどうかを気にせずに済むことは非常にありがたい。リーマンは数学者たちに巨大な遊び場をつくってくれた。私たちは5次元ユークリッド空間が存在するかどうかを心配する必要はない。5次元ユークリッド空間は間違いなく存在する。5次元ユークリッド空間とは、二点間の距離がピュタゴラスの公式を変形したものによって定義される五つの実数の組み合わせの集合にすぎない。その存在を否定する要素は何もない。同様に、平坦なトーラスの実例も、計量を表す適切な式を持ち、ひとつの円上の点と別の円上の点から構成される組み合わせの集合として定義すれば、簡単に構築できる。平坦なトーラスをユークリッド4-空間の明確な部分集合として表すこともできる。あらゆるものを計算できる。どれも立派に実体を備えている。

当時ドイツの大学で議論されていた数学のアイデアの一部は、一般メディアでも取り上げられるようになった。心理学者で生理学者のグスタフ・フェヒナーは、ミーゼス博士という偽名を使って『空間は四つの次元を持っている』という短編小説を書いた。[91] フェヒナーは、たとえ話を使って、2次元の住人から3次元がどう見えるかを描写し、時間を4次元とした。フェヒナーのたとえ話は作家たちを魅了し、その影響を受けたイギリスのエドウィン・アボットは、一八八四年にビクトリア女王時代の社会諷刺《ふうし》と幾何学的な頭の体操という要素を兼ね備えた面白い短編小説『Flatland』（邦訳は『フラットランド』）を著し

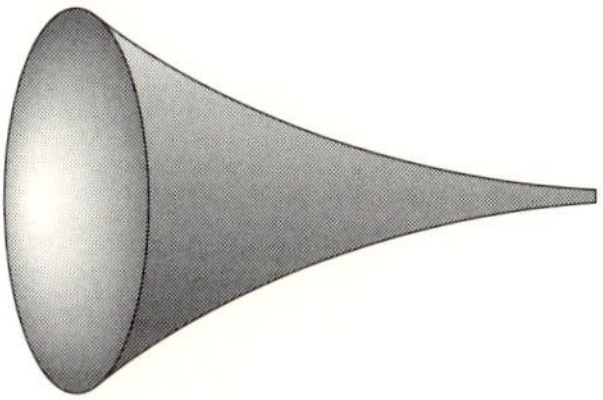
図37　擬球面

た。その口絵ページにはこう書いてある。

フラットランドの一介の原住民である私から
空間全般の住人とりわけH・Cに
本書を捧げる
二次元しか知らなかったこの私が
三次元の神秘に触れた経験を踏まえて願わくは
その天空の高みに住む人々が
さらに高い次元への憧《あこが》れを抱かんことを
四次元、五次元、さらには六次元へと
秘密の解明を目指して想像力を拡大せんことを
そして、できれば、あのもっとも稀少ですばらしい謙虚さという宝物を
優秀な人種である立体人類が手に入れんことを

この本は、初版以来ずっと版を重ねており、いまでも一読の価値がある。(92) 高次元の概念を世間一般に広めるうえでこの本が果たした貢献は、おそらく二〇世紀に開講さ

れたすべての数学の講座が果たした貢献を上回るだろう。

◆リーマンの人間的な側面

これだけ説明を尽くしても、リーマンについては、なお深い謎《なぞ》が残る。

リーマンは、あらゆる時代を通じてもっとも大胆な思想家のひとりであるが、どの資料を見ても、人付き合いという点では、ほとんど病的ともいえるほど内気だったとされている。彼がほんとうに安心できるのは家族といるときだけだった。これほど内気で、礼儀正しく、過度なまでに謙虚な人物が、啓蒙《けいもう》思想家として神聖視されていたカントを真っ向から否定するような講演を行う勇気をいったいどうやって奮い起こしたのだろうか。聴衆が数学者だけならまだ話はわかるが、教授陣の中には哲学者もいたのである。近年

図38 ベルンハルト・リーマン

出版された影響力の大きい書籍『ビジョナリーカンパニー2 飛躍の法則』(93)で、アメリカの経営コンサルタント、ジム・コリンズが率いる調査チームは、他社に抜きん出て飛躍を遂げた十一社を選別している。そのすべてが、コリンズが「第五水準のリーダーシップ」と名づけた特質の多くを持つ謙虚なCEOに率いられていたことがわかった。その特質のひとつは、内情に詳しい者以外は経営者の名前を聞いたこともないということだ。雑誌の表紙を飾ったこともない。派手なところがまったくない。質素な生活を送り、会社の成功の要因を聞かれると「幸運」と答えた。どの経営者も、非常に控え目で、成功の要因はほかの人々にあると考え、意志が強く、きわめて集中力が高く、大胆だった。謙虚さと驚くほどの大胆さの組み合わせ、自らの信念を貫く勇気は、リーマンの持っていた特質に似ている。

リーマンは教授資格取得講演の講演録を発表しないことにした。完璧《かんぺき》主義者だったし、多忙だったからだ。弟に宛《あ》てた手紙は、彼が数学と物理学の関連性の研究に没頭していたことを物語っている。リーマンは、教授資格取得講演からわずか十二年後、四〇歳の誕生日を二ヶ月後に控えて、一八六六年にイタリアのマッジョーレ湖の湖畔で亡くなった。リーマンの友人で伝記作家であり、数学者のリヒャルト・デデキントは、最期《さいご》のときをこう描写している。「死の前日、彼はいちじくの木の下で思索に耽《ふけ》った。美しい風景に囲まれて、彼の魂は喜びに満たされていた……。死闘も苦悶《くもん》もなく、彼のいのちはひっそりと去っていった……。彼は妻に『子供にキスを』と言った。妻は彼が捧げる神への祈りに唱和した。やがて声が出なくなった……妻は握っている彼の手が冷たくなるのを感じた。最後の吐息を数回つくと、純粋で高貴な魂を支えていた心臓の鼓動が止まった。父親によって育《はぐく》まれた優しい心は、生涯変わることがなかった。彼は、父親と同様に、しかし父親とは別の方法で、神に忠実に仕えた」(94)。

数々の深遠なアイデアを持ちながら、与えられた時間が余りにも短かった。リーマンのお蔭《かげ》で、世界中の数学者たちが何世代にもわたって仕事に追われることになる。リーマンのように、およそ成功しそうもない人物が才能を開花させることを可能にした驚くべき好環境の積み重ねは特筆に値する。まず、ドイツの研究大学を頂点とするドイツの教育システムがあり、英才の育成に一役買ったフォン・フンボルト兄弟やクレレなど、大学外部の個人の卓越した先見性があった。アレクサンダー・フォン・フンボルトの後押しがなければ、ディリクレがドイツで教鞭《きょうべん》をとることはなかっただろうし、ディリクレの影響がなければ、リーマンの数学理論はまったく異なるものになっていただろう。数学の発見の大きな部分を人間的な要素が占めることを考えれば、このように美しい数学が、偶然の積み重ねによって生まれた可能性を認めざるを得ない。しかし、リーマンのような才能を持ちながら、機会がないために潜在能力を存分に発揮できない何百人もの若者が現在いることを考えると、慄然《りつぜん》とさせられることもたしかだ。

第9章　クラインとポアンカレ

ポアンカレは、一八五四年、リーマンの運命的な教授資格取得講演の六週間前に生まれた。二十代後半に至るまで、ポアンカレはリーマンについてほとんど何も知らなかった。それでも問題はなかった。その頃までに、リーマンのアイデアは他の数学者たちのアイデアに取り込まれ、場所と時期と程度の差こそあれ、数学のほとんどすべての分野に浸透していた。リーマンの影響は、形式と内容の両面に及んだ。リーマンは、計算だけに頼ることなく、思考を重ね、適切な概念を構築することによって物事を理解しようとした。(95) 彼の着想は、言葉を伴わない幾何学的、物理学的、哲学的な深い瞑想《めいそう》から湧《わ》き上がるものだったと思われる。リーマンは、休むことを知らないその知性が働きかけた数学のあらゆる分野を変革した。リーマンの登場以降、解析学の深い理解に位相幾何学と幾何学のアイデアが欠かせないことは疑いの余地がなくなった。複素数が便利な記号という域をはるかに超えるものであることに疑いをさしはさむ者もいなくなった。高次元やその他の幾何学的概念は、世界に対する考え方に深い関わりを持つ中心的な数学的実体となった。

リーマンの業績が近代数学のはじまりを象徴するものだとすれば、リーマンが亡《な》くなった一八六六年は、近代政治の幕開けの年だった。リーマンの存命中にナショナリズムが強大な勢力として台頭し、現在の国境とほぼ同じ境界線に沿ってヨーロッパの再編成がはじまった。かつて隆盛を誇ったハプスブルク帝国は緩慢に解体の道を歩みはじめた。イタリア半島は、一八六〇年代半ばまでに実質的に統一された。ドイツでは、一八四八年の革命の失敗が、最終的に悲劇的な結末を招くことになる影響を及ぼしはじめていた。ゲッティンゲン七教授事件(96)が起きたゲッティンゲン大学で学んだこともあるオットー・フォン・ビスマルクをはじめとする保守主義者たちは、プロイセンに勢力を結集し、軍国主義を公然と標榜《ひょうぼう》する国家を創設して、早くも一八五〇年には対仏戦争の準備を開始していた。万難を排してドイツの統一を阻止しようとするフランスの策略が裏目に出て、統一を熱望するドイツ人の国民感情はかえって盛り上がった。

プロイセンは、一八六六年の対オーストリア戦争に圧勝し、ドイツ連邦からオーストリアを排除した。その結果、ドイツ連邦の多くの国がプロイセンを中心に再編成されることになる。リーマンが最後のイタリア旅行に旅立った頃、プロイセンはハノーファーを侵略し、併合したばかりだった。当時の首相ビスマルクは、フランスを巧みにけしかけて、一八七〇年にプロイセンに対する宣戦布告をさせた。普仏戦争と呼ばれているこの戦争は、残虐《ざんぎゃく》で血なまぐさい短期の戦いだった。プロイセンは、自信過剰で準備不足のフランス軍をセダンの戦いで粉砕した。皇帝ナポレオン三世は捕らえられ、退位を余儀なくされた。パリが包囲された。二〇万人近くの兵士が戦死したが、その八〇%はフランス兵だった。ほかに二五万人が負傷している。

フランスが侵略者だったという認識はドイツの統一を促した。いわゆる和平交渉の一環として、新しいドイツ帝国の成立がヴェルサイユで宣言された。第七代プロイセン王ヴィルヘルム一世がドイツ皇帝に即位し、一八四八年の革命が掲げた目標が遂《つい》に実現した。ビスマルクはそれを満足げに「血と鉄によって成し遂げた」と振り返っている。ただし、その代償に、悲惨な出来事が二〇世紀前半にドイツを見舞うことになる。[97]

ドイツ人は、あらゆるものに対して自信を深めていった。敗北したオーストリアに対して寛大だったプロイセンは、フランスには重い賠償金を課し、それがドイツの経済発展を支えた。ドイツの研究大学が勃興《ぼっこう》したことで、教授職が専門職化され、学問の異分野間でも、学問の各分野と知識階級の人々との間でも、知的レベルの乖離が進行した。優れた行政官だったプロイセンの文部大臣フリードリヒ・アルトホフ（一八三九〜一九〇八年）は、強い決意をもってドイツの数学力を強化する学校教育の確立に取り組んだ。

ドイツ国外にも優秀な数学者はいた。増大する富とナショナリズムの機運が数学にプラスに作用した。イタリアでは、多くの卓越した幾何学者たちが誕生した。パリは相変わらず世界の知の中心だった。イギリスの大学では、組織としての大学というよりは、才気あふれる個人の活躍が目立った。アメリカは悲惨な南北戦争から立ち直ったばかりで、一流レベルの研究に対する関心がようやく高まりを見せていた。

しかし、ドイツに及ぶ国はなかった。自らの優秀性を自覚したドイツの研究機関は活気にあふれていた。競争、先見性のある集中管理、研究に特化した教授陣の組み合わせが、ひときわ質の高い研究成果を生み出していた。ドイツの大学の科学レベルの高さは他国を圧倒していた。ライプツィヒ大学、ハレ大学、ケーニヒスベルク大学、ボン大学、エルランゲン大学をはじめとする、ほとんどすべての大学の数学科が、今日なお名を残す教授たちを擁していた。頂点に立っていたのはベルリン大学とゲッティンゲン大学である。ベルリン大学は、近くに多くの大学があることと、大都市であることが利点だった。しかし、ガウス、ディリクレ、リーマンが教鞭《きょうべん》をとったゲッティンゲン大学は、あらゆる期待を上回って隆盛をきわめた。(98) 先見の明があり、大学運営の才に長《た》けていたフェリックス・クライン、ダーフィト・ヒルベルトをはじめとするクラインが招聘《しょうへい》した数学者たち、クラインの後継者リヒャルト・クーラントのもとで、ゲッティンゲン大学はほとんど伝説ともいえる名声を確立した。(99) 特にクラインは、リーマンの精神に則《のっと》って数学を振興することを、ゲッティンゲン大学の血肉に刻み込まれた、ほとんど神聖な責務ととらえていた。

◆フェリックス・クライン

プロイセン政府の首相秘書官の息子フェリックス・クラインは、三月革命が頓挫《とんざ》を余儀なくされた一八四九年四月に生まれた。背が高く、ハンサムで、有力な縁故に恵まれ、社交性に富んだクラインは、天性の指導者であり、たちまちもっとも有望な数学者のひとりと人々が認識するところとなった。一八七〇年にフランスとの戦争が勃発したとき、パリにいたクラインは、ただちに帰国し、衛生兵としてプロイセン軍に従軍した。軍隊では後のプロイセンの文部大臣アルトホフに出会い、互いを非常に高く評価するようになった。終戦後、ゲッティンゲン大学で短期間教えた後、ほとんど前代未聞《みもん》の二三歳という若さでエルランゲン大学の正教授に就任した。三年後の一八七五年にミュンヘン大学へ移り、結婚して、一八八〇年にライプツィヒ大学で教鞭をとり、一八八六年にゲッティンゲン大学に戻ってきた。

リーマンと同様に、クラインも関数論を研究し、幾何学と位相幾何学に強い関心を持っていた。クラインは、正教授就任儀式の一環として、研究プログラムの概要を提出する必要に迫られた[100]。後にエルランゲンプログラム〔エルランゲン目録ともいう〕と称されるその概要書は、リーマンとは異なる部分に焦点を当てた幾何学の画期的な構想を示した。リーマンの提起した概念の中でも比較的わかりやすかったのは、「直線」を論じるときには、まずその意味を定義する必要があり、それを定義する方法が重要であるという考え方だった。千年前にもプロクロスがユークリッドの『原論』に対する注釈書で同じことを指摘している。直線と測地線を同じものと見なしたリーマンの見解は、空間の住人から見て唯一《ゆいいつ》の理に適《かな》った定義である。空間の住人には、測地線以外の線はまっすぐに見えない。アレクサンドリア時代のギリシャ人たちも、この問題を知っていた（一部の空間には平行な測地線が存在しないこと、別の空間には複数の平行な測地線が存在する可能性があることも知っていた）。しかし、多くの数学者が、リーマンによる幾何学の定義は幅が広すぎると感じていた。リーマンによれば、空間が計量を持っていれば、空間上のすべての点について、その点を通るあらゆる方向の測地線が存在する。しかし、幾何学は、特別で、対称性のある、美しいものであるべきではないだろうか。丸い球面が幾何構造を持っているという話ならわかるが、ゴツゴツしたジャガイモのような形をした物体に幾何構造があるとは考えにくい。

図39 フェリックス・クライン

クラインにとって幾何学は対称性を反映するものだった。幾何学的対象、特に線は、定められた変換の集合のもとで同じ状態を保つものだった。この考え方は、演算を持つ集合[101]を研究する分野という意味で数学者が使用する言葉である「代数」とうまく関連していた。特定の公理に従うひとつの演算を持つ集合は「群」と呼ばれる。空間からそれ自身への一対一変換の集合は自然な演算を持っている。ひとつの変換を行い、次に別の変換をすると、二つの変換の

「積」（または合成）と見なすことのできる三番目の変換が得られる。同様に、変換を元に戻す演算は、元の変換の「逆変換」と呼ばれる別の変換と見なすことができる。

集合内の任意の変換の逆変換と、集合内の任意の二つの変換の積が、いずれもその集合に属する場合、その集合は群であり、そのような集合が関心の対象になる。クラインのエルランゲンプログラムは、「幾何学とは変換群のもとで不変にとどまる性質を研究する学問である」という概念を提唱した。空間が同じでも変換群が異なれば幾何学は異なる。もっとも単純な幾何学を構成する変換群について最初に研究したのは、クラインの友人ソフス・リーだった。変換群がもっとも単純になるという意味で対称性が最大になる空間は、一定の曲率を持つ空間と関連があった。すべてがきれいにまとまっていた。

もちろんクラインとリーマンの考え方だけがすべてではない。点や直線を定義する必要はなく、ユークリッド幾何学の特性を記述する適度に単純な公理の集合を求めるべきだと主張するヒルベルトを代表とする数学者たちもいた。リーマンの幾何学をもっと代数的に考えることもできたが、代数的対象の登場までには二〇世紀の後半を待たねばならなかった。[102]

一八八〇年まで、クラインはわが世の春を謳歌《おうか》していた。名教師であり、講義の達ンだったクラインを慕って、幾多の優秀な学生がライプツィヒに集まった。クラインはリーマンの関数論を拡張し、複素平面の運動群のもとで不変な関数を研究した。クラインは自分がリーマンの知的後継者であると自認していた。一八八一年の初頭、クラインは《フランス科学アカデミー会報》に掲載された「フックス関数について」と題する三篇の短い研究ノート(103)を読んだことがクラインの運命を変えた。著者はいったい誰だろう。フランス人だろうか。しかも、住んでいるのはよりによって田舎町のカーンだ。なぜ今まで彼の名前を聞いたことがないのか。ポアンカレという人物はどうやってこの結果を得たのか。なぜポアンカレは、自分の興味をここまでかき立てる関数に、親しい同僚たちよりはるかに学識の浅いハイデルベルク大学の教授ラザルス・フックス（一八三三〜一九〇二年）の名前を付けたのか。

クラインはこの生意気な数学者にすぐ手紙を書いた。そのときを境にクラインの人生は一変した。クラインがかつての自信と輝きを取り戻すことはなかった。それは、クラインが、ポアンカレこそリーマンの真の知的後継者であることを悟ったからだ。皮肉なことに、当のポアンカレは、リーマンの業績についてほとんど何も知らなかったし、もちろんドイツ人でもなかった。

◆アンリ・ポアンカレ

リーマンの家庭とは対照的に、ポアンカレは裕福な名門の家庭で育った。アンリ・ポアンカレは、フランスの歴史ある町ナンシーの中心に位置する、ホテルを改造した祖父の家で生まれた(104)。その家は四階建てで、真ん中に階段があり、建物の中央には吹き抜けの中庭があった。同じ通りの一ブロック隔てた場所には、地方貴族のロレーヌ公が領民の忠誠の宣誓を受ける際に通った一四世紀の歴史的建造物であるグラフ門がある。ポアンカレの家から通りを隔てた向かい側にある教会には、代々のロレーヌ公が眠っている。通りを数ブロック下り、左に折れて一ブロック進むと、元ポーランドの国王で、フランスのルイ一五世の義父だったスタニスラス・レクチンスキーの命で建築された美しいロココ調のスタニスラス広場がある。ポアンカレの父レオンは、ナンシー大学の医学部で教鞭をとる医者だった。レオンの弟アントニは、技術系公務員として数々の要職を務めた(パリ管区の鉄道局長、フランス地方水道局長を歴任)。アントニの息子たち、つまりポアンカレの従弟《いとこ》たちは、父親よりさらに高い地位にまで上りつめた。レイモン・ポアンカレはフランス共和国の大統領になり(105)、レイモンの弟ルシアンは、まずフランス中等教育局の局長を務め、さらに中等後教育局の局長を務めた後、パリ大学の副学長に就任している。

立派な家柄に生まれたポアンカレだが、時代を襲った危機から逃れることはできなかった。五歳のときにジフテリアを患《わずら》い、九ヶ月の間、歩行することもしゃべることもできなかった。その後、病弱になった。健康で活動的だった父親とポアンカレとの間に若干のよそよそしさを感じるのは、そのせいかもしれない。ポアンカレと妹アリーヌの幼少時の教育は母親の手に委《ゆだ》ねられた。その内容は牧歌的としか言いようがない。家族は、多いときには二〇人もの大人数で連れだって、週に二回ピクニックに出かけた。ポアンカレは思いやりのある大勢の大人たちと接する機会があった。子供の頃のバカンス家族旅行の行き先は、フランクフルト、パリの万国博覧会、アルプス、ロンドンであり、長い夏と復活祭の休暇は、アヌシーにある母方の祖父母の屋敷で過ごした。アリーヌは、祖父母の屋敷で過ごし

図 40　アンリ・ポアンカレ

た日々を子供の頃のもっとも幸せな思い出だとしている。ポアンカレの追悼文を執筆したガストン・ダルブーは、ポアンカレと妹がアヌシーで架空の帝国の想像上の憲法をつくって遊んだことを記している。

さまざまな資料から判断すると、大人しく、ぼんやりしていることが多かったポアンカレの扱いに級友や教師は困惑したようだ。ポアンカレは、左右いずれの手で書いても字が下手な両手利《き》きで、非常に強い近眼であり、幼児期に起こした麻痺《まひ》のせいか、手と目の連携に問題があった。しかし、図工を除けば、学校を苦にすることはなく、すべての科目に秀《ひい》でていた。ある教師は、ポアンカレを「数学の怪物」と評し、将来大数学者になるだろうと母親に告げた。妹は、ポアンカレのことを、本の虫ではあったが、勉強しているようには見えなかったと言っている。妹によれば、ポアンカレが日常生活の雑事に煩《わずら》わされないよう母親が取り計らっていたのだという。ポアンカレは、学校帰りの道すがら頭の中で宿題をやり、家に着く頃には全部やり終えていたという。後年になって、級友たちは、ポアンカレがしわくちゃになった紙を宿題だと言ってポケットから取り出すのを見て驚いた思い出を語っている。ポアンカレが授業中にノートを取っていた様子はなく、ぼんやりと物思いに耽《ふけ》っていることが多かった。記憶力が抜群で、何年も前に読んだ本の一節が、本棚のどこにあるどの本の何ページ

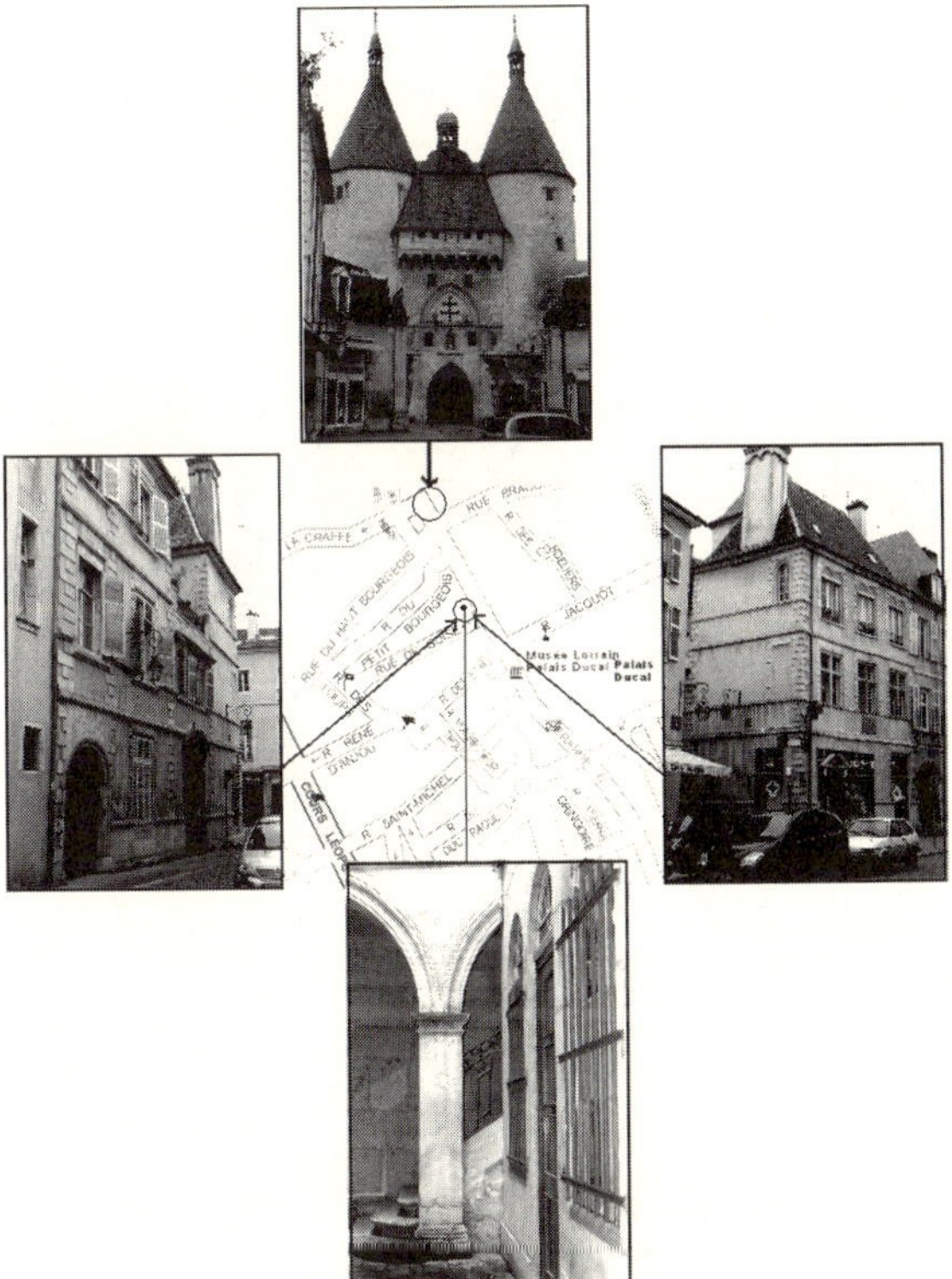

図41　ポアンカレが暮らしていた場所

に書いてあるかを難なく思い出すことができた。

ポアンカレは冷静で温厚だった。妹はこう記している。「精神がとても安定していた。怒りや感情を露《あら》わにすることがなく、激情することもなかった。心の奥底にある感情を細心の注意を払って隠していた」(106)。さらに、こうも書いている。「人を判断するときには極端な表現を避けた。特に道徳的な問題については絶対的な基準を否定していたため、誰かのことをすごくいい人だとか、すごく悪い人だとか言うことは決してなかった」(107)。

普仏戦争は十代後半のポアンカレに決定的な影響を及ぼした。現在のドイツとの国境から八〇キロと離れていない町ナンシーは戦場の中心になった。フランス科学アカデミーの会長で、優れた幾何学者だったダルブーは、ナンシー郊外にある母親の実家の屋敷が破壊されたことを知ってポアンカレがショックを受けた様子を記しており、負傷者の手当てをする父親を若きポアンカレが手伝う姿をポアンカレ家の友人が描写した一節を引用している(108)。ナンシーはプロイセン軍の手に落ち、一八七〇年から一八七三年までプロイセンに占領され、その間、ドイツ政府の高官がポアンカレの家を宿舎として利用した。ポアンカレはこの時期にドイツ語を習得している(109)。

終戦後、ナンシーはフランスの支配下に復帰した。モーゼル川の下流五〇キロの位置にあり、工業化が進んでいたナンシーの姉妹都市メスは、第一次世界大戦が終結するまでドイツの支配下にとどまり、ドイツが統治するアルザス‐ロレーヌ地方に組み入れられた。国境が近くなったナンシーは、活気あふれる国境の町として栄え、アルザスとドイツ化政策を逃れた芸術家や避難民でごったがえすようになった。東フランスでもっとも色濃くローマ都市の面影を残す都市、一九世紀後半のナンシーは、フランス文化とフランス文明の道標《みちしるべ》として機能した。産業、芸術、文化が繁栄し、アール・ヌーボー運動の誕生を助けた。アール・ヌーボー運動は、ナンシーからパリへ、さらにパリからフランス全土へと広がった。

ナポレオンの遺産の中でも長続きしたのが、「グランゼコール」と呼ばれるエリート校から構成されるフランスの教育機関である。グランゼコールは、今日なおフランスのトップクラスの技術系官僚や経営者を輩出している。(110) フランスの数学者の伝記は、入学試験の成績がいかによかったか、さまざまな全国試験やコンクールでいかに輝かしい成績を収めたかを物語る驚異的なエピソードから始まることが多い。ポアンカレもその例に漏れず、全国規模の数学コンクールで数回優勝しているし、数学教育の質が高いことで有名なエコール・ポリテクニークとエコール・ノルマール・シューペリユールの入学志願者の中でトップクラスの成績を収めている。

ポアンカレは一八七三年にエコール・ポリテクニークに入学し、一八七五年に次席で卒業した（体育と美術で成績が平均をやや下回ったために次席に甘んじた）。さらに、最古であり、それゆえにもっとも格式のある工学の分野である鉱山学を専門とするグランゼコールのひとつエコール・デ・ミーヌ（鉱山学校）に入学した。卒業すると、短期間ではあったが鉱山技術者としての仕事を立派にこなすかたわら、シャルル・エルミートのもとで博士論文を書き上げた。

　ポアンカレの博士論文の審査員たちは、全面的に論文を高く評価したわけではない。審査員たちは、提示された結果の充実した内容と独創性は認めた(111)ものの、特に結論の部分にややいい加減な議論の展開が見られることに不満を示した。論文審査委員会の委員長を務めたダルブーは、ポアンカレに、一部のアイデアをさらに発展させ、記述から曖昧《あいまい》性を排除するようにと助言したという。ポアンカレは、委員会に指摘された誤りは言われた通りに訂正したが、アイデアを発展させることについては、他に考えることがたくさんあるという理由で、応じなかった。ダルブーがそれを許したことも驚きだが、実際ポアンカレには考えることが他にたくさんあった。

　博士号を取得したポアンカレは、一八七九年一二月にカーン大学で講師の職に就いた。フランスでは、地方大学への就職が学者としての生涯の典型的な出発点だった。

カーンは、上質のアップルブランディーと極上のチーズで有名なノルマンディーのカルヴァドス県の県庁を擁する小さな都市である。ノルマン様式の建物や征服王ウィリアム一世が一〇六〇年に築いた巨大な要塞《ようさい》で有名なこの街は、ノルマンディー海岸からわずか一六キロしか離れていない。カーン大学は、イングランド王ヘンリー六世によって一四三二年に創設され、一九四四年のノルマンディー上陸作戦に伴う空爆によって完全に破壊された(112)。

一八七八年、フランス科学アカデミーが「単一の独立変数を持つ線形微分方程式論のある側面を大幅に改良する」ことを競うコンクールの開催を発表したことが、ポアンカレの運命を変えることになった。ポアンカレは、その頃、博士論文の指導教授の共著者であるラザルス・フックスが手がけていた、微分方程式の解との関連で生じる、ある種の複素変数の関数の研究に没頭していた。ポアンカレは、それと類似した関数が存在するかどうかを考えていた。一八八〇年五月末、ポアンカレはコンクール論文を提出した。そのすぐ後に、その関数が非ユークリッド幾何学と関連していることに気づいた。

ポアンカレはこう記している。「私は、二週間にわたって、その後フックス関数と呼ぶことになる関数に類似した関数が存在する可能性がないことを証明しようとしていた。その頃の私はまったくの無知だった」[113]。ポアンカレは、深夜に濃いコーヒーを飲んで眠れない夜を過ごした翌日、それまで考えていたこととは逆に、ある種のフックス関数を発見した。さらに、その関数を表現する便利な方法も発見した。それ自体が第一級の発見だったが、それにもまして驚異的なことが起こった。

> 私は、鉱山学校が主催する地質学会に出席するために、その頃住んでいたカーンを出発した。その旅に出たとたんに数学の研究のことは忘れた。クータンスに到着し、ひと休みして、気晴らしに外出しようと乗合馬車のステップに足をかけた瞬間、それまで考えていたことと何の脈絡もなく突然アイデアがひらめいた。それは、私がフックス関数の定義に使った変換が非ユークリッド幾何学の変換とまったく同じだという考えだった。馬車の座席に座るとすぐに会話をはじめたので、それを検証する時間はなかったが、そのとき瞬時にして完全な確信を得た。カーンに戻ってから、暇を見て結果を検証し、ようやく気が済んだ[114]。

このひらめきは、前の発見にもましてすばらしい。しかし、話はこれで終わりではない。ポアンカレは、自分が既に研究したことと関連があるとは夢にも思わずに、別の数論の問題を研究しはじめた。

研究に行き詰まったので、海辺の町で数日を過ごし、他のことを考えることにした。ある日、崖《がけ》に沿って歩いていたときに、またアイデアがひらめいた。前回と同様にアイデアは簡潔で、ひらめきは唐突で、即座に確信を持つことができた。それは、不定三元二次形式の数論的変換が非ユークリッド幾何学の変換とまったく同じものであるという考えだった(115)。

カーンに戻ると、ポアンカレは、その考えが、さらに別種のフックス関数が存在することを示唆《しさ》していることに気づいた。ポアンカレは数学の不思議の国に足を踏み入れたのである。ポアンカレは、既に提出していた論文に対する三つの補遺をパリの科学アカデミーに送り、非ユークリッド幾何学との関連性を丹念に説明した(116)。ポアンカレは、一八八〇年末に科学アカデミーの会員候補に選出され、一八八一年三月には、第一位の受賞こそ逃したものの、きわめて評価の高い選外佳作を受賞した。

この発見は、その後の急速な研究の進展を可能にし、ポアンカレは一八八一年二月に二篇の短い論文で研究成果を発表し、三つ目の論文を同年四月四日に発表した。クラインの目にとまったのは、それらの論文である[117]。数学博士クライン教授がポアンカレに宛《あ》てた一八八一年六月一二日付けの手紙は「ゼア・ゲエールテ・ヘール！」（「拝啓」に相当するドイツ語独特の慇懃《いんぎん》な表現）で始まる次のようなものだった。

> 《コント・ランデュ》誌に掲載されたあなたの三篇の研究ノートを昨日ざっと拝読しましたが、その内容は、ここ数年、私が考察し、研究していたことと密接に関連しているので、それをお知らせする必要があると感じて筆を執った次第です。まず私が《マテマーティシュ・アナーレン》誌の一四巻、一五巻、一七巻で発表した楕円《だえん》関数に関する論文について言及したいと思います。もちろん楕円モジュラー関数は、あなたが考察している従属関係式の特殊ケースにすぎませんが、[118]細かく比較すれば、私が一般的な条件を導いた可能性が高いことがわかるでしょう。

クラインとポアンカレの年齢差は五歳にすぎないが、クラインは、その頃、既に高い名声を誇るドイツの正教授として確固たる地位を築いていた。クラインは、ポアンカレが自分の名前を知っていることを承知していた。手紙では、自分がどの論文をいつ発表したかを念入りに説明しており、他の結果も得ているが、それについては他の数学者に話しただけで、まだ発表していないことを明確にしている。まず優先権を主張したあと、この手紙を機にこれから書簡を交わしたい旨《むね》の希望を表明し、こけおどしに有名な数学者の名前をいくつか挙げ、今学期が終わるまではこのテーマについて考える時間があまりないと嘘《うそ》をつき、最後に、言い訳がましく、「もっとフランス語ができればいいのですが」と付け加えた。

ポアンカレはまったく臆《おく》することなく、ただちに（六月一五日）「ムッシュー」で始まる返事を書いた。

あなたの手紙から、私がフックス関数の理論について得た結果の一部を、あなたが私より先に垣間見《かいまみ》たことがわかりました。それを聞いてもまったく驚きません。なぜなら、私たちの頭を悩ませている問題の本当の鍵《かぎ》を握っている非ユークリッド幾何学に、あなたが精通していることを知っているからです。

ポアンカレがクラインの結果を「垣間見た」と書き、自分の結果を「得た」と書いているのは、微妙な違いではあるが、決して偶然ではない(119)。試しに動詞を入れ替えてみれば、よくわかる。ポアンカレは、意識していたかどうかはわからないが、ことあろうにあのクラインがなぜか見逃していた盲点を突いた。クラインは非ユークリッド幾何学との関連性に気づいていなかったのである。それが「私たちの頭を悩ませている」とポアンカレが書いている問題だ。ポアンカレはこの分野の研究をクラインに譲ったわけではない。ポアンカレは、「もちろんあなたの優先権を認めます」と述べたあと、痛烈なパンチを浴びせた。「あなたは、『楕円モジュラー関数』という名詞を複数にしていますが、それはなぜでしょうか。モジュラー関数が周期の関数として表現される母数の平方であるなら、ひとつしかないはずです。となると、あなたがモジュラー関数とおっしゃっているのは、別のものに違いありません」。(120)

もちろん、それは別のものを意味していたのだが、ポアンカレのドイツ語は単数と複数を区別できるレベルだったし、数学の基礎も盤石《ばんじゃく》だった。続けて、激しいジャブのような四つの質問を浴びせた。「モジュラー関数によって表現可能な代数関数とは、どういう意味でしょうか。また、基本多角形の理論とは何でしょうか」。ポアンカレは臆することなく、質問し、専門用語の説明を要求した。「あなたは、不連続群を生じさせるすべての円上の多角形を発見したのでしょうか。個々の不連続群に対応する関数の存在を証明したのでしょうか」。もちろん、これらの疑問が問題の核心だった。最後の質問で触れている関数こそ、ポアンカレが存在すると思わなかったにもかかわらず、濃いコーヒーを飲んだ翌日に発見したものだった。ポアンカレは、さらに、クラインが言及したフランス有数の数学者ピカールにクラインの言葉を伝えたことを告げ、これからも喜んで書簡の交換に応じると書いた。そして、最後にこう付け加えた。「勝手ながらフランス語で手紙を書かせていただきました。というのも、あなたがフランス語の心得があると書いておられるものですから」。完璧《かんぺき》だった。フランス語の件についてはクラインが書いたニュアンスとは少し異なるが、そう取られても仕方なかった。

こうして、非常に興味深く、複雑で、皮肉に満ちた手紙のやり取りが始まった。手紙は、あらゆる種類の知的、感情的な断絶を乗り越えて交わされた。ドイツ国外から見たクラインは、教養あるドイツ人エリートの典型だった。自信に満ちあふれ、ハンサムで、高度な教育を受け、妻は哲学者ヘーゲルの孫娘。研究熱心な学生の集団を率いるドイツ人の教授にふさわしいあらゆる条件を備えていた。しかし、ドイツ国内では、影響力の強いドイツの大数学者カール・ワイエルシュトラスを代表とする解析学の学派と、リーマンとの関連が深い幾何学的な手法を支持する学派との間に溝があった。クラインは、自分の教室の学生も含めて、幾何学的手法の学派を自認しており、クラインの熱意は、何かを統一することではなく、分裂させる方向に働く傾向があったため、学派間の溝はますます深まった。その溝の影響はドイツ国内にとどまらなかった。フランスに目を転じると、ポアンカレの指導教授であるシャルル・エルミートは、ワイエルシュトラスを崇拝し、幾何学に関連するあらゆるものを忌《い》み嫌い、リーマンの手法には目もくれなかった。その結果、ポアンカレの数学教育はやや偏《かたよ》ったものになった。戦争前にエルミートと共同で重要な研究を行ったことがあるフックスは、筋金入りのワイエルシュトラス派であり、考え方がきわめて旧弊だった。

まず、皮肉なのは、リーマンのやった仕事をほとんど何も知らなかったポアンカレが、リーマンの業績の一部を再現し、再発見しはじめたことである。しかし、自分の考えた新しい関数にフックスの名前を付けたことから、ポアンカレは一見するとワイエルシュトラスの考えを支持しているような印象を与えた。クラインは、最初は礼儀正しく、やがて執拗《しつよう》に、ポアンカレに対して、ヘルマン・シュワルツらの貢献を認めてフックス関数という名前を変更するよう促した。ポアンカレはその要請に応じなかった。二番目の皮肉は、クラインがリーマンの理論およびそこから派生した理論を隅々まで知っていたことである。ポアンカレがリーマンの理論に驚くほど無知だったことは、クラインにとって非常に有利だったはずだ。しかし、正真正銘の天才だったポアンカレは、クラインが言外にほのめかしたことをすべてただちにマスターした。手紙のやり取りを通じて、ポアンカレの関心はリーマンの研究業績に向かっていった。

国籍の違いも皮肉な結果をもたらした。フランスとドイツの関係は冷え切っていた。根っからのフランス人だったポアンカレは、生まれた場所が国境に近かったため、ドイツ人の侵略を目《ま》の当《あ》たりにしている。フランス科学アカデミーが主催したコンクールに論文を送ったときポアンカレが封筒に記した「触るな！」を意味する「ノン・イヌルトゥス・プレモール」(122)という言葉は、故郷のナンシーで聞かれる怒りのこもったスローガンで、「受けた傷は必ず仇《あだ》で返すぞ」というのがおおよその意味だが、一八七〇年のフランスの屈辱的な敗北以降は、その言葉の持つ毒がさらに強くなっていた。一方、クラインは、愛国心からドイツ陸軍に志願し、戦争に加わった。一部の人々が言うような熱狂的な愛国主義者ではなかったが、二〇世紀のドイツに汚点を残すことになる民族的、人種的な知的優越性にまつわる神話を信奉していた。クラインは、何年も後になって、神話を語るかのようにゲッティンゲン大学の雰囲気を語っているし(123)、リーマンの思想はゲルマン民族の優れた科学的資質の証《あか》しだと信じていた。しかし、皮肉なことに、クラインは、ポアンカレという若いフランス人に、リーマン自身よりリーマンらしい資質を見出《みいだ》していたのである。

手紙のやり取りは一年と少しの間続いた。表面的には紳士的なやり取りだったが、中身は熾烈《しれつ》な議論だった。この研究には互いの命運がかかっていた。クラインは、自分がエディターを務める当時の有力な数学誌《マテマーティシュ・アナーレン》に結果の一部の概要をまとめた短い論文を寄稿するようポアンカレに要請した。それをきっかけとして、関数の名前と業績の帰属に関する意見の相違が表面化した。クラインは、「フックス関数」と「クライン関数」という用語の選択に同意できない旨の意見書をポアンカレの論文に添付した（「クライン関数」という用語は、クラインが最初に「フックス」という名前を使うことに抗議したことをからかう意図もいくらかあって、ポアンカレが考案したものだ）。ポアンカレは、自分がそれらの名前を選択した理由の説明を掲載してほしいと申し入れた。クラインは、その要請を聞き入れて、ポアンカレがその目的で用意した手紙の抜粋を論文に挿入したが、ポアンカレには、そのことを快く思っていない旨の手紙を書いた。

一八八二年四月四日付けの返事で、ポアンカレはプロイセンに対する反感を露わにしている。

あなたの手紙を拝読し、取り急ぎ返事をしたためております。あなたは科学のために不毛な議論に終止符を打ちたいとおっしゃっていますが、その決定を歓迎します。私の論文にあなたが添付した意見書で最終的な意見を述べているのは他ならぬあなたなのですから、この決定があなたにとってさほど損のないものであることはわかっていますが、一応決定を歓迎しましょう。もともと、この議論を仕掛けたのは私ではないですし、私が議論に参加した目的は、表明を差し控えることを私が拒否する意見を一度だけ、たった一度だけ述べることでした。私がこれ以上議論を長引かせることはないし、強要されないかぎり、この問題について二度と発言するつもりもありません。また、発言を強要されるような事態が生じるとも思えません……。

なまくらな武器しか使えなかった名前をめぐるこの一騎打ちが、私たちの関係にひびを入れないことを望んでおります。いずれにせよ、私はあなたの攻撃にまったく腹立ちを覚えておりませんし、あなたも私が自らを防御したことで感情を害さないようお願いします。名前をめぐってこれ以上議論することは馬《ば》鹿《か》げています。まさにナーメ・イスト・シャル・ウント・ラウホです。それは私にとっても同じことです。あなたはあなたのやりたいように、私は私のやり

たいようにやるしかありません。(124)

このやり取りは、一騎打ちなどという礼儀正しいものではなく、まるで飛び出しナイフを隠し持って戦う禁じ手なしの路上のけんかだ。ポアンカレはナイフ使いの名手だった。まず、議論に終止符を打とうというクラインの決断を、ドイツがフランスから賠償金をもぎ取ったことを思い出させる表現（「あなたにとってさほど損のない」）を使って揶揄《やゆ》している。(125) さらに、一八七〇年の戦争を匂《にお》わせる軍隊用語をわざわざ使ったあと、ゲーテの『ファウスト』で、ファウストが純粋無垢《むく》なグレートヒェンの問いに苛立《いらだ》って答える有名な一節（ゲフュール・イスト・アレス、ナーメ・イスト・シャル・ウント・ラウホ(126)［気持がすべて。名前は騒音や煙のようなもの］）を引用することによって、さまざまな面から相手を愚弄《ぐろう》しようとしている。最後は、突然、子供のけんかの様相を呈する（「あなたはあなたのやりたいように、私は私のやりたいように……」）。手紙のやり取りは、一八八二年九月にクラインとポアンカレの両者が個別に発見の詳細を発表する手はずを整えたことで突然終わりを迎えた。(127)

対抗意識から二人はますます研究にのめり込んでいった。その努力がもたらした科学上の功績は計り知れないが、二人が払った個人的な犠牲はすさまじかった。クラインもポアンカレも、それ以上の刺激があっても研究に費やす時間を増やせないほど追い詰められていた。その頃、ある大学院生が夜遅くまで数学の勉強をしていると眠れなくなるという悩みをクラインに相談したところ、クラインは、「そのために抱水クロラール（麻酔剤）があるのだ」とつぶやいたと言う。過労は数学者の職業病である。数学の問題はあまりにも面白いため、のめり込まないでいるのが難しいのだ（大学院の一年生に代々伝わる、あまり出来はよくないが核心を突いた冗談がある。その冗談は、「数学者が愛人をつくる必要があるのはなぜか」という問いから始まる。配偶者には「いま愛人と一緒だ」と言い、愛人には「いま配偶者と一緒だ」と言うことによって、ほんとうにやりたいこと、つまり、研究室にこもって、気になって仕方がない問題について存分に考える時間をつくれるから、というのがその答えだ）。

ストレスと過労がひどくこたえたのはクラインだった。クラインは一八八二年の秋に健康を害して倒れ、重い鬱病《うつびょう》にかかり、鬱状態が一八八三年、一八八四年と続いた。後年、クラインはこう述懐している。「理論数学における私の本当に生産的な仕事は一八八二年に終わった」[128]。さらに、やや苦々しい思いをにじませながら、この分野の研究はポアンカレに譲ったと書いている。クラインは数学に大きな貢献を果たしたが、それは解説者および後進の育成者としての貢献だった。クラインが再び数学的発見の最前線に立つことはなかった。ポアンカレへの最後の手紙で約束した本が出版されたのは一五年以上も後のことだった。一方、ポアンカレは、スウェーデンの数学者グスタフ・ミッタク=レフラーが創刊した新しい数学誌《アクタ・マテマティカ》に掲載した五篇の論文で研究成果の詳細を発表した。だが、ポアンカレもまた代償を払わされた。一八八四年の夏、過労による心身消耗と診断され、一ヶ月の休養を命じられたのである。

最終的には二人とも窮地を脱したが、二人の進む道は急速に離れていった。クラインはゲッティンゲン大学からの就職の誘いを受諾し、その優れた才能を解説、教育、運営の方面に活《い》かして、ゲッティンゲン大学を世界に比類ない数学と物理学の中心的な研究機関に仕立て上げた。一方、一八八一年に手紙のやり取りが始まった頃のポアンカレは、可能性を秘めた期待の新人として一握りの数学者には注目されていたが、比較的無名だった。その頃、ポアンカレは結婚したばかりで[129]、十月にはパリ大学の初級職[130]に就いた。一年後に手紙のやり取りが終わる頃には、リーマンの業績を高く評価するようになり、クライン学派とワイエルシュトラス学派の両方の理論に精通し、その多くの面で彼らのレベルを超えるようになっていた。《アクタ・マテマティカ》誌の画期的な論文の第一弾は一八八二年一二月に掲載され、最後の五番目の論文が掲載されたのは、そのおよそ二年後だった。それらの論文によって《アクタ・マテマティカ》誌は確固たる名声を確立し、ポアンカレも有名になった。ポアンカレは、一八八四年にまったく別の分野に研究の方向を転換し、その後五年間で数理物理学に革命をもたらした。一八八五年には、得がたい地位であるパリ大学科学部の教授（物理学）に就任した。一八八七年には最初の子供が生まれ、三二歳というほとんど前代未聞の若さで科学アカデミーの会員に選出された(131)。

第10章　ポアンカレの位相幾何学の論文

ポアンカレとクラインが成し遂げた仕事の知的意義は大きく、その影響を受けなかった者はほとんどいない。二人はまったく新しい数学の分野を切り開いた。それを契機に非ユークリッド幾何学は数学の主流にしっかり組み込まれた。理論が完全に精緻《せいち》化されるまでにはさらに二十年の年月を要したが、興味深いのは、彼らの仕事が、誰も予想しなかった、2次元曲面での位相幾何学と幾何学のきわめて深い結びつきを導いたことである。その結果得られた定理は、数学史上、ひいては人類の思想史上もっとも美しい定理のひとつである。ポアンカレ予想が発表されるのは、その二十年後のことだから、その定理とポアンカレ予想の間にはまったく関連性がないように見える。しかし、当時は想像もつかなかった、その定理に類似した3次元における定理がポアンカレ予想と密接不可分な関係を持つことになる。

ポアンカレとクラインが何を発見したのかを理解するために、「一九世紀のもっとも大きな業績のひとつは位相的に異なるさまざまな曲面の分類である」という話を思い起こしてほしい。では、幾何学に基づいて曲面を分類することはできるのだろうか。一見すると、それは不可能な作業のように思える。可能性があまりにも多すぎるからだ。幾何学的に見れば、半径が異なる球面は等距離でないし、山や谷のある球面も等距離ではない。しかし、ポアンカレとクラインの仕事は、どんな曲面にも、曲率が一定になる幾何構造を持たせることができることを示した（その幾何構造がそれぞれ別のものでなければならないことは簡単にわかる。たとえば、曲面が平坦《へいたん》であれば、球面幾何構造を持たせることはできない）。

◆曲面上の自然な幾何構造

そのことは、球面上ではさほど驚くようなことではない。既に説明したように、完全に丸い球面は任意の球面と同相である。したがって、球面は球面幾何構造を持っている。しかし、トーラスはどうだろうか。3－空間内のトーラスには、必ず、曲率が正になる領域と負になる領域がある。トーラスの外側では三角形の内角の和が一八〇度を上回るため、曲率が正になる。一方、トーラスの内側は鞍《くら》の形をしており、三角形の内角の和が一八〇度未満になるため、曲率が負になる。ここで、第2章と同じように、トーラスを、正方形の向かい合う辺どうしを貼《は》り合わせることによって得られる曲面と見なすことにしよう。つまり、正方形の下辺にある点をそれに対応する上辺にある点と同じと見なし、左辺にある点をそれに対応する右辺にある点と同じと見なすのだ。

次に、リーマンの理論に従って、トーラス上の幾何構造を定めよう。それには、トーラス上の長さと角度に対応する正方形上の長さと角度を測定することによって、トーラス上の長さと角度を測定すると決めればよい。[132] 一方の辺から外に出ると、向かい合う辺の対応する点に戻ってくることを忘れてはならない。つまり、トーラス上の直線は正方形上の直線の線分に相当し、正方形の上で一方の辺から外に出た線分は向かい合う辺に戻ってくる。実際、二点間を結ぶ最短の線分が一方の辺から外に出て反対側の辺に戻ってくることがある[133]（図42）。

このトーラスの上では三角形の内角の和が一八〇度になる。したがって、このトーラスは平坦であり、幾何構造はユークリッド的である（ただし、ユークリッド平面と異なり、有限な直線が存在するし、面積は有限である）。そのため、このトーラスは

「平坦トーラス」と呼ばれる。

　正方形の上辺と下辺を貼り合わせると、正方形の紙が丸まって円柱になる。そうしても距離が歪《ゆが》むことはないし、貼り合わせる作業は３－空間内で簡単に実行できる。距離が歪むことがないため、正方形の上で描かれた直線や三角形の辺は、円柱の上でも直線になる。円柱の表面では三角形の内角の和が一八〇度になるため、円柱は平坦である。円柱の上には平坦なシーツを簡単に巻き付けることができる。

　しかし、円柱の両端を引っ張って曲げ、右端と左端の円を３－空間内でくっつけると、距離が歪み、曲率が生じる。図43の上の曲面を下の曲面に変形する過程で二点間の距離は変化する。距離を歪めることなく、したがって曲率を生じさせることなく、トーラスを３－空間に収めることはできない。しかし、３－空間に収めることができないからといって、このトーラスが存在しないわけではない。もちろんこのトーラスは存在する。点の集合は明確に定義さ

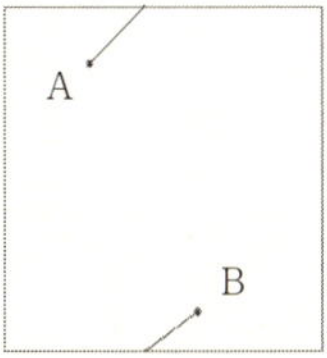

図42　トーラス上の２点を結ぶ最短の直線

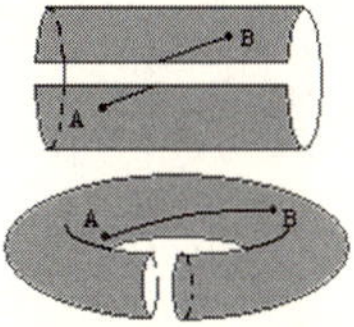

図43　上辺と下辺を貼り合わせても３－空間内の距離は歪まない(上)。左辺と右辺を貼り合わせると３－空間内の距離が歪む（下)。

れている。距離も明確に定義されている。それ以上何も必要ない。数学者にとって、平坦トーラスは、3－空間に埋め込まれたトーラス以上に自然な存在である。結局のところ、3－空間自体が数学の世界にしか存在しない数学的構造物なのだ。たとえば、私たちが球面の原型を考えるときに思い浮かべるのは、曲率が決して変わることのないまん丸い球面だが、それは数学の世界にしか存在しない。

通常のトーラスとは対照的に、2穴トーラスの計量は一定の負の曲率を持っている。つまり、2穴トーラスのもっとも自然で、もっとも対称性の高い状態は、双曲幾何構造である。それを立証するには、トーラス上の自然な幾何構造がユークリッド幾何構造（つまり平坦）であることを立証するときと同様の議論を展開すればよいが、普通のトーラスの場合より話はやや複雑になる。まず、2穴トーラスを切断して平面上に広げる作業（第3章の図9）を見ればわかるが、2穴トーラスは、各辺が一つおきに同じペアとして同一視される八角形（八つの辺を持つ多角形）と見なすことができる（図44）。

トーラスでやったのと同様の方法で、正八角形（すべての辺が同じ長さの八角形）の長さと角度を使って2穴トーラス上の幾何構造を定義することはできない。理由を説明しよう。同じと見なされるすべての点をくっつけると、八角形のすべての頂点が一点に集まり、八角形の八つの内角もその点に集まる。その点の周囲の角度は三六〇度である（それが角度の定義である）ため、一点の周りに八つの内角を収めるには、ひとつの内角が四五度でなければならない（三六〇を八で割れば四五になる）。しかし、図44を見れば明らかなように、正八角形の八つの内角は四五度よりずっと大きい。したがって、八つの内角は一点の周囲にはうまく収まらない[134]。

しかし、双曲幾何では、三角形の内角の和が一八〇度未満になり、多角形を拡大するにつれて内角が小さくなることを思い出してほしい。したがって、双曲幾何では、内角が四五度の正八角形をつくれる可能性がある。それができれば、正八角形のすべての辺を貼り合わせて、共通するひとつの頂点の周りにすべての内角を収めることができる。別の見方をすれば、双曲面の形をした布を内角が四五度の正八角形の形に切り抜き、その辺を貼り合わせると、完全に対称な２穴トーラスになる可能性があるということだ。それができれば、非ユークリッド的

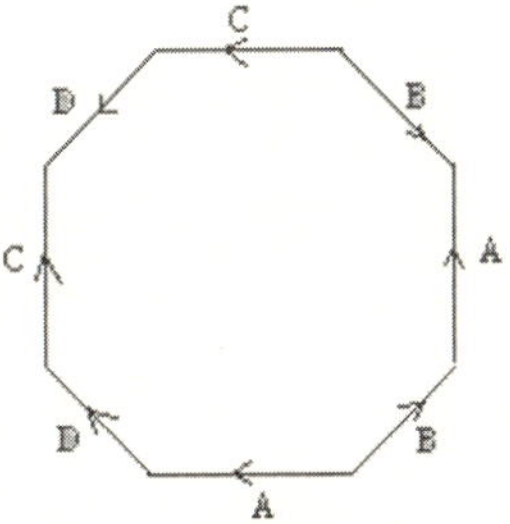

図44　同じ記号が付いている辺の点どうしを（矢印が示す方向に）貼り合わせると、2穴トーラスになる。ただし、内角が45度より大きいため、角度（および距離）を歪めない限り、一点の周りにすべての内角を収めることはできない。

な八角形の上で距離を定義することによって、2穴トーラス上の距離を測ることができる（トーラスの場合と同様に、最短距離の直線は、辺から外に出て別の辺に戻ってくる可能性がある）。この計量を持っている2穴トーラスは、一定の負の曲率を持っている（双曲平面が一定の負の曲率を持っているため）。すべての点の周囲の領域が、他のすべての点の周囲の領域と等距離になる。2穴トーラスは完全に対称である。

この構造が存在可能で、かつ意味を持っていることを立証するのに必要な着想こそ、クータンスで乗合馬車のステップに足をかけたときにポアンカレの頭にひらめいたアイデアにほかならない。もちろん、ポアンカレが理論の細部を詰めるには、第8章で均一な繊維構造を持つ布を使って説明した方法よりもっと解析的な手法を使って、一定の曲率を持つ幾何構造を考える必要があった。ポアンカレは、通常の平面を想像し、ユークリッド幾何学的な観点から見たときに測地線（つまり直線）が曲がって見えるように、ユークリッド距離とは異なる距離をその平面で定義することによって、ロバチェフスキー幾何学を考える方法を編み出した。その方法が双曲平面の「ポアンカレ円板モデル」である。まず、円板、つまり通常の平面上の円に囲まれた（周囲を含まない）領域を考える。この円板では、境界に近づくにつれて距離がどんどん長くなり、境界が無限に遠くなるように距離が定義されている。この円板は、ユークリッド半面上の円より面積が大きくなるように織られた布で出来た円形の曲面とは異なるように思える。しかし、双曲平面に対するこれら二つの考え方は同じだ。布を使う考え方では、曲面上に住んでいる虫の視点からものを見る。つまり、すべての部分が同じに見えるし、平面が無限に続いているように見える。円板の考え方では、曲面の外に出て、高い次元から曲面を見て、曲面を、境界に近づくにつれて距離が長くなる円板と見なす。

円板モデルでは、次の三つの条件が成立するように円板上の距離を定義することができる。(一)測地線は円板の中心を通る直線および境界の円と直交する円弧である。(二)互いに交わる二本の測地線がなす角度はユークリッド的な角度と一致する。(三)どの点でも、どの方向にも、ひとつの点を通る測地線は一本しかない(図45)。ちなみに、単位円の内部は、円の持つ幾何構造に関係なく、平面と同相である。円板モデルは計算にきわめて都合がよい。このモデルでは、ユークリッド的な用語を使って非ユークリッド幾何学を論じることができる点も重要

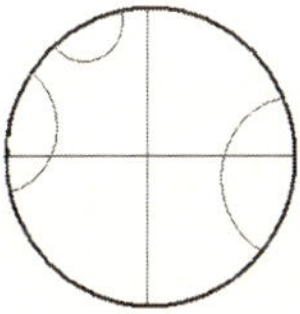

図45　測地線が何本か描かれたポアンカレ円板モデル

だ。

　このモデルを使って、ポアンカレが使った計量を持つ円板内の正八角形を見つけてみよう。図46の上の図は、九〇度より大きい内角を持つ小さな正八角形を示している（直線は、境界の円と直交する円弧であることを思い出してほしい）。下の図は、すべての内角が〇度の（頂点が無限遠にある）正八角形を示している。上の八角形を下の八角形になるまで拡大すれば、内角はどんどん小さくなり、最終的に〇度になる。その途中には、時速九〇キロ以上の速度で走っている車が停止するまでに時速四五キロになる時点があるのと同様に、八角形の内角がちょうど四五度になる段階がある。

　すべての内角が四五度になるその八角形こそ求めている八角形である。図44に示した要領で辺を貼り合わせれば、2穴トーラスが得られる。八角形で定義されているように距離を定義すれば、2穴トーラスは負に湾曲した幾何構造を持つ。

　では、3穴トーラスあるいは穴の数が任意のトーラスの場合はどうだろうか。これまで説明した方法と同様の方法を使って、これらすべてのトーラスにも一定の負の曲率を持つ計量を持たせることができるため、これらすべてのトーラスは双曲的である。したがって、「大半の」曲面の自然な幾何構造は双曲的である。[135]

　数学者は、すべての曲面が自然な幾何構造を持っているという発見をこのうえなく美しいものと感じる。この発見の四十年前に、位相幾何学と幾何学はまったく異なるものであり、二つを一緒にしてはいけないことがわかったばかりだった。ところが、今度は、2次元曲面では位相幾何学と幾何学が分かちがたく結び付いていることがわかったのである。大半の曲面が、その時点ではまだ謎《なぞ》を残していた双曲幾何構造を持っていたという事実は、余計に驚嘆の念を呼び起こした。

平坦トーラスをユークリッド3-空間に収めることはできないが（曲率が変化するトーラスなら問題なく収めることができる）、トーラスをユークリッド4-空間に収めて、そのトーラスに空間から平坦な計量を継承させることはできる。大学で数学を二年ほど勉強すれば（線形代数を少し、微積分を三期(136)）、それを証明できるようになる。ヒルベルトは、ユークリッド3-空間に曲面を埋め込んで、その曲面に空間から一定の負の曲率を持つ計量を継承させることはできないことを証明した。双曲型2穴トーラスはその代表で、ユーク

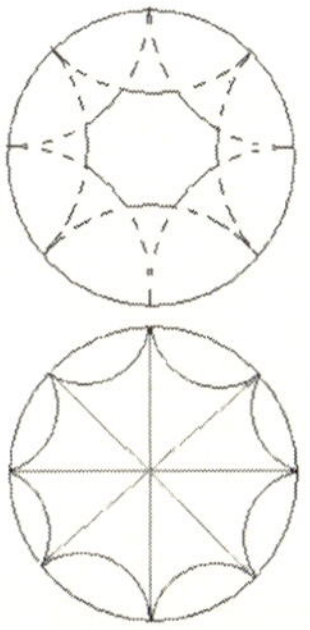

図46　上の八角形の内角は90度より大きい。下の八角形の内角は0度である。上の八角形を拡大すると、内角が小さくなり、下の八角形になる前に、内角がちょうど45度になる段階がある。

リッド3-空間に収めることはできない。では、すべての曲面、もっと広く言えばリーマン的な計量を持つすべての多様体は、何らかのn次元ユークリッド空間に収めれば、その計量（つまり距離）が周囲のユークリッド空間から継承されるものと同じになるのだろうか。この問題は、「リーマン多様体の埋め込み問題」と呼ばれるもので、長い年月にわたって未解決のままだった。一九五六年に、ジョン・ナッシュは、どこからともなく結果を導き出したとしか思えないすばらしい論文で、一般的な埋め込み問題に対する答えがイエスであることを証明した。その成果によってナッシュは有名になったが、その後すぐに重い精神病を患《わずら》った。ナッシュが統合失調症から立ち直り、経済学への貢献が認められてノーベル賞を受賞したことは、『ビューティフル・マインド』という本のテーマになり、同じ題名の映画も人気を博した。(137)

◆卓越した位相幾何学の論文

ポアンカレは、ベルトラミーを介して非ユークリッド幾何学を知った。ベルトラミーは、双曲幾何学が一定の負の曲率を持つ幾何学であることに最初に気づいた人物である。彼は擬球面と呼ばれる曲面がそのような幾何構造を持っていることを指摘した。また、円板モデルを発見し、リーマンの幾何学の着想が二つの概念を結び付ける役割を果たすことに気づいた。ポアンカレはその理論を精緻化し、他のさまざまなモデルを発見した。さらに、２次元にとどまることなく、その研究を高次元幾何学に拡張した。次に示すのは、３次元双曲空間のモデルについてポアンカレ自身が解説している文章である。

たとえば、大きな球体の内部に存在し、次の法則に支配されている世界を想像してみよう。温度の分布は一様でない。温度は球の中心でもっとも高く、球の表面に近づくにつれて下がる。球の表面の温度は絶対零度である。この温度は次の法則に従って変化する。Rを球の半径とし、rを中心から点までの距離とすれば、点の絶対温度はR^2-r^2に比例する。さらに、この世界では、すべての物体が同じ膨張係数を持っており、すべての物体の線形膨張が物体の絶対温度に比例するものとする。最後に、ある点から温度の異なる別の点へ移動した物体は、瞬時にして新しい環境との熱平衡に達するものとする。これらの仮定に矛盾する部分や想像不可能な部分はない。移動する物体は、球の表面に近づけば近づくほど、どんどん小さくなる。まず、我々の知っている通常の幾何学的な観点から見れば、この世界は有限であるが、この世界の住人には、世界が無限に広がっているように見えることを確認しておこう。この世界の住人は、球の表面に近づくにつれて体温が低下し、同時にどんどん小さくなる。したがって歩幅がどんどん狭くなるため、球の境界には絶対に到達できない。我々にとって、幾何学とは、不変な固体が運動するときに従う法則の研究であるが、これらの想像上の生物にとって、幾何学とは、温度の差によって歪められる運動の法則の研究である……。

もうひとつ仮定を設けよう。R^2-r^2に反比例して屈折率が変化する媒体を光が通過すると想定するのだ。この条件のもとでは、光線はまっすぐではなく、円形になる……。彼ら（そのような世界の住人）が幾何学を構築するとすれば、その幾何学は、不変な固体の運動を研究する我々の幾何学とは異なり、彼らが識別する位置の変化、つまり「非ユークリッド変位」の研究になる。それが非ユークリッド幾何学だ。したがって、我々と同じような生物でも、そのような世界で教育を受ければ、我々の幾何学とは異なる幾何学を構築するだろう。[138]

ポアンカレは、生涯を通じて、後世の数学者たちが理解するのに一世紀近くかかった複雑性の問題に遭遇しつづけた。最初に遭遇したのは、双曲3－空間のモデルに関する問題だった。ポアンカレは、無限遠にある球面上の運動のさまざまな部分群の振る舞いが、それまでに数学者が遭遇したどんな振る舞いよりもはるかに複雑であることを発見した。数年後（一八八七年）、ノルウェーとスウェーデンを支配していた国王が、太陽系の数学をテーマとするもっとも優れた研究を表彰する数学コンクールの開催を発表した。結局、その目標は壮大すぎることがわかった。ポアンカレはそのコンクールに研究論文を提出し、入賞した後、その論文に誤りがあったことを発見した。(139)当初は、ある種の途方もなく複雑な振る舞いが発生する可能性がないと考えたのだが、後になって、その可能性があることを発見したのである。ポアンカレが発見した現象は、現在「カオス現象」と呼ばれているもので、彼は、それ以降、その現象を解明し、説明するための言語や道具を探求した。単純な運動法則や単純な規則が繰り返し適用されることによって発生する可能性がある、想像を絶する複雑な振る舞いを説明する理論を、現在私たちは「カオス理論」と呼んでいる。(140)

リーマンと同様に、ポアンカレは、その現象を解明するには、位相幾何学的な概念が必要であることに気づいた。一九〇一年に自らの業績を振り返って、ポアンカレは次のように書いている。

3次元を超える高次元空間内の量的関係を調べるための手法は、ある意味で、図形に似た役割を果たす。その手法とは、3次元を超える次元の位相幾何学にほかならない。それにもかかわらず、科学のこの分野は、今までのところ、ほとんど開拓されていない。リーマン以降は、ベッチが基本的な概念をいくつか提起したが、それに続く者は誰もいない。私に関して言えば、模索したさまざまな道は、すべて位相幾何学につながっていた。私は、微分方程式によって定義される曲線を研究し、その研究を高次微分方程式、特に三体問題に拡張するために、この科学の概念を必要としていた。2変数の非一様関数の研究にもその概念が必要だった。多重積分の周期を研究し、その研究を摂動展開に応用するためにも、その概念が必要だった。最後に、私は、特定の連続群の離散部分群または有限部分群の研究という群論の重要な問題に取り組む手段としての位相幾何学の可能性に注目した(141)。

この文章では明言していないが、ポアンカレが必要としていた概念は、リーマンが必要とした概念や当時利用できた概念をはるかに超えるものだった。ポアンカレの位相幾何学への貢献は計り知れない。位相幾何学に関するポアンカレの論文はいまだに一読に値する。その成果は、研究発表のほか、一八九五年から一九〇四年にかけて六篇の論文で発表された。最初の論文は、エコール・ポリテクニークのジャーナルの第一巻に掲載された、この分野の基本をていねいに解説した百ページを超える大作である。[142] この論文〔「位置解析」〕は圧巻だ。この論文で、ポアンカレは、多様体の定義をいくつか提示した。そのうち二つは解析に非常に都合のよいものであり、一つは低次元における実例の作成に便利で、現在、幾何学的位相幾何学と呼ばれている理論の基盤を成すものであり、四番目は群論に関連するものだった。最後の定義は、ポアンカレがほとんど独力で創始した代数的位相幾何学で決定的な役割を果たした。

ポアンカレは、リーマンの友人で、リーマンの位相幾何学の概念を完全に理解していた唯一《ゆいいつ》の人物と思われるエンリコ・ベッチ（前述の引用でも言及されている）の仕事を論じた。ベッチは、曲線に沿って曲面を切断するというリーマンのアイディアを一般化し、多様体内部の別の多様体に沿って高次元多様体を切断するというアイデアに発展させた。ポアンカレは、そのベッチの仕事とベッチが多様体に関連づけた数を一般化した。ポアンカレは多様体の内部の別の多様体（曲面の内部の曲線、あるいは3次元多様体の内部の曲線や曲面のようなもの）を「部分多様体」と定義し、複数の部分多様体が、それらとは別の部分多様体の共通の境界になっていれば、それらの部分多様体が互いに関連していると見なした。さらに、多様体内部の境界関係を表す多様体の「ホモロジー」と呼ばれる部分多様体間の式を導入することによって、現在「ベッチ数」と呼ばれているベッチが考えた数に新たな解釈をほどこした。固定された次元の独立したすべてのホモロジーの集合は「ホモロジー群」と呼ばれる群を形成する。ポアンカレは、同相の多様体はホモロジー群が同じであると推測し、ホモロジー群がわかれば、ベッチ数だけでなく、それ以上のこともわかるとした。(143)

ポアンカレは、「基本群」と名づけたまったく新しい代数的対象を個々の多様体に関連づけた。基本群は同相写像のもとで不変であり、多様体の考え方を全面的に変革するものだった。基本群の要素は、多様体内の固定点を基点とするループ、つまりある点から出発し、その点に戻ってくる道である。正式に言えば、両方の端点が特定の一点に写像されるような、区間から多様体への連続写像である。始点（と終点）を固定した状態で、一方の道を連続的に変形してもう一方の道と一致させることができれば、二つの道は同値と見なされる。一方の道を通過した後、もう一方の道を通過することで、二つの道を掛け合わせることができる。道の集合は群を形成するが、その群では、道を掛け合わせる順序が重要な意味を持つ。ポアンカレは、そのような群を説明する方法を研究し、与えられた文字の集合を使って作成できる、すべての語の集合、つまり文字列の集合として群を表現する方式を編み出した。この方式では、同値はひとつの文字列を別の文字列に置換できることに相当し、乗算は二つの文字列を連結することに相当する。任意の群について、使用することを許される文字は「生成元」と呼ばれ、同値規則は「関係式」と呼ばれる。

ポアンカレは特に3次元多様体に関心を持っていた。3次元多様体のモデルは、宇宙の形である。ポアンカレはすべての3次元多様体を解明することに関心を持っていた。

その例として、立方体の向かい合う面どうしをさまざまな方法で貼り合わせることによって得られる3次元多様体を考えた。その結果、第4章で取り上げた3次元トーラスやその他の多様体（およびポアンカレが多様体でないことを示した物体）を得た。ポアンカレは、得られる物体が多様体かどうかを見分ける方法を示した。多様体の基本群を調べた結果、3次元多様体は、特定の群の作用によって互いに移動し合う3－

空間内の点を同一視したときに得られる空間と見なせることを示した（そのことを「多様体が3 - 空間内で作用する『群の商』として表される」という）。

ポアンカレは、特に、多様体の種類の識別に使える不変量の組み合わせを見つけること（言い換えれば、3次元多様体である宇宙に住んでいる私たちが、宇宙がどの多様体なのかを知る方法）に関心を持っており、それにはベッチ数を知るだけでは不十分であることを示した。さらに、互いに同相ではない3次元閉多様体の無数の集合をつくり、同じベッチ数を持ちながら同相ではない多様体が存在し得ること、特に球面と同じベッチ数を持ちながら球面ではない多様体が存在することを示した。有限個の基本群を持つ多様体の例を構築し、「一見すると逆説的な」（ポアンカレ自身による）結果を提示し、論文がその結果の解明の一助になればよいという希望を述べた。その結果とは、ある多様体が別の多様体よりもずっと複雑な基本群を持っていながら、第一ベッチ数が別の多様体よりも小さいことがあり得るというものだ。ポアンカレはこう書いている。

次の問題を調べると面白いだろう。

一　生成元と関係式によって定義された群Gが与えられているとして、それがn次元多様体の基本群であることはあり得るか。

二　どうすればその多様体を形成できるか。

三　同じ次元と同じ基本群を持つ二つの多様体は必ず同相か。

これらの問題を解明するには、長期にわたる困難な研究が必要であるが、ここではそれに触れないことにする[144]。

二〇世紀の初頭にかけて、一八九五年の卓越した論文を補足する、ポアンカレが「補稿」と呼んだ五つの論文が発表された。そのどれもが一流の数学誌に掲載された[145]。一八九九年の最初の補稿は、デンマークの数学者ポウル・ヒーガードの批判に応《こた》えて、ベッチ数の定義を明確化するものだった。ヒーガードは、反例を挙げて、現在「ポアンカレの双対定理」と呼ばれている、ポアンカレが最初に記述した定理が成立しないことを示した。結局、ポアンカレの定義がヒーガードの定義と異なっており、その相違がポアンカレの双対定理を成り立たせるうえで重大な意味を持っていたことがわかった。一九〇〇年に発表された二番目の補稿では、ベッチ数を精緻化した「ねじれ係数」について論じ、双対定理を拡張して、定理にねじれ係数を含めた。また、3次元多様体の例について再び論じた。三番目の補稿の研究テーマは、特定の種類の代数曲面だった。(146) これらの代数曲面は、複素次元が2であり、したがって実次元が4である。ポアンカレは、「特異点」の周りを回るにつれて多様体内部の2次元曲面がどう変化するかを見るというまったく新しいアイデアを導入した。四番目の補稿では、その研究を任意の代数曲面に拡張した。一九〇四年に発表された最後の五番目の補稿で、ポアンカレは新しい手法を用意して、再び3次元多様体に取り組んだ。

もっとも単純な3次元多様体は3-球面である。それを特徴づけるきわめて特殊な例についてポアンカレが絶えず考えていたことは明らかだ。ポアンカレは二番目の補稿で、それを発見したと思っていた。前の二つの論文に触れた後、こう書いている。「それでも問題の解決にはほど遠い。今後もこの問題に何度か立ち戻ることになることは間違いない。今回は、前に得た結果を単純化し、明確化し、完成させることを目的とした、ある考察を述べるにとどめる」(147)。その後、この補稿で定義したねじれ係数を計算する方法と、それによって双対定理を精緻化する方法をていねいに説明した。しかし、最後の記述が勇み足だった。

この論文を長引かせないために、次の定理を述べるにとどめておこう。ただし、証明にはまだ準備作業が必要である。

すべてのベッチ数が1に等しく、すべての行列T_qが両面的な（「すべてのねじれ係数が1に等しい」と同値）多面体は、必ず3次元球面と同相である。[148]

ここからポアンカレ予想の紆余曲折《うよきよくせつ》の歴史が始まった。ポアンカレは、この定理で3次元球面を特徴づけたと思っていた。しかし、彼が発表した上記の「定理」は間違っていた。四年後、その誤りに気づき、五番目の補稿を丸ごと費やして、見事な反例を提示した。論文の冒頭は次の言葉で始まっている。

いま再び同じ問題［位置解析］に立ち戻ったのは、絶え間ない努力の積み重ねこそ成功を導くと確信しているからであり、このテーマが努力に値する重要なものであると思うからだ。今回は、ある種の3次元多様体の研究にテーマを絞るが、ここで私の用いる手法が一般的にも利用できるものであることは疑う余地がない。その途中で、通常の空間内の閉曲面上で描くことのできる閉曲線についても詳細に論じる。私が導き出した最終的な結論は以下に述べるものだ。二番目の補稿で、私は、多様体を特徴づけるにはベッチ数を知るだけでは不十分であり、私がねじれ係数と呼んだ、ある係数がそこで重要な役割を果たすことを示した。では、これらの係数を考慮するだけで十分なのだろうか。つまり、多様体のすべてのベッチ数とすべてのねじれ係数が1に等しければ、その多様体は3次元球面と同相なのだろうか。あるいは、多様体が3次元球面と同相であると判断するには、多様体の基本群を調べる必要があるのだろうか。いまは、それらの問いに答えることができる。私は、すべてのベッチ数とねじれ係数が1に等しいのに、3－球面と同相でない多様体の例を構築したのである。(149)

ポアンカレは、まず、宇宙のすべてのベッチ数がわかっても、宇宙の形はわからないことを読者に思い起こさせる。次に「ベッチ数とねじれ係数がわかれば、多様体の形を判断できるのか」と問う。答えはノーだ。ポアンカレは、3次元球面と同じベッチ数と同じねじれ係数を持ちながら、3次元球面と同相ではない多様体の例を構築したのである。この結論は、二番目の補稿でポアンカレがあり得ないと述べたことであったただけに、驚きだった。

ポアンカレが構築した例とはどんなものだろうか。ポアンカレは、五番目の補稿で、その例を、二つの2穴トーラスの立体を適切な方法（いわゆる「ヒーガード構造」）で貼り合わせたものだと説明しており、その上に存在する、一点に縮まらない二つの道について入念に説明している。それ以降、その多様体は「ポアンカレの正十二面体空間」（図47）と呼ばれるようになった。現在は、正十二面体の向かい合う面を反時計まわりの方向に一〇分の一回転まわした後、貼り合わせることによって得られる3ー多様体と説明するのが普通だ。[150] 正十二面体は、同じ大きさの十二個の正五角形を貼り合わせた閉曲面を立体の境界として持つ多面体である。正十二面体は五番目にして最後のプラトン立体〔ギリシャの哲学者プラトンがその対話編『ティマイオス』で述べた五種類の立体で、火は正四面体、空気は正八面体、水は正二十面体、土は正六面体の要素から成り、創造は宇宙全体を正十二面体として考えた〕である。ピュタゴラ

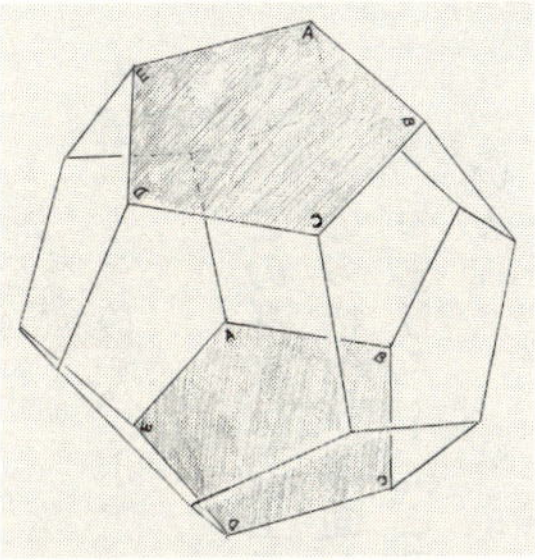

図47　ポアンカレの正十二面体空間。向かい合う面を反時計まわりの方向に10分の1回転まわした後、貼り合わせる。

ス学派の人々がこの話を聞いたら喜ぶだろう。

五三ページ後で、ポアンカレは、五番目の補稿を次の文章で締めくくっている。

> 　この多様体の上には一点と同値でない二つのループが存在する。したがって、この多様体が球面と同相である可能性はない。
>
> つまり……［この後、ポアンカレは、基本群が単位元でないことを説明している］。
>
> 　ここで、未解決の疑問がひとつ残る。多様体の基本群が単位元でありながら、その多様体が3次元球面と同相でない可能性はあるのだろうか？［これがポアンカレ予想である］
>
> つまり……［この後、ポアンカレは、構築した例を使って、そのような多様体が得られる条件をていねいに説明している］。
>
> 　しかし、この疑問に対する答えは、我々の手の届かないところにある。[151]

「未解決の疑問」、すなわち「多様体の基本群が単位元でありながら、その多様体が

3次元球面と同相でない可能性はあるのだろうか」という疑問は、論文が発表された直後から「ポアンカレ予想」と呼ばれるようになった。ポアンカレは、多様体の基本群を多様体上の一点を基点とするループの集合と定義し、一方のループを変形させるともう一方のループになれば、二つのループを同一と見なすものとした。単位元とは、ひとつの点にとどまり、どこにも移動することのないループである。ループは、一点に縮めることができる場合に限って単位元と同値になる。つまり、「基本群が単位元である」ということは、「多様体上のすべてのループを一点に縮められる」（「単連結」ともいう）ということに等しい。ポアンカレは、最初の論文で、3次元球面ではその条件が成り立つと述べた。ポアンカレが問うたのは、3次元球面と同相でない多様体で、その上のすべてのループを一点に縮めることができるものが存在するかどうかということだ。

これは、きわめて自然で、本質的に興味深い疑問であり、3次元多様体と基本群という概念を知ったときに、誰の頭にも最初に浮かぶ疑問のひとつである。たとえポアンカレが登場しなかったとしても、研究者たちはこの疑問に魅せられていただろう。しかし、ポアンカレは、明らかに、これをもっとも重要な疑問と見なし、繰り返しそこに立ち戻った。当初、ポアンカレは解釈を誤っていた。その疑問は、ポアンカレの卓越した一連の論文を締めくくる言葉「我々の手の届かないところにある」答えを求める疑問にほかならない。当時活躍していたもっとも優れた数学者がその疑問を解決できなかったということは、それを解決した数学者であれば、誰でも名声を手にすることを意味している。

第11章　ポアンカレの遺産

新世紀の幕開けを迎えたパリは、相変わらず、国際社会と文化の中心地として君臨していた。パリは数学者の数も世界一だった。その中でもっとも卓越していたのは、当時いちばん有名だった数学者アンリ・ポアンカレである。フランスと世界の両方で科学界のピラミッドの頂点に立ったポアンカレは、その見晴らしのきく場所から、あらゆる優れたアイデアに接し、時代のもっとも優れた科学的業績に関わりを持った。ポアンカレの仕事は、数学のほとんどすべての分野と物理学の広い領域にまたがっている。一九〇一年から亡《な》くなる一九一二年の間に、ポアンカレは四九回もノーベル物理学賞の推薦を受けた[152]。科学者として、これだけ多くの回数ノーベル賞の推薦を受けた人物は後にも先にもポアンカレしかいないだろう。

ポアンカレは、政治にまつわる仕事や任務は一貫して拒否し続けたが、行政機関や科学界からの協力の要請は断ったことがないとされる。ポアンカレの謙虚さと穏やかなユーモアは、彼より学識の浅い同僚の学者たちの神経質な性向と好対照をなしていた。ポアンカレは、一八八九年の第三回パリ万国博覧会（エッフェル塔が建造されたときの博覧会）の準備委員会の委員を務め、経度局長という重要なポストに就いた。やがて、主要な科学的政策の決定に際して相談を受ける機会が増えていった。ドレフュス事件がフランス社会を揺るがしたときには、提示された証拠の科学的妥当性の調査を委託された。

その頃までにポアンカレの名声はフランスの一般社会にまで及んでいた。教育程度の高い読者向けに書かれたポアンカレの最初の著作『科学と仮説』は、一九〇二年に発行され、十年間でフランス国内の販売部数が一万六千部を超えた。フランスの子供ならだれでも知っている気の利《き》いた冗談は、その成功の産物かもしれない。「ケ・ス・アン・セルクル？（円とは何か？）ス・ネ・ポアン・カレ（それはまったく四角ではない）」というのがその冗談だが、最後の point carré の発音がポアンカレと同じになっている。この本は、最終的に二三種類の言語に翻訳された。一般読者向けの二冊目の本は、その三年後に出版され、三冊目は一九〇八年に出版された。[153] 独特の美しい散文で書かれたこれらの著作が評価され、ポアンカレは、シュリ・プリュドムの死によって空席になったアカデミー・フランセーズの会員に選出された。定員四〇名のアカデミー・フランセーズの会員に選出されることは、当時も今も、フランスの知識人にとっておそらく最高の栄誉だろう。しかもポアンカレのように科学アカデミーとアカデミー・フランセーズの両方の会員に選出されることは、きわめてまれなことである。(154)

ポアンカレに批判的な人々は、ポアンカレの論文にはいい加減な間違いが多く、しかも彼がそれを気にしないことが問題だと書き立てた。それはまったくの事実無根である。ポアンカレは決して無神経な人物ではなく、彼自身あるいは他人が研究結果の間違いに気づいたときは、そのテーマをきちんと再検討している。ポアンカレは自分の仕事に誇りを持っており、納得がいくまで問題を解決できない限り、論文を発表することはなかった。いったん書いた論文を訂正することがめったになかったことは事実だが、それは間違いを気にしなかったからではなく、時間がなかったからだ。あふれんばかりのアイデアを持ちながら時間がなかったポアンカレにとって、訂正は許されない贅沢《ぜいたく》だった。

驚くのは、ポアンカレが、名声を確立する必要がなくなってからも、長い間にわたって精力的に論文を発表しつづけたことである。ポアンカレが発表した論文は、そのほとんどすべてが厳しい精査を受けた。数学者たちは、ポアンカレの書いた言葉のひとつひとつに注目した。ポアンカレが他の数学者の仕事に関心を示せば、その数学者の評価は必ず高まった。逆に、ポアンカレの議論の欠陥を見つけたり修正したりした数学者も評価が高まった。ポアンカレは尊敬されていたかもしれないが、同時に標的でもあった。そのプレッシャーたるや想像を絶するが、その状況で論文を発表しつづけたポアンカレの勇気は賞賛に値する。

位相幾何学に関する論文がその好例だ。事の始まりは、コンクールに提出した宇宙の安定性の問題を論じた論文で間違いを犯したことだった。デンマークの数学者ポウル・ヒーガードは、ポアンカレの双対定理の最初のバージョンに対する反例を提示したことで名を上げた。ポアンカレが最初の補稿を発表したのは、最初に発表した定理を修正したかったからだ。五番目の補稿と、それに伴うポアンカレ予想が生まれたのは、ポアンカレ自身が自分の仕事に間違いがあったことに気づいた産物だった。ポアンカレの正十二面体空間がどんなに美しいものであったとしても、言葉のひとつひとつが細かく精査される世界で大きな間違いを衆目にさらしたことは、ポアンカレにとって耐え難い苦痛だったにちがいない。そのときの体験を文章に残したかどうかは別にしても、その体験がポアンカレの著作に色濃く反映されていることは間違いない。ポアンカレは、著書の『科学の価値』で、ひとつの道を歩みつづけることについて、次の感動的な文章を書いている。

真理の追求を私たちの活動の目標とすべきだ。それが私たちの活動にふさわしい唯一《ゆいいつ》の目標である……。しかし、ときに真理は私たちを怖《お》じ気づかせる……。私たちは真理が、しばしば残酷であることを知っているし、思い違いが自信の源になることから、思い違いのほうが慰めになるし、人を元気づける効果があるのではないかと思うことすらある……。だから真理を恐れる者が多いのだ。それは真理を弱さの原因と見なすからである。しかし、真理を恐れてはいけない。真理のみが美なのだから……。ここで私が言っている真理は、もちろん、まず科学的真理である。しかし、道徳的真理という意味もある。私たちが正義と呼ぶものは、道徳的真理のひとつの側面にすぎない。そう書くと、私が言葉の使い方を間違っているように見えるかもしれない。同じ名前のもとにまったく共通要素のない二つのものを結び付けているように思えるかもしれない。立証されるものである科学的真理には、心で感じるものである道徳的真理と共通する要素など何もないように見えるかもしれない。しかし、私はこの二つを分離することができない。一方を愛する者は誰もが、もう一方も愛さずにはいられない。どちらの真理を発見するためにも、魂を偏見と熱情から完全に解放する必要がある。完全な誠実を貫く必要がある。この二種類の真実からは、発見すれば同じ喜びが得られる。二つの真理は感じ取れば同じ輝きを放つのだから、目を見開くか、つぶるか、二つにひとつしかない。真理はじっとしていない。真理に到達したと思った瞬間に、まだ道が遠いことがわかる。真理を追求する者には、休息を知ることがない運命が待ち受けている。一方の真理を恐れる者は、やがてもう一方の真理も恐れるようになることを付け加えておこう。なぜなら、真理を恐れる者は、あらゆる物事について、何よりも結果を気にするからだ。一言で言えば、私が二つの真理を同類と見なすのは、どちらも私たちがそれを愛するときの理由が同じで、それを恐れるときの理由が同じだからだ。(155)

◆位相幾何学とポアンカレ予想

ポアンカレは、位相幾何学を発明したのではなく、位相幾何学に翼を与えたのだと言われる。それは本当のことであり、「翼を与えた」は決して大げさな表現ではない。位相幾何学に関する六篇の論文によって、ポアンカレはほとんど何もないところから代数的位相幾何学という新しい分野を創始した。この新しい学問分野は、二〇世紀の数学を華々しい成功へ導くことになる。ポアンカレは、読者に理解してもらうために、現代の基準から見れば「のんびりした」とも言えるスタイルで、例をふんだんに挙げて理論を説明している。しかし、当時の数学者にとって、ポアンカレの位相幾何学の論文を読んで、矢継ぎ早に展開されるまったく新しい概念の数々を理解することは、消化ホースから放出される水を飲むような体験だった。ポアンカレは自らの直観に導かれて、安全な基盤の上に立つ既知の領域を離れ、遠くへ旅立った。どの結果も、どのページも、読者を引き込み、不用意な者を危険に満ちた知的な暗礁《あんしょう》へと手招きした。多くの数学者が不退転の決意でその領域を探索する必要に迫られた。最初にポアンカレが航行した海域を他の数学者も航行できるようにする試みがなされ、その一環として一般位相幾何学と組み合わせ位相幾何学という分野が発展した。

五番目にして最後の補稿の最後の記述であるポアンカレ予想は、魔力のように数学者たちを魅了した。それは宇宙の形について考えるうえで生じたもっとも単純な疑問だった。その疑問は、位相幾何学の論文に挑戦した者を虜《とりこ》にした。当のポアンカレ以外で最初に犠牲になったのは、傑出した数学者マックス・デーンである。

デーンは、ゲッティンゲン大学の学生だったときに、ヒルベルトが一九〇〇年に提起した有名な二三個の問題の第三問題を解決したことによって名を上げた。[156] デーンは、四面体を平面に沿って切断して有限個の部分に分割し、それらを組み立てても立方体をつくることはできないことを証明した。それはユークリッドの時代から未解決で、ガウスとヒルベルトの両者が挑戦し、解決できなかった問題である。デーンの仕事のお蔭《かげ》でわかったのは、無限個からなる構造体を考えない限り、多面体の体積を定義できないことだった。[157]

デーンは、ゲッティンゲン大学で数学を学ぶうちに、厳密な定義の定式化と理論の公理化を好むようになった。ヒーガードがポアンカレの双対定理の最初の定式化に対する反例を提示したことによって、ポアンカレは、多様体とホモロジー群の組み合わせ的な定義に方向を修正し、それが公理的な定式化に役立った。デーンとヒーガードは一九〇四年にハイデルベルクで開催された国際数学者会議で出会い、それをきっかけに共同研究を開始した。[158] 二人は、クラインが監督していた数学百科全書プロジェクトへの寄稿論文を共同で執筆し、そこで注意深く、きわめて抽象的に、組み合わせ位相幾何学の基盤を提示した。[159] この論文は一九〇七年に発表され、きわめて厳密に曲面を分類した最初の論文になった。この論文には、ポアンカレの正十二面体空間の構造に関する誤った説明も含まれている。執筆者たちは、ポアンカレが犯すことがなかった間違いを犯したのだ。彼らがポアンカレの例に代わるものとして提示した例は、実は正十二面体空間ではなく、3－球面だった。その間違いは、ポアンカレの提示した構造がきわめて精妙なものであることを浮き彫りにしている。ポアンカレは、その例を得るまでに、さまざまな可能性を検討したに違いない。

デーンは一九〇四年のポアンカレの論文に深い感銘を受け、生涯にわたって何度もそのテーマに立ち戻っている。一九〇八年には、ポアンカレ予想の証明に成功したと確信するまでになった。デーンは、実際に、ポアンカレ予想を証明したとする論文を《マテマーティシュ・アナーレン》誌に提出し、ヒルベルトに手紙を書いて、誰かに先を越されないうちに早く発表してほしいと懇願している。「誰が先を越す可能性があるのか」という問いに対して、デーンは「たとえばポアンカレ」と答えている。しかし、一九〇八年にローマで開催された国際数学者会議で位相幾何学者のハインリヒ・ティーツェと話をした後、デーンは自分の理論の間違いに気づき、論文を取り下げた。(160)

ポアンカレの正十二面体空間は、ホモロジー群が3－球面のホモロジー群と同じでありながら、3-球面と同相でない3-多様体の最初の例だった。当時は、正十二面体の向かい合う面を同一視するという簡単な説明が利用できなかったため、この空間はまったくの謎《なぞ》に包まれているように見えた。どこからともなく突然出現したようなこの多様体は、ホモロジー球面と呼ばれている。同じような多様体は他にもあるのだろうか。あるとすれば、それを見つける方法はあるのだろうか。

その多様体の例をつくるために、デーンは、現在「デーン手術」と呼ばれている手法の前身となる手法を発明した。その手法の説明を読む前に、まず、3-球面は、二つの球の境界である球面の上の点を同一視することによって二つの球を貼《は》り合わせたものと見なせることを思い出してほしい。3-球面の中のひとつの球を考えれば、それがわかる。3-球面は二つの球を互いの境界面で貼り合わせたものと見なすことができるので（第4章）、一方の球の外側の領域はもう一方の球である。同様に、3-球面内のひとつの（結ばれていない）トーラス立体では、一方のトーラス立体の外側の領域は別のトーラス立体である。デーン手術とは、トーラス立体を3-球面から取り出し、それを変形してもとに戻す作業である。そうするには、3-球面から取り出したトーラス立体の境界トーラスを、残った（同じ）境界トーラスに写像すればよい。その方法には、互いに基本的に異なるさまざまなものがある。たとえば、経線に沿って切断したトーラスを一回ひねった後（あるいは数回ひねった後）、元のトーラスとつなげることができる。これは、人間嫌いの手術医が患者のお腹《なか》を切り開き、腸を切断して取り出し、一回ひねった後で、元の場所に縫いつけ、傷口を縫合するようなものだ。このような手術を受けた患者の具合が悪くなるのと同じで、デーン手術を行うと、多様体は3－球面と同相でなくなる可能性がある。

デーンは、一九一〇年に、デーン手術を利用して、ホモロジー球面になる3－多様体を無数につくる方法を論じた有名な論文を発表した(161)。その論文の末尾でポアンカレ予想の証明につながることが期待される議論の概要を示しているが、それと同時に、その議論の展開を阻《はば》む重大なギャップがあることも指摘している。デーンがポアンカレ予想が真であることを信じていたことは明らかだ。この論文は、ポアンカレ予想そのものの真偽は別にして、ポアンカレ予想の証明の難しさを数学者たちに対して明確に示すことになった。

一九一〇年の論文は他のさまざまな点でも面白い。この論文は、ホモロジー球面と非ユークリッド幾何学の間に関連があることを示した(162)。結び目理論と3－多様体との関連についても調べている。この論文が提示したもっとも画期的な結果のひとつは、現在デーンの補題と呼ばれている、デーンが証明したと思い込んでいた有名な結果に依存している。しかし、その証明には欠陥があることがわかった。デーンの補題がようやく証明されたのは一九五七年のことである。(163)

デーンがポアンカレ予想の誤った証明を発表することを食い止めた先見性のある数学者ティーツェは、新しい位相幾何学の分野で頭角を現した。オーストリア人のティーツェは、関数論の研究で知られる同国人のヴィルヘルム・ヴィルティンガーの影響で位相幾何学に対する関心を抱いた。クラインの影響を強く受けたヴィルティンガーは、数学全般に広く関心を抱き、複素3変数の多項式によって暗黙的に定義される複素2変数の関数を初めて位相幾何学的な手法を用いて調べた。ティーツェの教授資格取得論文は、3-多様体に関する明確な解説と明晰《めいせき》な組み合わせ論的アプローチを示すものだった。ティーツェは、ポアンカレが未解決のまま残した基本的な問題をいくつか指摘し、新しい学問分野の発展に重要な役割を果たすことになる特質を明らかにした。(164)

◆相対論

二〇世紀の位相幾何学はポアンカレとともに始まったし、ポアンカレ自身も位相幾何学の重要性を訴えたが、位相幾何学はポアンカレの仕事のほんの一部しか占めていない。ポアンカレは、当時の優れた科学的業績の数々に関わっていた。ポアンカレが自分の科学的業績を分析して一九〇一年に書いた九九ページにわたる著作のうち、位相幾何学は三ページしか占めていない。同様に、ポアンカレの所属大学の学部長だったガストン・ダルブーが書いた七四ページのポアンカレの追悼文の中の位相幾何学の記述は一ページにも満たない。ジャック・アダマールの書いた八五ページに及ぶポアンカレの数学的業績の解説で、位相幾何学を扱っている部分は二ページにすぎない。(165)さらに、五百篇以上に上るポアンカレの論文のうち、位相幾何学を論じたものは一〇篇にも満たない。

ポアンカレは経度局の一員として、世界に向けて標準時刻を発信することを日指す経度局のプロジェクトを推進した。時間の十進化に関する一八九七年の報告書を監修し、経度の決定に関する複雑な任務を帯びてエクアドルのキトへ派遣された使節団と科学アカデミーの間の連絡係を務めた。先見の明があったポアンカレは、標準時に同期した時刻信号をエッフェル塔を使って送信する案を推進した。それは今日のGPSシステムに相当するものであり、パリの鉄塔の創造的な利用法でもあった。そのお蔭で、世界共通の時刻合わせと経度の決定が可能になった。

その仕事に携わった結果でもあるし、数理物理学と天体力学に関心を持っていたからでもあるが、ポアンカレは時間の性質について深く考察していた。一八九八年には、今日の一秒と明日の一秒が同じ長さかどうか、「二つの事象が異なる場所で同時に発生する」という記述に意味があるのかどうかを問う論文を書いている。ポアンカレは、距離が運動の方向へ収縮することを示唆《しさ》しているように思える実験結果の解明に深く関わっていた。一九〇五年、当時は無名のスイスの特許庁の職員だったアルベルト・アインシュタインが、現在いずれも古典と評価されている四篇の重要な論文を発表し、科学界に華々しく登場した。一九〇九年までに、アインシュタインは、ポアンカレ級の大思想家として認識されるようになった。アインシュタインとポアンカレの関係は複雑だった。二人は一九一一年にベルギーで開催されたソルヴェイ会議で一度だけ会っている。ポアンカレはアインシュタインを非常に高く評価していたが、アインシュタインは、ポアンカレをエーテルのような役に立たない概念にいつまでもしがみつい

ている保守的な学者のひとりと見なしていた。(166)

電子の力学に関するポアンカレのすばらしい論文(167)を引き合いに出して、ポアンカレは独自に特殊相対性理論を発見していたと主張する研究者もいる。科学史研究家ピーター・ガリソンが最近書いた本を読むと、当時の哲学的前提、純粋科学（特に物理学）、科学技術的な要請（フランスは海外の植民地を保有しており、スイスには調整を要する複雑な鉄道の時刻表があった）の間の相互作用と、ポアンカレとアインシュタインそれぞれの育った環境や気質がよくわかる。

アインシュタインは本当に相対性理論を発見したのだろうか。ポアンカレの方が先に発見していたのではないか。古くから言われているこれらの疑問は、新鮮味がないし、そもそも実りのない問いである……。そこにあったのは、二つの優れた物理学の近代思想であり、世界を全体として把握しようとするきわめて大胆な二つの試みだった……。一方［ポアンカレの手法］は、世界の構造的な関係をとらえる複雑性にまで理論を積み上げることを目指す建設的な手法であり、もう一方［アインシュタインの手法］は、世界を支配する自然界の秩序が反映された原理を厳格に把握するために、複雑性に目をつぶることもいとわない、より厳密な手法だった……。ポアンカレが局長として運営に携わった経度局は、地図の作成を目的とする世界の時間の中心のひとつとして君臨していた。アインシュタインが特許の見張り役として勤務していたスイス特許庁は、鉄道や都市の時刻を同期させることを目的とする国家的な科学技術のチェックポイントとして機能していた。[168]

位相幾何学と同様に、相対性理論も、時代の科学的な意識に深く浸透していった。互いに一定の速度で動いている観察者にとって物理法則は同じに見えるはずだとする基本原理は、きわめて重大な数々の結果をもたらした。そこから、物質とエネルギーは同じ現象の異なる側面であり、時間と空間は全体が相互に関連していて、速度が速くなれば膨張するという理論が生まれた。おそらく、ポアンカレは、空間と時間をまとめてひとつの数学的対象として扱った最初の人物だろう。この数学的対象は、後に「時空」と呼ばれるようになった。ゲッティンゲン大学のヘルマン・ミンコフスキーは、時空を対象とした新しい非ユークリッド幾何学という観点から見たときに、ローレンツ、ポアンカレ、アインシュタインの仕事がもっともよく理解できることを示した。アインシュタインは当初その考え方に懐疑的だった。しかし、観察者どうしの間のどのような種類の相対的な運動にも、特に加速にも対応するように特殊相対性理論を一般化する作業を続けるなかで、一九一二年までにミンコフスキーの考え方を受け入れるようになった。最終的に、アインシュタインは、物理学の一般法則を考える枠組みのひとつが時空を対象としたリーマン幾何学であることを発見した。

◆ドイツとゲッティンゲン大学

ポアンカレとの論争がもたらした過労が一因となって一八八二年に病気で倒れた後も、フェリックス・クラインは、鬱病《うつびょう》と闘いながら、ライプツィヒ大学を一流の研究機関に仕立て上げた。クラインの世界的な名声は高まる一方だった。アメリカ初の研究大学院であるジョンズホプキンズ大学の数学教授のポストが空席になったときに教授就任の誘いを受けたことで、クラインは生気をとりもどした。そのときジョンズホプキンズ大学の学長が、前任の数学教授に支払っていた六千ドルの給与をクラインに約束していれば、クラインは間違いなくジョンズホプキンズ大学に移っていただろう。しかし、学長は五千ドルに固執し、クラインはその条件を拒否した。空《むな》しい想像であることはわかっているが、クラインがジョンズホプキンズ大学に来ていたら、アメリカの数学界はどうなっていただろうかと、つい考えてしまう。たった千ドル足りなかったせいで一世代分の教育機会が失われたことも珍しいだろう。

ジョンズホプキンズ大学からの誘いも一因になって、クラインは、ドイツ国内で数学を志す学生が減りはじめていた一八八六年に、ゲッティンゲン大学から魅力的なポストの誘いを受け、それを受諾した。クラインは、教育者として優秀であり、要求の厳しい、熱意あふれる教師であり、人を強く惹《ひ》きつける魅力があった。クラインが主宰する修士課程以上の学生向けのゼミナールは狭き門だった。クラインは出来の悪い学生を容赦せず、猛勉強をいとわない最優秀の学生にしか受講を許さなかった。万全の準備をもって講義に臨み、語りのうまさは天下一品だった。効果的な例をひとつ挙げて精査し、代表的な議論の大まかな道筋がわかる程度に説明をとどめた。さらに、その例を切り口にして、理論全体の概観を提示した。クラインは広いテーマを好み、さまざまな概念が、ときには目に見えないところで、いかに互いに密接に関連しているかを説明することに重点を置いた。クラインにとって狭い専門分野を教えることは退屈だった。学生は毎回順番に講義録を作成し、細部を補った（ときには、その細部に簡単に解決できない重大な数学的問題が隠されていて、学生たちの頭を悩ませた）。

クラインの数学に対する幅広い学問的視野は、狭い分野を深く追求する一部の同僚たちの姿勢と好対照をなしており、それを慕ってクラインのもとにはドイツ国外、特にアメリカから学生が集まった。クラインの教え子たちが、後にアメリカの有力な研究機関となる大学で数学教育の確立を助けたという意味で、クラインはアメリカの数学界の確立に重要な役割を果たしている。(169) クラインは女性の数学者に対しても非常に好意的で、博士課程の女子学生を数人指導していた。

教師として（研究者としても）有能だったが、クラインが最大限に才能を発揮したのは運営者としての仕事だった。数学的な才能の目利きだったクラインは、自分より優れた人材を雇うことを躊躇《ちゅうちょ》しなかった。大学で教育に従事し、有力な数学誌《マティシュ・アナーレン》のエディターを務めたことで、当時のもっとも優秀な若い数学者と接する機会があった。クラインは知的な寛容性を持っており、若い数学者たちと接触を保ち、彼らの仕事に関心を抱き、就職の世話をした。野球の二軍制度のようなシステム、リスクをいとわない覚悟、人の興味を引き出す才能、プロイセンの文部大臣アルトホフとの親交が相乗的に働いて、クラインは数々の優秀な人材を雇うことができた。

学問的なコミュニティを形成することに長《た》けていたクラインは、ゲッティンゲン大学で数学の黄金時代を築き上げた。ライプツィヒ大学時代に出会ったダーフィト・ヒルベルトを招聘《しょうへい》したことが弾みになった。クラインはゲッティンゲン大学に就職した後もヒルベルトと交流を続け、パリに行くことをヒルベルトに勧めた。ヒルベルトはパリでポアンカレをはじめとするフランスの数学者たちの知己を得ている。ドイツに帰国したヒルベルトは、当時もっとも重要な数学の問題のひとつだった「ゴルダンの問題」に関心を抱くようになった。ゴルダンの問題とは、人、木、場所などの対象が時間の経過や観点の変化によってどんなに変容しても、それを同じものとして認識できる脳の働きを抽象化した問題である。数学の用語で言えば、ある変換群が数学的対象の集合（通常は式で記述）に作用する状況で、変換群が作用している間、不変にとどまる対象あるいは量（通常は代数式で記述）があるかどうかを問う問題である。意味のある考察の対象となる式の集合が非常に多く、幾何学的に意味があって計算も可能な変換群も非常に多かったため、与えられた式の集合と特定の群に対応する不変量の計算は、数学者や学生にとって、とらえがたいものの比較的とっつきやすい何百という問題の宝庫になった。

不変量の研究はイギリスでもドイツと同様に盛んであり、英国籍を離脱したＪ・Ｊ・シルベスターの影響を受けたジョンズホプキンズ大学の第一期のアメリカ人大学院生たちは、大量の数学的対象の不変量を計算した。この分野の頂点に立っていたのは、クラインの友人であり、エルランゲン大学の教授だったパウル・ゴルダンである。ゴルダンは不変量全般に関してもっとも質の高い結果を得ていた。そうした努力の甲《か》斐《い》あって、比較的幅広い式の集合と多数の群に対応する不変量の一般的な構造が明らかになった。[170]「ゴルダンの問題」とは、あらゆる式の集合とあらゆる群について、そこから他のすべてを導けるような有限な不変式の集合を見つけることができるかどうかを問うものだった。ゴルダンは、力ずくの計算によって、すべての2変数の式と幅広い種類の群でそれが可能であることを証明した。これは驚異的な業績と見なされた。

図48　ダーフィト・ヒルベルト

ゴルダンの問題に対する答えがイエスだとすれば、解を求めるには、代表的な式と群の集合に関する不変量を計算し、それぞれの場合についてすべての不変量が網羅されていることを丹念に示したうえで、代表的な集合に関して得られた結果がすべての群とすべての式の集合について成り立つことを何らかの方法で証明するしかないだろうと、誰もが暗黙のうちに考えていた。その作業は膨大で、研究は何世代にもわたって続くものと思われた。ヒルベルトは、一年間ゴルダンの問題と格闘した末、たった四ページの論文で問題を完全に解決してしまった。その論文は、そのような有限な基盤がないと想定すれば矛盾が生じることを証明するものだった。したがって、有限な基盤が存在することには論理的な必然性があるというのだ。この論文に対する最初の反応は、「まったく信じられない」だった。ヒルベルトの同僚リンデマンは「ウンハイムリヒ（無気味だ）」とつぶやき、ゴルダンは「ダス・イスト・ニヒト・マテマティーク（これは数学ではない）。ダス・イスト・テオロギー（これは神学だ）」と言った。(171) クラインは狂喜した。

厳格無比な理論家だが、優れた数学者でもあったヒルベルトは、当然、そのような不変量の集合を解明することにも関心を抱き、再びこの分野の研究者には馴染《なじ》みのない手法を使って、不変量の理論を大きく進展させた。(172) ヒルベルトは研究のすべてを論文にまとめて、《マテマーティシュ・アナーレン》誌に提出した。専門家としてその論文の審査員に指名されたゴルダンは、「ヒルベルトにとって真理の基準とは、何かを疑いの余地なく証明することではなく、誰も自分に反駁《はんばく》できないようにすることだ」と苦言を呈した。ゴルダンの講評を知ったヒルベルトは、クラインに手紙を書き、内容を変える意志がまったくないこと、自分の論理に誤りがあることを誰かが証明しない限り、このテーマに関しては、その論文が最終決定稿であることを述べた。若者らしい信念と決意の固さは、クラインにポアンカレとの論争を思い出させたに違いない。ヒルベルトは道理をわきまえた人物だったが、どうしても譲れない一線があった。クラインは窮地に立たされた。クラインはヒルベルトの肩を持ち、ヒルベルトの理論を「全体に単純であり、したがって論理的に説得力がある」と評した。さらに、クラインは、ヒルベルトをゲッティンゲン大学に招聘することを決意した。

一八九五年、クラインが遂《つい》にヒルベルトの招聘に成功したことで、ゲッティンゲン大学はドイツ最強の数学研究の中心になった。学生たちはすぐにヒルベルトの真価を見抜いた。ヒルベルトは細部に関心を抱いた。ときに行き詰まることもあったが、困難を乗り越えて研究を進めるヒルベルトの姿からは得るものが多かった。ヒルベルトの講義はエレガントだったが、洗練の度合いはクラインに及ばなかった。クラインは物事を幅広くとらえたが、ヒルベルトは狭い分野に集中した。ヒルベルトは労力を最小限に抑える主義で、目的に至る最短の道を追求した。ヒルベルトの講義からは学ぶことが多かった。

ヒルベルトを招聘したことで、ゲッティンゲン大学は、クラインをしのぐ影響力を持つ個性的な数学者を得た。クラインは大仰なもの言いを好み、政治的な駆け引きや情勢の分析に長けていた。ヒルベルトは包括的な表現を信用せず、単刀直入だった。クラインはいわば興行主であり、ヒルベルトはきわめて優秀で真面目《まじめ》な数学者だった。この二人の組み合わせは絶妙だった。

数学者たちはこぞってゲッティンゲン大学に押し寄せ、大物数学者が次々と教授のポストに就いた。名目上はドイツ最高の名門だったベルリン大学は、ヒルベルトを引き抜こうとした。だが、ヒルベルトはゲッティンゲン大学にとどまった。

ヒルベルトの関心の対象は時を経て変わっていった。ヒルベルトの仕事のやり方は、研究に手をつけた分野を抜本的に進展させながら、およそ十年ごとに研究分野を完全に変えるというものだった。ヒルベルトは、まず不変式論を研究し、代数的整数論に移った後、一九世紀末には幾何学の基礎に大きな関心を抱くようになった。ヒルベルトはユークリッドの『原論』を完全に書き換え、徹底的に厳密な基盤のうえに議論全体を構築した。公理を曖昧《あいまい》性が入りこむ余地のない明晰なものにした。ヒルベルトは、たとえばユークリッドの使った「点」、「線」、「平面」という用語をそれぞれ「ビール」、「机の脚」、「椅子《いす》」に置き換えても理論全体が成り立つまでに公理を完全なものにしなければならないと主張した。直観に頼ってギャップを埋めることは許されなかった。ヒルベルトが書いた幾何学の基礎に関する小冊子はベストセラーになった[173]。この本は太古の昔からあるテーマに新しい命を吹き込んだ。ヒルベルトはユークリッドをはるかに超える高みにまで幾何学を押し上げた。ユークリッドが暗黙のうちに想定した「間《あいだ》」や「順序」のような新しい概念を公理化しただけでなく、さまざまな幾何学が包含されるように公理をつくり変えた。

ポアンカレはこの仕事を大いに喜び、内容に深く惹きつけられ、著作が持つ影響力を熟考したことを示す好意的な評論を書いた。ポアンカレは、ヒルベルトが論理に夢中になるあまり幾何学がおろそかになっている点に軽い懸念《けねん》を示して、「ヒルベルトは論理的な観点にしか興味がないようだ」と書いている。ポアンカレの結論はこうだ。「その点でいえば彼の仕事は不完全である。しかし、それは彼に対する批判ではない。不完全なものは不完全なものとして受け入れるしかない。ロバチェフスキー、リーマン、フォン・ヘルムホルツ、リーの仕事に匹敵するほど、彼が数学の哲学を大きく前進させたことだけで十分である」[174]。ポアンカレが大げさな表現を好まなかったことを考えれば、これは絶賛といっていいだろう。

ヒルベルトは、算術〔ある種の実数演算の体系を、ヒルベルトはこう呼んだ〕に矛盾がないことを前提とすれば、ユークリッド幾何学に矛盾がないことを示した。クラインと同様に、ヒルベルトも数学のほとんどすべての分野に関心を抱いた。その後、数理論理学へ転向し、二〇世紀最大の業績のいくつかを導く決定的な貢献を果たしたが、その話は本書の範囲を超えている。ヒルベルトは、一九〇〇年にパリで開催された国際数学者会議で講演し、二〇世紀の数学者たちにとって課題になると思われる二三個の問題を提起した。この問題のリストは数学者たちにすさまじい影響を及ぼした。その後、ヒルベルトの関心は数理物理学へ移り、ゲッティンゲン大学は、新しい相対論と量子力学の発展に重大な役割を果たすことになる。一九一〇年までにゲッティンゲン大学の数学科には世界中から何百人もの学生が押し寄せた。当時の博士課程を修了した研究員（プリヴァートドツェント）や講師のリストを見ると、さながら数理物理学者の人名事典を見るようだ。ゲッティンゲン大学では、女性も、ユダヤ人も、どの国の人間も、等しく歓迎された。[175] ヒルベルトはゲッティンゲン大学にポアンカレも招いている。ポアンカレはゲッティンゲン大学で五つの講座を担当し、そのうち四つはドイツ語で講義した。

◆ポアンカレの死

ポアンカレは一九〇八年四月にローマで開催された国際数学者会議の最中に重病におちいった。前立腺《ぜんりつせん》肥大症を患《わずら》ったことでベッドでの安静を余儀なくされ、講演を行うことができなかった。講演はダルブーによって代読された。ポアンカレはローマで手術を受け、妻のルイーズはローマまで夫を迎えに行き、パリへの帰路に同行した。その後、病状は少し好転し、ポアンカレは仕事を再開したが、本格的な回復を果たすことはなかった。

ポアンカレは自分の死をある程度予感していたようだ。一九一一年一二月に、五番目の補稿と電子の運動に関する論文を掲載した数学誌のエディターに次の手紙を書いている。

前回お会いしたときに、この二年間取り組んでいる論文についてお話ししましたが、その後、進展がないため、少し時間を置いて、考えが熟するのを待とうと決意していました。将来この問題に立ち戻ることに確信が持てれば、それでもいいのですが、この歳《とし》ではそうもいきません。

エディターは、事情を説明する序文を添付して論文を発表するようポアンカレに促した。一九一二年に発表されたその論文は「かつて、ここまで完成度の低い論文を公《おおやけ》にしたことはない」[176]というポアンカレの謝罪の言葉で始まっている。さらに、ポアンカレは、三体問題の周期解の存在に関連する力学の多くの問題が単純な幾何学の結果に依存していることに対する確信をますます深めているものの、それを証明することができないと述べた。また、自分に残されている時間があまりないため、他の数学者たちにその仕事を託したいという希望も述べている。ちなみに、このエピソードは、ポアンカレが論文の発表に細心の注意を払っていたことを浮き彫りにしている。論文の訂正にはあまり時間をかけなかったかもしれないが、研究成果の発表については慎重だった。この論文はポアンカレにとって最後の幾何学の論文となり、多様体内の曲面の面積の定義を可能にする付加的な構造（必ずしも曲線の長さではない）を持った多様体の研究である「シンプレクティック位相幾何学」[177]という新しい分野の先駆けとなった。

ポアンカレは一九一二年七月に二度目の手術を受けたが、手術は完全な成功とはいえなかった。一九一二年七月一七日、パリで身支度を整えている最中に塞栓症《そくせん》に見舞われ、命を落とした。生涯の絶頂期での突然の死は世界を震撼《しんかん》させた。世界中からパリに弔辞が寄せられた。《ルタン》紙は死亡記事で「アンリ・ポアンカレは合理的科学を体現する真の生ける頭脳だった」(178)と書いた。パリで行われた葬儀には国家元首やあらゆる一流大学の代表が参列した。ポアンカレの一一歳年下だったフランスのもっとも有能な数学者ジャック・アダマールは、ポアンカレの業績の解説を執筆する役割を担《にな》った。ゲッティンゲン大学はポアンカレの業績を振り返る催しを開催した。ガストン・ダルブーは、多岐にわたる分野におけるポアンカレの貢献をまとめた長大な追悼文を読み上げた。

　ポアンカレは時代の流れにうまく乗った。科学とフランスに貢献したポアンカレの仕事は、時代の最良のものを体現していた。ポアンカレの早すぎる死は、追悼文の執筆者たちがおぼろげながら把握していた意味を超える深い意味を持っていたと思われる。百年後の今わかるのは、ポアンカレがそれまでとはまったく異なる数学の種を蒔《ま》いたことだ。しかも、残した遺産は数学の分野にとどまらない。ポアンカレが一九〇四年に行った数理物理学に関する講演は未来を予言するものだった(179)。リーマンと異なり、ポアンカレは生前に名声を確立し、多くの称賛者を得た。しかし、弟子も学派も持たなかった点はリーマンと同じである。ポアンカレの数学的業績の大部分は、同時代の人々には理解されなかった。ポアンカレは死んだが、ポアンカレのアイデアと予想は生き続けた。世界の大きな舞台で起きたさまざまな出来事が、ポアンカレの仕事をただちに引き継ぐ者の出現を妨げた。ポアンカレが取り組んだアイデアや問題が完全に理解されるのは、何十年も後のことになる。ヒルベルトが二〇世紀の数学者に課題を与えたとすれば、ポアンカレは二〇世紀の数学をかたちづくったといえる。

第12章 ポアンカレ予想が根づくまで

二〇世紀初頭の数年の間は、国際主義と価値の共有がさらなる繁栄を約束し、ヨーロッパが世界一の地位を不動のものとする新しい時代へ向かっているかのように見えた。一八八〇年以降、学問、文化、科学技術の進歩を称《たた》える万国博覧会が盛んに開催された。時代の活気を反映して、数学でも科学と同様に徹底的な専門職化が進んだ。研究の中心は相変わらずドイツの大学とパリだったが、当時相次いだ各国の数学会の設立（モスクワ一八六四年、ロンドン一八六五年、フランス一八七二年、東京一八七七年〔東京数学会社として発足し、当初は物理学も含んでいた〕、パレルモ一八八四年、ニューヨーク一八八八年、ドイツ一八九〇年）は、本格的な数学の研究が世界中で進行していたことを物語っている。ポアンカレの考え方とポアンカレの仕事は、国際主義への強い肩入れと揺るぎない愛国心が共存し得ることを示す好例となった。ポアンカレは筋金入りのフランス人だったが、視野は国際的だった。ポアンカレの研究は、ポアンカレと同様に国際的な視野を自認する数学界から着想を得て、その数学界に貢献を果たした。

シチリア島の北西部の海岸にあるイタリアのパレルモは新しい時代を象徴する存在だった。豊かな中産階級の市民を擁するパレルモは、新興文化の檜舞台《ひのき》になった。(180) シチリア島に残された数多くの(ギリシャより多い)ギリシャ神殿は、ほとんど不滅ともいえる文化的、知的なルーツの存在を示しており、シチリア島が神聖な場所だった過去の時代を物語っている。一八八四年に設立されたパレルモの数学会は規模を拡大し、世界最大の数学会になった。その学会誌である《レンディコンティ・デル・チルコロ・マテマティコ・ディ・パレルモ》は、当時最大の購読者数を誇る国際数学誌だった。(181) ポアンカレの最初の補稿と五番目の補稿、特にポアンカレ予想は、この雑誌に掲載された。現在ポアンカレの3次元正十二面体空間と呼ばれているものが、千年前に正十二面体が発見された場所の近くで初めて発表されたことは、何かの因縁を感じさせる。パレルモは、ピュタゴラスとピュタゴラス教団の信徒たちが移住したクロトンから三二〇キロしか離れていない。

一方で、ポアンカレは時代の矛盾も体現していた。彼は普遍主義的、理性主義的な啓蒙《けいもう》主義の価値観を深く信奉する国際主義者だったが、それと同時に、フランスと第三共和国こそ、それらの価値を体現する存在であることも確信していた。根っからのフランス人だったポアンカレは、一八七〇年の戦争で受けた恥辱と国家的な破滅の感覚を生涯ぬぐい去ることができなかった。(182) やがて国家主義の腐敗が蔓延《まんえん》し、風通しのよい国際主義は影をひそめた。ポアンカレの死から二年も経《た》たない一九一四年六月二八日、セルビアの秘密組織のメンバーだったガブリロ・プリンチプがオーストリア大公フランツ・フェルディナントを暗殺した。複雑に絡《から》み合う条約に引きずられて、各国が次々と大戦の悲劇に巻き込まれていった。オーストリアはセルビアとの戦いに軍隊を動員した。ドイツはオーストリアを支援するために、ロシアとの戦いに軍隊を派遣した。フランスはドイツに対抗して同盟国ロシアを支援するために軍隊を動かした。ドイツがフランスに先制攻撃を仕掛け、八月末には一二ヶ国以上の国々が相次いで宣戦布告した。戦争の勃発《ぼっぱつ》当時、人々はその紛争を「最大級の悲劇というよりは、きわめて不快な妨害」(183) 程度にしか感じていなかった。

しかし、大戦は単なる妨害をはるかに超えるものだった。戦争がもたらした災禍のひとつは、数学者たちが二極分化し、国際協調の精神に亀裂《きれつ》が生じたことだ。国家のプライドと対抗意識が高まり、憎悪《ぞうお》に変わっていった。ドイツの有名な科学者や芸術家たちが起草した、ドイツ皇帝に対する支持を表明し、敵国が発表したドイツを非難する声明を真実に基づいていないと断じる宣言に、クラインは署名した。その宣言に署名したことを許さなかったパリの科学アカデミーは、ただちにクラインを除名した。フランスの有力な数学者の大半が猛烈な反ドイツ感情に染まっていった。

戦争は古い秩序を破壊し、ヨーロッパを致命的に弱体化させた。将来を約束されたヨーロッパの数学者たちが一世代丸ごと戦場の露と消えた。経済状況の悪化は、爆弾と毒ガスによる破壊を免れたものを粉砕した。パレルモの富は雲散霧消し、《チルコロ・マテマティコ》誌の地位は急落した。ドイツでは賠償金の支払いを一因とする超インフレが市民社会を直撃した。ロシア革命は、やがてロシアの人民に次から次へと悲劇をもたらす反社会的人間たちに台頭の機会を与えた。経済的な混乱と秩序回復への期待は、過激主義や全体主義の台頭、新たな戦争の勃発を助長する状況を形成していった。

いま振り返れば、二〇世紀初頭数年間の楽観主義はあきれるほど単純だったし、国際主義は救いようもなく脆弱《ぜいじゃく》だった。時代を支配していたエネルギーは、健全さと若さに根づいたものというよりは、やがて消える運命にあった消費の最終段階が生み出した狂乱のもたらしたものであったようだ。人間の精神の栄光を称える万国博覧会の文化的な展示は、大規模な軍備の誇示と隣り合わせだった。

◆一般相対性理論

すべてが失われたわけではない。耳をつんざく砲撃音も人間の頭脳の働きを止めることはできない。大戦の直前、アインシュタインはチューリッヒ大学の正教授の職を辞して、ベルリンで純粋な研究職に就いた。(184) 基準座標系どうしが相対的に加速している状況に相対性理論を拡張する試みのなかで、アインシュタインは、きわめて一般的な変換の集合を記述するための数学的言語を必要としていた。チューリッヒで同僚だった友人の数学者マルセル・グロスマンの助けを借りて、アインシュタインは、リーマンの仕事が自分の発見した物理法則を説明するのに最適であることを認識した。リーマンの理論を利用すれば、点ごとに曲率と幾何構造を変えることができる。イタリアの幾何学者グレゴリオ・リッチ＝クルバストロと彼の教え子トゥーリオ・レビ＝チビタが開発した数学の道具を利用して、アインシュタインは、古典的な物理法則を記述する微分方程式をつくりかえることができた。アインシュタインの一般相対性理論では、加速による力は重力と区別がつかない。したがって両者は等しい。固定された基準点に対して相対的に加速している人は、自分が受けている力を加速と表現する。一方、ある固定点に対して静止している人は、自分が受けている力を重力と表現する。加速は常に他のものを基準にした相対的なものであり、加速による力と重力は等しい。アインシュタインは重力を時空の曲率として表現した（リーマンによれば、曲率とは、観察者に対して任意の方向を向いた測地三角形の内角の和が一八〇度からどれだけずれているかを表すテンソルである）。アインシュタイン方程式は、物質の存在によって曲率テンソルがどう変化するかを記述したものだ。物質は時空を湾曲させる。若者たちが塹壕《ざんごう》で非業《ひごう》の死を遂げている間、研究を重ねたアインシュタインは、それ以降何世代もの人々の世界観をかたちづくる一般相対性理論を一九一五年に完成させた。アインシュタインは手紙にこう書いている。「まことに喜ばしいことに、ヒルベルトとクラインを完全に納得させることができた[185]」。

　アインシュタインの理論は有名になった。一九一九年にイギリスの日食観測隊が、太陽のそばを通過する光がアインシュタイン方程式の計算通りに「曲がる」ことを示す観測結果を得たことで、アインシュタインは一躍世界的な著名人になった。もちろん光は曲がったわけではなく、時空内の測地線に沿って進行しただけのことだ。そのとき何が起きたかといえば、巨大な質量を持つ太陽が周囲の時空を湾曲させ、その結果、光のたどる経路が曲がって見えたのである。

アインシュタインの仕事はリーマン幾何学の発展を大いに刺激したが、位相幾何学の発展に直接影響を与えることはなかった。アインシュタインは、当然、さまざまな3次元多様体の存在も、空間と時空が異なる位相幾何構造を持っている可能性も知っていた。しかし、一般相対性理論の方程式は微分方程式であり、時空の小さい領域に適用されるものだった。一方の位相幾何学は、空間（および時空）の大規模な構造に適用されるものである。その時点では、ポアンカレ予想と一般相対性理論の間に関連があるとは、誰にも想像がつかなかった。

◆二つの大戦の間のポアンカレ予想

デーンとティーツェの研究以降、ポアンカレ予想の解決が困難であり、ポアンカレによる位相幾何学の仕事が興味深い問題の源泉であることは疑いの余地がなくなった。デーンとティーツェは、ポアンカレの仕事、特にポアンカレ予想に位相幾何学者がアプローチするときの出発点となる基盤を提供した。

もっとも決定的な進歩をもたらしたのは、プリンストン大学で博士号を取得した後、研究のためにヨーロッパへ渡ったアメリカ人ジェームズ・W・アレクサンダー（一八八八～一九七一年）である。アレクサンダーは大戦中パリに滞在し、ヒーガードの学位論文をフランス語に翻訳した[186]。一九一七年にアメリカ陸軍に入隊し、大尉《たいい》にまで昇進した後、一九二〇年に退役してプリンストン大学の教官になった。一九一九年、アレクサンダーは、ティーツェが発見した同じ基本群と同じホモロジー群を持つ二つの3-多様体が同相でないことを証明した[187]。したがって、同じ基本群を持つ二つの3-多様体は必ず同相か、という問いに対する答えはノーだった。ポアンカレ予想とは、この問いの特殊ケースで、基本群の要素がひとつしかない場合に相当する。アレクサンダーが得た結果は、ポアンカレ予想の難しさを浮き彫りにすると同時に、予想が間違っている可能性があることを明確に示すことにもなった。

アレクサンダーは、さらに数多くの重要な発見を成し遂げた[188]。一九三二年の国際数学者会議でアレクサンダーは基本講演のひとつを担当し、その中でポアンカレ予想の重要性を強調した[189]。それから間もなく、プリンストン大学で教育を受け、オックスフォード大学で位相幾何学の伝統を築いた、おおらかな好人物のイギリス人数学者J・H・C・ホワイトヘッド（一九〇四～一九六〇年）がポアンカレ予想の証明につながるとする定理の証明を発表した。[190] その論文は校閲者の審査を経て印刷された。その直後、ホワイトヘッドは、自分の提唱した定理の反例を発見した。ホワイトヘッドの反例は、ポアンカレの反例と同様に示唆《しさ》に富んでいたものの、ポアンカレ予想については何も明らかにすることがなかった。この時点で、対戦成績はポアンカレ予想三、数学者〇になった。ホワイトヘッドの友人によれば、ホワイトヘッドがそれ以降発表した論文で執拗《しつよう》なまでに厳密性を期したのは、この一件に懲《こ》りたからだという。

一九三六年までに、ポアンカレ予想はもっとも有名な数学の問題のひとつになり、位相幾何学は過渡期を脱した。いずれも興味深い共同研究の賜物《たまもの》である影響力の大きい二冊の教科書が出版され、入念に位相幾何学の基礎を補ったことで、ポアンカレの仕事の多くが理解できるようになった。[191] いずれの教科書も、ポアンカレの研究成果を大幅に拡張し、ポアンカレ予想の説明に紙面を割いている。

一冊目のザイフェルトとトレルファルの共著による教科書『レーアブーフ・デア・トポロギー』〔邦訳は『位相幾何学講義』（丸善出版）〕は一九三四年に出版された。この本は、多面体的アプローチを展開したもので、よく出来た具体例と注釈が満載されている。この教科書の誕生の歴史は、二〇歳だったヘルベルト・ザイフェルトがドレスデン工科大学でヴィリアム・トレルファルの位相幾何学に関する講義に登録したことにさかのぼる。その講義はザイフェルトの想像力を激しく刺激し、二人は親友かつ共同研究者になった。ザイフェルトは一九二八年から一九二九年にかけての一学年をゲッティンゲン大学で過ごし、そこで、博士課程を修了した研究者のハインツ・ホップとモスクワから留学していたパヴェル・アレクサンドロフに出会っている。アレクサンドロフは後に世界有数の位相幾何学のモスクワ学派を創始した。ザイフェルトはドレスデンに帰るとトレルファルの家に身を寄せ、そこで3次元多様体の研究に没頭する二人の生活が始まった。

トレルファルの日記によると、彼は自分の講義ノートに基づいて書かれた教科書の序文に次のように書きたかったらしい。「この教科書は、ドレスデン工科大学で共著者の一方がもう一方のためにした講義がもとになっているが、講義が始まるとすぐに受講者が数多くの新しいアイデアを提起し、講義の内容を根本的に変えたことを考えると、講師の名前を表紙から削除した方がよいのかもしれない」。実際の序文は次のものだ。「この教科書を執筆するうえで刺激になったのは、共著者の一方(トレルファル)がドレスデン工科大学で行った一連の講義である」。この教科書は、入念に作成された実例に沿って位相幾何学の基本概念を展開したものである。ポアンカレの正十二面体空間に関するていねいな説明が記載されており、ポアンカレ予想についても次のように注意を促している。「3-球面がその基本群によって特徴づけられるかどうかが、今日に至るまで証明されていないポアンカレ予想の内容である」。さらに、読者にその要点がわかるように、次の説明を加えている。「3-球面以外で、すべての道が一点に縮められるような3次元閉多様体は存在するだろうか[192]」。

二冊目の教科書『トポロジー』〔邦訳は『位相幾何学』（共立出版）〕はアレクサンドロフとホップが書いたもので、一九三五年にモスクワで開催された位相幾何学の会議に合わせて出版された。この教科書は、三巻で完結するシリーズの第一巻目であるにもかかわらず、一種のバイブルになった。アレクサンドロフは一九二六年にゲッティンゲン大学でホップとの共同研究を開始した。ホップは、その前に、ベルリン大学で博士論文の一環として一定の曲率を持つ単連結3-多様体を分類した。二人は一九二七年から一九二八年までの一学年をプリンストン大学で過ごしている。アレクサンドロフは一九二九年にモスクワ大学の正教授になった。同じ年にホップはプリンストン大学から助教授就任の誘いを受けたが、ヨーロッパにとどまることを決意し、一九三一年にチューリッヒで教授職に就いた。この話から、二つの大戦に挟まれた期間に、灰の中から一時的に国際主義が復活した様子がわかる。本書のテーマとのかかわりで何より重要なのは、バイブルとなったこの小冊子の序文にポアンカレ予想が記述されていたことである。

◆アメリカでの数学の発展

パリのアメリカ人ジェームズ・W・アレクサンダーは、影響力の大きかったオズワルド・ヴェブレン（一八八〇〜一九六〇年）の指導を受けた。この二人の数学者がいずれもアメリカ人だったことは、アメリカで構造的な変化が起きていたことを示している。二〇世紀初頭に至るまで、世界の一流大学と肩を並べると豪語できるアメリカの大学は存在しなかったし、海外に留学しない限り、アメリカ人が適切な数学の教育を受けることもできなかった。(193) リーマンやポアンカレがアメリカで教育を受けていたら、あのように偉大な数学者になることはなかっただろう。しかし、その状況は二〇世紀に一変し、世界の数学も大きく変貌《へんぼう》を遂げることになる。

アメリカの高等教育の顕著な特色の一部は、二〇世紀初頭には既に確立されていた。ハーバード大学の学長が委員長を務めた全米レベルの委員会は、一八九二年に中等教育の全米基準の確立の要請を拒否し、その延長線で、高等教育の入学基準の確立の要請も拒否した。一九世紀末までに、アメリカには、私立、公立を含めて、数多くのさまざまな高等教育機関が誕生した。南北戦争から三十年を経て、富が飛躍的に増大し、アメリカ史上最大の高等教育ブームが到来した。州立大学、女子大学、アフリカ系アメリカ人向けの大学が相次いで新設された。そのすべてが教授陣を必要としていた。常に高い目標を追求するアメリカ人は、大学院教育と研究の必要性も認識していた。歴史を持つ一部の大学がドイツ式の博士制度を実験的に導入しはじめ[194]、方々で大学院が新設された。しかし、教育の質は高くなかった。少なくとも数学の分野では、質の高い大学院教育がアメリカに根づくことはなかった。最高品質のものを得るには、質の高いものをたくさんつくる必要があるという点で、数学者はコンピュータチップに少し似ている。数学者の場合は、最高レベルの者が才能を発掘し、育成するコツを知っていれば、なお理想的だ。

資金、才能、幸運、努力の組み合わせがうまく機能したのがシカゴ大学である。アメリカバプティスト教会とシカゴ市民はシカゴに大学を設立することを決定し、それを受けてスタンダード石油の創業者かつ最高経営責任者で敬虔《けいけん》なバプティスト派信者だったジョン・D・ロックフェラーがシカゴ大学を設立した。シカゴ大学は、設立当初から、研究と大学院教育を通じて知識を深めることと学部教育の提供を使命としていた。ロックフェラーは、イェール神学校の教授だったウィリアム・レイニー・ハーパーを学長に迎えた。大物の学長が多かった当時でも、ハーパーは、教育の質と大学の運営に対して高い見識を持った先見性のある管理者として抜きん出た存在だった。ハーパーはイェール大学から中西部出身の若い優秀な数学者E・H・ムーアを引き抜いた。二人は一致協力して一流の数学教育環境の整備に努めた。ライバルのクラーク大学が、今日まで苦い思い出として残っている引き抜き攻勢をかけたことが一因となって、シカゴ大学は、クラインの教え子だった二人のドイツ人亡命者を雇うことになった。それが幸いして、シカゴ大学は、論文の数と、アメリカにとってそれよりも重要な数学者の数のいずれを基準にしても驚異的な生産性を誇る数学科を擁することになった。当時シカゴ大学に匹敵する大学といえば、解析学の分野以外では実力が劣るが、クラインの別の教え子二人(195)が率いる数学科を擁するハーバード大学しかなかった。シカゴ大学の博士課程を修了した数学者たちは、全米の主要な大学の数学科を築いた。(196)ムーアの二人の教え子オズワルド・ヴェブレンとジョージ・D・バーコフ(一八八四〜一九四四年)は、ハーバード大学の学部を卒業し、博士課程の研究のためにシカゴ大学へ移った。ヴェブレンは一九〇三年に、バーコフは一九〇七年にシカゴ大学を卒業した。ヴェブレンは、その後二年間シカゴ大学で講師を務めた後、一九〇五年にプリンストン大学に移籍し、後にアメリカ大統領になる当時の学長ウッドロー・ウィルソンが大学の研究レベルを向上させるために設けた職位に就いた。一九一〇年までに、ウィルソンはニュージャージー州の知事になり、数学科の筆頭教授だったヘンリー・ファインが学科長に就任し、ヴェブレンは正教授に就任した。バーコフは一九一二年にプリンストン大学の助教授の職を辞してハーバード大学に移籍した。

シカゴ大学とハーバード大学の年輩の数学者たちを指導したのはクラインだが、若い数学者たちの想像力を刺激したのはポアンカレだった。ヴェブレンの博士論文のテーマは幾何学の公理だったが、博士課程を修了すると、研究のテーマを位相幾何学と相対論に変更した。一九〇五年に発表された位相幾何学に関するヴェブレンの最初の論文は、幾何学の公理と平面位相幾何学をミックスしたものだった[197]。ヴェブレンは、一九二二年に出版された著書で、ポアンカレの位相幾何学のアイデアをアメリカ人の数学者たちに紹介した。バーコフは独自にポアンカレの力学系に関する論文を読み、位相幾何学的な手法を使って微分方程式の系を理解するポアンカレのやり方に惚《ほ》れ込んでいた。一九一三年、バーコフは、ポアンカレが提唱した最後の幾何学の定理〔第11章を参照〕を証明したことで有名になった。それは、予想の色彩が濃く、ポアンカレが証明できなかった定理で、亡《な》くなった年（一九一二年）に彼が不本意ながら発表したものだった。ゲッティンゲン大学では、その定理をアメリカ人が証明したことが驚きをもって受け止められた。

バーコフもヴェブレンも、数学界のために身を粉にして働いた。バーコフは一九一九年にアメリカ数学会の副会長になり、一九三六年にはハーバード大学の文理学部の学部長になった。バーコフが数学界に及ぼした影響は大きい。バーコフの教え子の中には、今後何世紀にもわたって名が残る数学者が何人かいる。一方、プリンストン大学が数学の研究に強い世界一流の大学になったのはヴェブレンの功績に負うところが大きい。プリンストン大学の数学科は、位相幾何学、微分幾何学、数理物理学、数理論理学という少数の最先端分野に的を絞った。第一次世界大戦が始まるまでに、プリンストン大学は、位相幾何学の分野で、ゲッティンゲン大学やウィーンの二つの大学など、ヨーロッパの研究機関と互角に渡り合えるようになっていた。一九二〇年代後半に独走態勢に入ったプリンストン大学は、競争相手を大きく引き離して世界一の研究機関になった。ヴェブレンは同窓会と民間から資金を集めることの重要性を認識しており、その両面で絶大な力を発揮した。(198) また、後に世界中から数学者を引き寄せる磁石のような役割を果たす数学科の新しい建物の建築を推進した。さらに、高等研究所の構想を立ち上げ、それをプリンストンに設置するうえでも重要な役割を果たした。

一九三二年に、ヴェブレンは、大学で就いていた研究教授職を辞し、プリンストン高等研究所の正教授に就任した。

ヴェブレンもバーコフも世界的に著名であり、ヨーロッパの国々との交流を促進した。しかし、バーコフは、アメリカ数学界の育成に熱心なあまり、ある種の保護主義に走る傾向があり、ヨーロッパから亡命した数学者をアメリカの大学で雇用することは稀少《きしょう》な大学の教官職をアメリカ人から奪う結果になるという主張を展開した。(199) 悲しいことに、バーコフは、ハーバード大学などで学者として働けるユダヤ人の数を制限するという愚挙に出た。それにひきかえヴェブレンは、それよりはるかに多様なコミュニティを形成した。プリンストンは生え抜きの若い学者を重用すると同時に、ナチスのもたらした状況を活《い》かして、アルベルト・アインシュタイン、ジョン・フォン・ノイマン、ヘルマン・ワイルを教授陣に迎えた。一九三〇年代半ばまでに、プリンストンは五人の伝説的な位相幾何学者(200)と多数の若手位相幾何学者を擁するようになった。いよいよアメリカの時代が到来した。本格的な位相幾何学の研究が、プリンストンで研究生活を送ることを意味するようになった。

アレクサンダーのほか、ヴェブレンが初期に登用した人材で光っているのは、一九〇五年にパリから移ってきたユダヤ系ロシア人のソロモン・レフシェッツ(一八八四

〜一九七二年）である。レフシェッツはエンジニアとしてウェスティングハウス社に勤めていたが、変圧器の爆発事故で両手を失ったことでエンジニアとして働けなくなったため、学業に戻り、一九一一年にクラーク大学で数学博士号を取得した。その後、ネブラスカ大学で二年間、カンザス大学で一一年間、教職に就いた。レフシェッツは数学の主流から遠いところで、比較的孤立した状況で研究を進め、位相幾何学を代数的位相幾何学に応用するポアンカレの手法を、ポアンカレをはるかに超えるレベルにまで発展させた。レフシェッツは一九二四年にプリンストン大学に移籍した。声が大きく、興奮しやすく、両手が黒いプラスチックの筒から出た金属製の義手で、だらしない服装をしたレフシェッツは、洗練されたプリンストンの住人の中にあっては浮いた存在だった。レフシェッツは、数学の話に熱中すると周囲が見えなくなり、社会慣習も忘れて、結論が出るまでアイデアを熱く語り続けるのが常だった(201)。人々はパーティーの席でレフシェッツを避けるようになった。

レフシェッツはアレクサンダーより四歳年上だった。時が経つにつれて二人の仲は険悪になっていった。アレクサンダーは裕福であり、社交的だった。レフシェッツはそのどちらでもなかった。アレクサンダーは、正当な権利もなくレフシェッツが自分のアイデアを盗用したと思い込み、それに憤《いきどお》った。レフシェッツは野心満々だったが、アレクサンダーは野心とは無縁だった。レフシェッツは、ヴェブレンが自分ではなく、アレクサンダーを高等研究所の正教授に選んだことを生涯恨んでいた。講義を行う義務のないヴェブレンの職位を自分が引き継いだことも、レフシェッツにとっては慰めにならなかった。

性格は別にして、レフシェッツの能力は卓越していた。だれかれの隔てなく受け入れ、数学に対する意欲が旺盛《おうせい》で、高い基準を自らに課した。レフシェッツは、プリンストン大学を正真正銘の一流レベルに押し上げた。一方、レフシェッツは始末の悪い人物でもあった。学科長と交渉するときには、常に駆け引きのうまい同僚を伴って学科長室に行く必要があった。レフシェッツは学科の拡充を求める根拠がこれ以上ないほど明確であると思って交渉に臨むのだが、学科長はその考えに同意しない。するとレフシェッツが興奮し、口論になる。そこまで事態が紛糾すると、上層部と数学科との関係が修復不能なレベルにまで悪化しないうちに、駆け引きに長《た》けた同僚が仲裁に入る必要があった。

◆ロシア学派

ロシアには、一七二五年に創設されたサンクトペテルブルクアカデミーにまでさかのぼる数学研究の強力な伝統があった。ロシアでヴェブレンと同じ役割を果たしたのは、ニコライ・ニコラエヴィッチ・ルチン(一八八三〜一九五〇年)である。第一次大戦、ロシア革命ののち、ルチンは一世代の数学者を育成し、ルチンの率いる研究グループは教え子の間でルチタニアと呼ばれるようになった。そのグループには、後にモスクワ大学を世界有数の数学研究の中心に仕立てることに貢献した、きわめて優秀な位相幾何学者たちが属していた。ルチンの最初の教え子は、前述したパヴェル・アレクサンドロフである。時代を通じてもっとも有名な数学者のひとりであるアンドレイ・コルモゴロフ(一九〇三〜一九八七年)もルチンの教え子だった。コルモゴロフは、学部生だったころに既に重要な成果を上げている。四年生のときに八篇の論文を発表し、博士号を取得するまでに一八篇の論文を発表した。その多くは、いまだに数学史に残る古典と見なされている。アレクサンドロフとコルモゴロフは非常に親しくなった。一九三五年、二人はモスクワ郊外のコマロフカ村にある小さい家を購入し、そこを数学者たちの集会の場とした。一九三八年、アレクサンドロフ、コルモゴロフ、その他モスクワ大学に在籍する大勢の数学者が、大学に籍を置きながら科学アカデミー（ステクロフ研究所）の会員になった。

一九三五年、初の位相幾何学専門の国際会議がモスクワ大学で開催された。この会議には、プリンストンの研究者が大半を占める八人のアメリカ人が参加した。画期的な研究がいくつか発表された。もっとも驚異的だったのは、多様体やその他の位相空間に関連づけられた新しい代数構造の集合が発見されたことだった。「コホモロジー環」と呼ばれるその構造は、ポアンカレが定義したホモロジー群の一種の鏡像であるが、ひとつの代数演算を持つホモロジー群と異なり、二つの代数演算を持っている。より細かい位相情報を持つこの構造の発見は、ポアンカレ以降最大の進展だった。この発見にはポアンカレの不可解な説明を解明する効果もあった(202)。この発見を発表したのはコルモゴロフである。その次の講演で、アレクサンダーは、自分も実質的に同じ結果を得ており、同じことを話そうとしていたと語った。二人ともその時点で既に論文を提出していた。

悲しいことに、その会議の翌年、スターリンの粛清が強化された。ルチンが《プラウダ》紙上で攻撃された。非難の理由は、反ソビエト的プロパガンダに従事したことと、重要な論文をロシアの学会誌ではなく、海外で発表したことだった。ルチンはすんでのところで粛清を免れた。モスクワ大学は辞めざるを得なかったが、科学アカデミーの会員にはとどまった。ルチンが迫害されたことで、ソビエトの数学者たちは西側で論文を発表することを止《や》め、ロシアの学会誌で、もっぱらロシア語で論文を発表するようになった。この孤立は、西側とソビエト双方の数学者にとって痛手であり、その影響は長年にわたって尾を引いた。

◆第一次大戦後のドイツ

第一次大戦が勃発すると、召集される数学者が相次ぎ、ゲッティンゲン大学は空っぽになった。大戦後のゲッティンゲン大学は、リヒャルト・クーラントの指導のもとで以前の輝きをいくらか取り戻しはじめた。ドイツは財政上の深刻な問題を抱えていたが、戦争によって、生産力の増強、武器の設計、製造に科学とテクノロジーが発揮する力に対する疑念は払拭《ふっしょく》された。新しい数学科の建物が建設され、活発な数学研究の舞台となった。

　ポアンカレ亡《な》き後、世界をリードした数学者はヒルベルトだった。ヒルベルトはクラインが署名した宣言に署名することを拒否し、そのことでゲッティンゲン大学の学生やゲッティンゲン市民から相当な非難を浴びた。しかし、その非難は、その後に起きた出来事に比べれば、軽い予兆にすぎなかった。賠償金の支払いがもたらした経済不安と世界的な不況によってドイツの有権者は過激化していった。一九三二年のドイツ帝国議会の選挙で国家社会主義ドイツ労働者党が議席を大きく伸ばした。フォン・ヒンデンブルク大統領がアドルフ・ヒトラーをドイツの首相に指名した。恐怖が忍び寄り、時代が暗さを増していった。各大学は、あらゆる教職からいわゆる純血のユダヤ人を根こそぎ追放するよう命じられた。こうしてリヒャルト・クーラント、エドムント・ランダウ、エミー・ネーター、パウル・ベルナイスが追放された。さらに、ユダヤ人の祖先や配偶者を持つ数学者たちも追放の憂《う》き目にあった。ある宴会で、隣に座ったナチスの新任の教育大臣に「これでユダヤ人の影響が一掃されましたが、ゲッティンゲン大学の数学はどうなりましたか」と聞かれたヒルベルトは、こう答えた。「ゲッティンゲン大学の数学ですって？　そんなものはもうありませんよ」(203)。

第13章 高次元での解決

第一次世界大戦からわずか二〇年余りで勃発《ぼっぱつ》した第二次世界大戦は、ヨーロッパの別の世代を直撃した。アメリカも損害を被《こうむ》ったが、ヨーロッパに比べればその規模はずっと小さかった。大戦を経たアメリカを楽観主義と理想主義が支配した。

第一次世界大戦のときと同様に、多くの数学者が、戦いにすぐに役立つ分野の研究に駆り出され、戦争に協力した。数学者たちは、レーダー、原子爆弾、原子力の開発、暗号の作成と解読、ジェット機の開発、空気力学の発展に大きな役割を果たした。戦争に関わったことで数学者は戦争に無関係という立場を維持できなくなり、多くの数学者が自分の生み出したものの持つ倫理的な意味をめぐって悩んだ。一方、数学と科学の効率に対する疑いは払拭《ふっしょく》され、数学者の成功は研究の重要性を浮き彫りにした。アメリカでは、一九五二年に、基礎科学の振興を使命とする全国科学基金が設立された。さまざまな政府機関が科学と数学の研究に資金を提供した。

復員兵援護法の恩恵を受けた帰還兵が大学に殺到し、南北戦争直後以来最大の高等教育ブームが到来した。いかにもアメリカらしく、すばらしいビジョンとあからさまな偏狭《へんきょう》さが混在していた。一方では、ヨーロッパの復興を目指すマーシャルプランが発表され、最高裁がアメリカの公立学校における人種の分離を違法とし、いまだに実現されていないが、人種、性別、貧富の差に関係なく、全国民に質の高い初等教育と中等教育を受ける機会を約束した。その一方で、冷戦の始まりを受けて、下院非米活動調査委員会が思想の自由を脅《おびや》かしていた。

◆4次元以上

数学の研究は一時的に停止したかのように見えたが、戦争がコミュニケーションを途絶させていただけで、純粋数学、特に位相幾何学の分野では水面下で研究が続いていた。研究者個人は数学を研究していたのだが、平常の状態に戻り、生活や大学が再建されるまでに時間がかかったのである。

一九五〇年代後半、たまっていたものが一気に噴出した。一九六〇年までには、人類史上もっとも生産的で、もっとも爆発的な数学理論の発展の時代がピークを迎えていた。古代バビロニアの宮廷も、アテネやアレクサンドリアで興隆したギリシャのさまざまな学派も、ヨーロッパのルネサンスや啓蒙《けいもう》時代も、一九世紀のドイツも、その勢いには及ばないほどだった。その爆発的な発展は全世界を巻き込み、数学のほとんどあらゆる分野に及んだ。幾何学、位相幾何学、代数学、解析学といった中核的な分野が飛躍的に発展し、さらに、それらの分野の周辺や従属分野で新しい学問が開花し、それぞれが強力な方法論と劇的な成果を生み出していった。計算論、情報科学、応用数学の分野で発展が発展を呼び、すさまじい勢いで数学的知識が増大していった。

位相幾何学とポアンカレ予想の観点から見て、変化を代表する出来事のように見えたのは、一九五六年のジョン・ミルナーによる思いがけない発見だった。ミルナーはプリンストン大学で一九五一年に学士号を、一九五四年に博士号を取得し、教官として大学にとどまった。学部生の頃に、長い間未解決だった数学的な「結び目」(3次元空間内の閉曲線)に関する問題を解決した。[204] 伝説によると、ミルナーはその問題を誤って宿題だと思い込んでいたといわれている。その数年後、二五歳になったばかりの一九五六年に、当時はまだ十分に理解されていなかったフランスの数学者ルネ・トムの業績に基づいて、7次元球面上で微積分を行う方法に基本的に異なるものがたくさんあることを証明した。この結果は世界中の数学者たちの関心を呼び、まったく新しい世界を切り開くことになった。

ここでその証明について簡単に説明しておこう。どの次元にもユークリッド空間があるのと同様に、どの次元にも球面がある。通常の2次元球面は、たとえば1という固定された距離だけ3－空間内の原点から離れた点の集合と見なすことができ、3－球面は4次元空間内の原点から距離1だけ離れた点の集合と見なすことができる（4次元空間が実在しないことが気になる読者は、4次元空間内の点が四つの数字を指定することによって定義でき、4次元空間がすべての四つの実数の組み合わせの集合にすぎないことを思い出してほしい）。同様に、7－球面は8－空間（すべての八つの実数の組み合わせからなる空間）内の原点から距離1だけ離れた点の集合、または、それと同相な任意の集合である。2次元球面や3次元球面の場合と同様に、7次元球面も、それが埋め込まれているユークリッド空間から独立して存在する。一般に、任意の正の整数nについて、n次元球面（つまりn－球面）とは、それより一つ高い次元のユークリッド空間内の原点から距離1だけ離れた点の集合と同相な任意の集合である。

多様体が存在すれば、必ずその多様体上の「関数」と呼ばれる別の種類の数学的対象が存在する。関数とは、多様体上のさまざまな点に数を割り当てる任意の規則である。割り当ての規則が異なれば、関数は異なる。「微積分」では、「導関数」と呼ばれる関数の変化率を調べる。微積分では、関数がどのように変化するか、変化率しかわからない場合にどうやって関数を導くかを調べる。ユークリッド空間内には微積分を行う標準的な方法が存在する。8次元ユークリッド空間の部分集合である7－球面上でも、微積分の方法が明確に定義されている。7－球面上で関数の変化率や他の対象の導関数を定義するには、一つ次元の高い8次元空間でそれを考えればよい。

　幾何学は距離を定義する空間上の付加的な構造から生じるとしたリーマンの考え方に従えば、微積分のためには、一貫性のある変化率の定義があればよい。つまり線形であることの意味を定義すればよい。それには、二人の観察者が何がまっすぐかについて合意する必要がある。そのような合意はすべて「微分可能構造」と呼ばれている。ミルナーが発見したのは、明確に異なるさまざまな微分可能構造が7－球面上に存在することだった[205]。言い換えれば、二つの7－球面が互いに同相であるにもかかわらず、つまり互いに連続的に一対一対応させることができるにもかかわらず、その二つの7－球面が、すべての点で変化率がゼロにならず、定義されるような一対一写像の対応関係にはない可能性があったのだ。7－球面上では、微積分の方法が一つではなく、二八もあった。すべての方法が異なっており、すべての方法が非同値だった。

ミルナーの論文は衝撃的だった。ミルナーは位相幾何学と解析学をまったく意外な方法で結び付け、その過程で微分位相幾何学という分野を創始した。ところで、ミルナーは数学史上もっともエレガントな数学論文を書く数学者のひとりである。ミルナーの論文の文体は、簡素であり、無駄がなく、きわめて美しい。英語でいえばアーネスト・ヘミングウェイ、フランス語でいえばジョルジュ・シムノンの文体に近いものがある。7－球面上のさまざまな微分可能構造を詳しく論じたミルナーの論文の長さはわずか六ページである。[206] この論文は啓発的な洞察に満ちている。ミルナーは、拍子抜けするほど簡単な手法を使って多様体が球面であることを決定し、[207] 問題の球面を境界とする8次元多様体を調べることによって微分可能構造を調べた。

ミルナーの発見を契機として怒《ど》濤《とう》の勢いで研究が進展し、劇的で驚異的な成果が相次いで発表された。その数年後、カリフォルニア大学バークレー校のスティーブン・スメールは、ポアンカレが提唱し、アメリカの位相幾何学者マーストン・モース、ミルナー、ロシアの位相幾何学者レフ・ポントリャーギンが完成させた理論を利用して、5次元以上の次元のすべての球面に関するポアンカレ予想に相当する事実を証明した。正確に言えば、スメールは、5以上の任意の次元nについて、境界を持たず、無限に広がることがなく、n次元球面と同じホモロジーを持つ単連結なn－多様体がn次元球面であることを証明したのである（「単連結」とは、すべてのループが一点に縮められることを意味する。ポアンカレの言葉を使えば、基本群が単位元であるということだ）。ポアンカレが問うたのは、境界を持たず、無限に広がることのないすべての単連結な3次元多様体は3次元球面か、ということだ。

　スメールが証明したことよりもオリジナルのポアンカレ予想の方が簡単に見えるのは、3次元における単連結が、多様体のホモロジーと球面のホモロジーが同じであることを意味することをポアンカレが証明したからだ。3より高い次元では、この関係が成り立たないため、この仮定を設ける必要がある。

　スメールは、一つ高い次元の多様体の境界になる二つの多様体の性質に関する重要な結果も証明した。これによってルネ・トムの仕事はさらに発展した。イギリスのクリストファー・ジーマン、アメリカのアンドリュー・ウォーレス、ジョン・スターリングスは、[208] それとまったく異なる証明を生み出した。数学者たちは、微分可能構造を持たない球面や多くの異なる微分可能構造を持つ他の多様体をたくさん発見した。

　高次元の時代が到来した。一見すると、3－多様体の結果や予想より、それに相当する高次元の結果や予想の方が証明するのが難しいように思える。3次元は2次元より扱いがはるかに難しい。次元が高くなるほど、形を思い描くことがどんどん難しくなる。次元が高くなるにつれて、多様体やその振る舞いの種類は劇的に増大する。しかし、救いは手を加える余地が増えることだ。幾何学的な直観が損なわれるマイナス面を補って余りあるほど、行儀の悪い関数や数学的対象を行儀のよい単純な対象に近似するだけの余地が生まれる。多様体のよじれは取り除くことができるし、関数の臨界点は迂回《うかい》することができ、消去できることも多い。(209)

5次元以上の次元の球面を扱うスメールの手法は、3次元は言うまでもなく、4次元では成り立たない。球面が4次元のときのポアンカレ予想は、その二〇年後の一九八二年、現在マイクロソフトに勤務しており、当時カリフォルニア大学サンディエゴ校に在籍していたマイケル・フリードマンによって、まったく異なる手法を使って証明された。フリードマンは、すべての単連結でコンパクトな4次元多様体を分類することに成功した。フリードマンは八年かけてその結果を得た。カリフォルニア大学バークレー校のロブ・カービーは《サイエンス》誌でこうコメントしている。「これは私が今まで見たなかでもっともすばらしい数学のひとつだと思う。この証明にはオリジナリティがある。フリードマンが証明していなければ、長い間、誰にも証明できなかったと思う」。

フリードマンの手法が、それと同じく衝撃的なオックスフォード大学のサイモン・ドナルドソンの仕事と結び付いたことによって、さらに驚異的な結果が生まれた。ドナルドソンはすべての4次元多様体上に存在する物理法則を解明するために、ある方程式を調べていた。ドナルドソンの仕事によって4－空間には無限個の異なる微分可能構造が存在することがわかった。つまり、4－空間には、微積分の互いに異なる方法が無限に存在するのだ。このことは、他のすべての次元の場合とまったく異なる。4次元を除くすべての次元では、その次元のユークリッド空間の根底にある空間（つまり、nが4を除くすべての正の整数であるとして、n個の実数の組み合わせからなる空間）に微分可能構造は一つしかない。

六〇年代半ばに、ミルナーの「エキゾチック球面」と呼ばれる標準的でない微分可能構造を持つ球面が、きわめて単純な方程式によって定義される集合の特異点の近くで生じることが発見された。特異点とは、すべての導関数（つまり変化率）がゼロに等しい点であり、昔から数学者の関心を集めていた。この結果に衝撃を受けたヨーロッパのほとんどすべての国々、ベトナム、インド、オーストラリア、カナダ、ブラジル、ソ連、アメリカの数学者たちは、微分位相幾何学と代数的位相幾何学の手法を使ってさまざまな種類の方程式の解を研究しはじめた。ミルナーは、多項式に当てはめた結果やその他多くの結果をきわめてエレガントな小冊子にまとめた。[210]その本はたちまち歴史に残る名著になった。ルネ・トムは生物学的プロセスの変化の研究に位相幾何学を応用した。[211]化学者や物理学者は結晶欠陥やその他の現象の研究に位相幾何学を利用しはじめた。一九八〇年代には、量子力学と一般相対性理論を結び付ける理論に位相幾何学が登場する機会が増えていった。

◆3次元でのポアンカレ予想

数学の発見が怒濤の勢いで相次いだにもかかわらず、もどかしいことに、オリジナルのポアンカレ予想は未解決のままだった。3を上回る次元の多様体は、かつては謎《なぞ》の存在だったが、一九八二年までに、球面の持つもっとも明白な性質を共有する、3を上回る次元のすべての多様体は、実際に球面であることがわかった。高次元の話はさておき、肝心の3次元はどうなったのだろうか。宇宙は3次元多様体である。私たちはそこに住んでいる。宇宙の中のすべてのループを一点に縮めることができれば、宇宙は球面なのだろうか。

宇宙に関するこれ以上簡単な問いを考えることは難しい。高次元多様体に関する新たな発見と異なり、この問いを理解するのに複雑な数学の道具は必要ない。心理的に厄介だったのは、抗《あらが》いがたい魅力で数学者たちを惹《ひ》きつけ、労力をかけただけ報われそうに見えるポアンカレ予想へのアプローチがいくつか存在したことだ。(212) 一九六〇年までに、大勢の数学者が二〇年以上にわたってポアンカレ予想に挑んでいた。彼らは多くのことを証明したが、ポアンカレ予想が真または偽であることを証明できた者はひとりもいなかった。

ただし、進展がまったくなかったわけではない。ミルナーの指導教授であり、有力な結び目理論研究者だったラルフ・フォックスが、当時無名だったクリストス・パパキリアコプロス（一九一四〜一九七六年）をプリンストン大学に招いた。パパと呼ばれていた彼は、第一次世界大戦が勃発した年にアテネで生まれ、一九四三年にアテネ大学で博士号を取得した。(213) 一九四四年にナチスの占領軍を追い出すことを目的とするゲリラグループに参加し、地方に潜伏している間、小学校で教鞭《きょうべん》をとり、内戦が勃発した一九四六年にその地を離れることを余儀なくされた。その間、一貫して、低次元位相幾何学の研究を続けた。パパは、デーンの補題の証明と思われるものをフォックスに送った。これは、デーンが一九一〇年に証明したと思い込んだものの、一九年後の一九二九年に誤りがあることが判明した、いわくつきの結果である。シベリア横断鉄道と航路でかろうじてドイツから米国に逃れたデーン[214]も、他の誰も、証明を修復することはできなかった。フォックスはパパの証明に間違いを見つけたが、パパにかなりの好印象を持った。フォックスの勧めで、パパは一九四八年にプリンストン大学に向けてギリシャを旅立った。一九五二年に父親が亡《な》くなったときの短い滞在を除いて、彼がその後ギリシャに戻ることはなかった。ギリシャの公安警察はアメリカまで彼を追跡し、アメリカの入国管理局に彼を国外退去させるよう要請した。プリンストン大学はパパを支援し、小額の給付金とオフィスを与えた。

　プリンストン大学の度量の大きさは十分に報いられた。パパは一九五七年に「ループ定理」と呼ばれる重要な結果を証明し、それに続けて、きわめて独創的な（そして正しい）デーンの補題の証明を行った[215]。パパは、問題点を巧みに回避する「塔」と呼ばれる新しい構成法を利用した。当時のプリンストン大学の大学院生には、数学科に在籍している数学者を題材にした五行戯詩をつくって楽しむ習慣があった。次の詩は、ミルナーがパパキリアコプロスを題材にしてつくったものである。

　　人騒がせなデーンの補題

位相幾何学者の頭痛の種
けれどもクリストス・パパ
キリアコプロスが
それを難なく証明した

最後の行はパパの塔構成法のことを指している。

一九五〇年代後半の位相幾何学者たちは、誰もがポアンカレ予想に狙《ねら》いを定めて、解決しようと意気込んでいたように見える。E・H・ムーア（およびヴェブレン）の教え子ロバート・リー・ムーアが確立したアメリカ中西部の強力な位相幾何学学派の申し子R・H・ビングは、一九五七年にプリンストン高等研究所で研究生活を始めた。ビングは、結ばれた穴を持つ立方体にトーラス立体を縫いつけることによって3−多様体をつくるというデーン手術に似た手法を研究した。その結果出来る多様体の中にポアンカレ予想の反例があるかもしれないというのが狙いだった。ビングは反例が存在する可能性を完全に否定したわけではないが、ある種の結び目が反例を生み出さないことを証明した。しかし、ポアンカレ予想が否定されたという噂《うわさ》が研究所で流れたときに、もう少しで論文を取り下げるところだった。証明とされる論文は二つ出回っていた(216)。いずれの論文にも修復不能なギャップがあった。そのうちひとつは日本人の数学者が書いた論文で、一九五八年に印刷されたが、査読を通らなかった。これで、対戦成績はポアンカレ予想五、数学者〇になった。

パパは、ポアンカレ予想が真であることの証明に全精力を注ぎ、一九六三年に一部の結果を発表した(217)。パパは一九七六年に亡くなるまで、質素な生活を送り、早朝オフィスに出て、五時より前に帰宅することはなかった。研究を中断するのは、昼食とお茶の時間に《ニューヨークタイムズ》に目を通すときか、たまにゼミナールを開くときに限られていた。結局パパはポアンカレ予想に負けた。対戦成績はポアンカレ予想六、数学者〇になった。

パパの生涯を描いたアポストロス・ドキアディスの『ペトロス伯父と「ゴールドバッハの予想(218)」』という小説がある。この小説の主人公は、有名な数学の問題に取り憑《つ》かれた頭脳明晰《めいせき》なペトロス・パパクリストスという人物である（この小説で取り上げている数学の問題は、すべての偶数は二つの素数の和であるとする、いまだに証明されていないゴールドバッハ予想だが、それは、その方がポアンカレ予想より説明がはるかに容易だからだ）。研究者としてきわめて有望なスタートを切ったペトロスだが、あらゆる人間的な接触を断って、ひたすら予想の研究に専念する。最後は学究生活を捨てて故郷のギリシャに戻ってくるが、兄弟たちは知性の無駄遣いを許してくれない。ペトロスは、結果を証明できなかった自分は失敗者だと落胆し、失意のうちに死んでいく。

ポアンカレ予想は、実際、罪作りな存在だった。一九六〇年代初頭までに明確になったことと言えば、予想が真なのか偽なのか、誰にも見当がつかないということだった。一九六一年にジョージア州で開催された会議で、フォックスは反例を探す別の方法を提案する論文を発表した。ビングは別のアプローチを提案するサーベイ記事を書いた[219]。ジョン・スターリングスは、ポアンカレ予想を証明しない方法に関する論文を書いた[220]。

高次元の位相幾何学の発展は、どちらかといえば、昔ながらのポアンカレ予想の難しさを浮き彫りにした。しかし、それと同時に、数学者たちを誤った方向へ導くことにもなった。ポアンカレ予想が真でないという疑いも色濃くなったが、一九八〇年頃には、ポアンカレ予想は純粋に位相幾何学的な問題であるという意見が支配的だった。ポアンカレ予想に幾何学が関連しているとは、誰も夢にも思わなかった。

◆サーストン

一九七〇年代に、主にビル・サーストンというひとりの人物の手によって幾何学が生まれ変わった。サーストンは、やや反体制文化的なサラソタのニューカレッジで一九六七年に学士号を取得し、モリス・ハーシュとスティーブン・スメールの指導のもとで一九七二年にカリフォルニア大学バークレー校で博士号を取得した。プリンストン高等研究所に一年間在籍し、MITで一年間助教授を務めた後、一九七四年にプリンストン大学の正教授に任命された。

微分幾何学は、一般相対性理論と関連していたこともあって、二〇世紀に開花した。しかし、クライン、ポアンカレ、ヒルベルトの流れをくむ幾何学は、あまり順調に発展したとはいえない。サーストンがその流れを根底から変えた。サーストンはリーマン以降もっとも創造力に富み、独創性を持った幾何学者である。サーストンは、自分が3次元多様体の中に住んでいたらどうか、と考えた。さまざまな物体が存在する3ートーラスの中に住んでいる人には何が見えるのか。多様体の大きさが持つ意味は、私たちの世界とどう異なるのか。多様体の大きさによって光の速度は変わるのか。その多様体の中で自分から離れていく人はどう見えるのか。

クラインとポアンカレが2次元の世界で競い合って追究した、奇跡のような構造の統合と同じようなことが3次元でも可能だとは、誰も想像しなかった。あらゆる曲面が独自の自然な幾何構造を持っているという、それ自体が奇跡のような事実と同様の法則が3次元にも当てはまるなどと誰も思わないほど、3次元の世界は途方もなく無秩序だった。3次元多様体の種類はあまりにも多いため、「パターンがない」のが唯《ゆい》一《いっ》のパターンであると言えるほどだった。どこから手をつければいいのか見当もつかなかった。もちろん2次元に存在する三種類の幾何構造に相当するもの、およびそれらの幾何構造が存在する単連結モデル空間は存在した。通常の3-空間で普通の計量を定義すれば、ユークリッド3-空間の平坦《へいたん》な幾何構造が得られた。3-球面はリーマンが説明した球面幾何構造を持っていた。3-空間内の単位球体の内部は、第10章で引用した文章でポアンカレが説明している自然な双曲幾何構造を持っていた。デーンやドイツの位相幾何学者たちは、一部のコンパクトな3-多様体が双曲幾何構造を持っていることに気づき、球面幾何構造や平坦な幾何構造を持つその他の多様体があることも突き止めていた。しかし、多様体が幾何構造を持っていることはまれであり、幾何構造はどちらかといえば稀少《きしょう》な存在だった。

サーストンは美しい幾何構造とは何かを自問した。2次元では、さまざまな異なる定義が符合していた。曲率が一定であることは、すべての点とすべての方向で距離と角度を測定するときの規則が同一であるのと同じことだった。一方、3次元では、いくつかの定義が考えられたが、すべてが符合しているわけではなかった。しかし、サーストンはひるむことなく、現在は広く受け入れられている暫定《ざんてい》的な定義を提起し、2次元には三種類ある幾何構造が、3次元には八種類あること、そしてその八種類しかないことを示した。球面幾何構造、平坦な幾何構造、双曲幾何構造に加えて、きわめて特殊な空間にそれらの混成型が存在した(221)。

サーストンは学部生の頃に、長時間を費やして、多様体の例と、その多様体トの幾何構造を考えた。博士論文では、3－多様体を分解して、シートどうしが互いを複雑に包み込むようなシートの層につくりかえる方法を研究した。

すべての3次元多様体が自然な幾何構造を持っていることなど、口にするのもはばかられるほど、あり得ないことのように思えた。真実であってほしい単純な法則が誤っていることを示す反例は簡単につくることができた。しかし、サーストンは、どんな3次元多様体でも、2次元球面および2次元トーラスに沿ってそれぞれ固有の自然な方法で切断すれば、八種類の幾何構造のいずれかを持つ部分に分割できると予想した。サーストンは、その予想が３－多様体のきわめて大きな分類群に当てはまることを証明することができた。サーストンが「幾何化予想」と呼んだその予想には、ポアンカレ予想が包含されていた。(222)

幾何化予想は３－多様体の大まかな展望を示したものの、あまりにも範囲が広すぎて始末に負えないように見えた。しかし、サーストンは、大半の（という言葉の意味を適切に定義すれば）３－多様体が双曲構造を持っていることを示すことができた。それは実に驚くべきことだった。２－多様体については、それと同じことが言える。球面とトーラス以外のすべての（向きづけ可能な）２－多様体は双曲幾何構造を持っている。クラインとポアンカレはそれを知っていたが、その結果は通常そのようには表現されない。そのようなことが３－多様体でも成り立つとは、誰も想像しなかった。

この結果はただちに応用され、すばらしい結果を生み出した。たとえば、３－球面内の大半の結び目の外側の領域（「結び目の補空間」と呼ばれる）は、双曲多様体になるような計量を持っていることがわかった。多様体内部に住んでいる人からは結び目が無限に遠くにあるように見えるが、その領域の体積は有限であり、そこから結び目に関連づけられる新しい数が導かれた。不思議なことに、その体積は、いまだに説明がつかない仕組みで数論と関連しているらしい。

サーストンの理論が発表されるまで、数学者たちがポアンカレ予想は真だろうと考えていたのは、誰も反例を思いつかなかったからだ。さらに厄介なのは、体系的に反例をつくろうとした者の多くが、反例が存在しない明確な理由を見つけられなかったことだ。それはなんともどかしいことだった。サーストン以降は、ポアンカレ予想が真だろうと考える理由ができた。すべての3‐多様体が、それぞれ幾何構造を持つ部分から構成されている可能性が浮上したからだ。

一九五八年のトム、一九六二年のミルナー、一九六六年のスメールと同様に、サーストンも一九八三年にフィールズ賞を受賞した。数学者にとって最高の栄誉とされるフィールズ賞は、カナダの数学者ジョン・チャールズ・フィールズ（一八六三〜一九三二年）が構想したものだ。フィールズは、一九二四年の国際数学者会議にドイツの数学者を招待するなら会議をボイコットすると宣言したフランスの数学者たちを説得するなど、国際数学界のために無私無欲で尽力した。フィールズは、賞金の資金源として、財産のかなりの部分を遺《のこ》した。フィールズ賞は、研究に報いるものは研究成果しかないとするヴェブレンの猛反対を押し切って、フィールズの死後、創設された。最初の賞は一九三六年に授与された。フィールズは、若い数学者を励ますことが賞の目的であると遺言に明記している。その文言は、四年に一度の国際数学者会議が開催される年のはじめに四〇歳未満である数学者にしか賞を授与しないという意味だと伝統的に解釈されている。第二次世界大戦によって国際数学者会議が中断を余儀なくされた後、フィールズ賞は一九五〇年以降、四年に一度の国際数学者会議で毎回授与されている。サーストンがフィールズ賞を受賞した一九八三年のワルシャワの国際数学者会議は冷戦の混乱が原因で延期されたもので、もともとは一九八二年に開催されるはずだった。

サーストンの受賞には眉《まゆ》をひそめる向きもあった。サーストンの真骨頂は語りのうまさにある。しかし、一部の人が言ったような、サーストンは十分な数の論文を発表していないという批判は当たらない。受賞の対象となった葉層構造の研究は綿密であり、論文も十分に推敲《すいこう》が重ねられている。しかし、純粋な幾何学の仕事については、発表された論文が非常に少ない。《ブレティン・オブ・ジ・アメリカン・マセマティカル・ソサエティ》に掲載された論文が一篇あるほかは、プリンストン大学における一連の講義ノートがコピーのコピーという形で出回り、それが現在ウェブ上で閲覧できるようになっているにすぎない。この講義ノートの最初の数章は、さまざまな数学者のグループによって入念に加筆された後、シルヴィオ・レヴィーによって編集され、影響力の大きい書籍として出版されている。(223) サーストンが著した論文は少ないが、サーストンの教え子や共同研究者たちが膨大な数の論文を発表している。

サーストンは、数学界特有の社会力学を普通の数学者よりもはるかに強く意識していて、自分でも気づかないうちに多様体の葉層構造の研究を十年以上にわたって足踏みさせてしまったことを悔いる文章を書いている。名声が確立されていない数学者たちは、優秀なサーストンのことだから主な問題を全部解決してしまうだろうと踏んで、葉層構造の分野から撤退し、自分の能力を証明できる分野へ移っていった。サーストンは、葉層構造の研究を進展させるどころか、意図に反して発展を阻害してしまったのではないかと心配しているのだ。

一方、幾何学におけるサーストンの影響力はすさまじかった。サーストンと会話を交わしたことで、自分が考えていた問題の見方が一変した経験を持つ幾何学者や位相幾何学者は多い。サーストンのアイデアは３－多様体に対する数学者たちの考え方を根底から変えた。そのため、サーストンと一度も会ったことがない数学者までもが、サーストンが先鞭を付けた概念や実例を日常的に利用している。数学者たちは幾何学的なアイデアの価値を再認識した。３－多様体位相幾何学の分野にかつてない勢いで若い研究者たちが参入し、幾何学的な手法を用いて位相幾何学や代数の問題を研究しはじめた。

サーストンは、彼と同レベルにある同世代の数学者の誰よりも数学界に貢献し、数学教育に尽力し、数学の教育方法と学習方法に対する考え方に大きな影響を与えた。数学的知識に関するサーストンの影響力の大きい論文は、同様な長さの数学教育に関するどんな論文よりも鋭い観察に満ちており、興味深い問題を提起している。[224] サーストンの意見がきっかけのひとつになって、証明と直観を巡るきわめて活発な議論が数学界で巻き起こった。[225] その議論は、百年前にポアンカレとヒルベルトたちの間で交わされた証明と直観の性質に関する議論を思い起こさせる。この種の議論は世紀末に特有の現象なのかもしれない。

◆ハミルトンとリッチ・フロー

サーストンの仕事をきっかけとして、幾何学の研究がすさまじい勢いで復活を遂げた。サーストン流の幾何構造が雨後の竹の子のように出現した。双曲多様体の不変量が位相幾何学と代数的位相幾何学で重要な役割を果たしはじめた。だが、サーストンの幾何化予想を進展させる方法は誰にもわからなかった。さまざまな手法が提案されたが、立ちはだかる障害は計り知れなかった。

有望なアイデアの源泉は解析学にあった。一九八〇年代のはじめに、さまざまな人々が、リーマン計量を持つ多様体に対して、曲率の極大点と極小点をならすような何らかの操作により多様体を変形させるとどうなるかを研究し始めた。たとえば、特定の点の特定の方向で曲率が大きければ、その方向の曲率を減らし、曲率が小さい場所では逆に曲率を増やすことを試みる。運がよければ、その点と近くの点のすべての方向で曲率が同じになるように多様体を変形させることができるかもしれない。もっと運がよければ、考察の対象となる多様体の全領域にサーストンの幾何構造を持たせて、その多様体に関しては幾何化予想が成り立つことを証明できるかもしれない。難しいのは、そのアイデアの枠組みとなる解析的に扱いやすい手法を見つけることだった。

図49　リチャード・ハミルトン

一九八〇年代のはじめ、リチャード・ハミルトンは、リーマン計量を持った多様体を、場所によって温度が異なる金属のようなものと見なす方法を提唱した。温かい部分から冷たい部分へ熱が流れるように、湾曲のきつい部分からゆるい部分へ曲率が流れると考えたらどうだろうか。これは、曲率がもっとも大きくなる方向で距離がもっとも速く縮むように、空間上の計量を変えることにほかならない(226)。

そう言ってしまえば簡単だが、解決しなければならない大きな問題がいくつかある。温度は曲率よりはるかに単純だ。多様体上のどの点でも温度はひとつの数によって定義できる。それにひきかえ、任意の点における曲率は、第7章で見たように、その点を通るすべての平面方向に(小さい測地三角形の内角の和が一八〇度からどれだけずれているかを示す)値を割り当てる数学的対象(リーマン曲率テンソル)である。3-多様体上の曲率を定義するには六つの異なる値が必要であり、次元が高くなれば、値の数はもっと増える。温かい部分から冷たい部分へ熱が流れる法則を定量化するには、ある点を中心とする小さい球面上で温度が平均温度に向かって変化すると想定する。そこから「熱方程式」と呼ばれる式が生まれる。ここで求めるのは、その熱方程式に相当する曲率を表す式だ。それには、さまざまな数値を組み合わせて、曲率を座標の選択に関係なく意味を持つものに符号化し、曲率の変化率を表す式を導く必要がある。これこそがアインシュタインの直面した問題だった。選択される座標から独立している数少ない数学的対象のひとつが「リッチ・テンソル」である。リッチ・テンソルは、さまざまな方向のさまざまな曲率の組み合わせを平均化することによってリーマン・テンソルから導くことができる。[227]

　リッチ・テンソルを使うことにしたら、次に、それをどのように変化させるかを指定する必要がある。その場合、自然な変化を表現する方法は事実上ひとつしかない。ある点を中心とする小さい球面上の数量を平均化する演算子を「ラプラシアン」という。熱伝導の場合、時間に対する温度の変化率は、ラプラシアンの符号を負にしたものに比例する。ちなみに、金融市場のオプションの値決めに使われるブラック＝ショールズ方程式の基盤となるメカニズムは、これとまったく同じである。ブラック＝ショールズ方程式は、金融市場の衣装をまとった熱方程式にほかならない。曲率の場合、このメカニズムは「リッチ・フロー」と呼ばれている。ハミルトンが多様体を変形させるためのメカニズムとして提案したのはこれだ。ハミルトンは、幾何化予想の証明を目的として、そのメカニズムを支配する方程式を探求することを提案した。ペレルマンがＭＩＴでの最初の講演の冒頭で黒板に書いたのは、その方程式である。

　ハミルトンの提案したリッチ・フローの方程式は、「偏微分方程式」と呼ばれる一種の微分方程式である。微分方程式では、未知の数学的対象の変化率を指定し、その対象を解として求める。偏微分方程式とは、さまざまな点のさまざまな方向の変化率を指定する一種の微分方程式である。偏微分方程式の解は、すべての点のすべての方向で目的の変化率を持つものである。

数理物理学の大半の方程式は偏微分方程式である。マクスウェルの方程式は、電場と磁場が点から点へどのように変化し、相互に作用するかを場の中の点と方向の関数として表す偏微分方程式を設定することによって電気と磁気を統一する。物質、空間の曲率、重力を結び付けるアインシュタインの方程式も偏微分方程式である。流体の流れや熱伝導を支配する方程式も、量子力学のシュレディンガー方程式も、偏微分方程式である。偏微分方程式は実用的な重要性がきわめて高く、一世紀以上にわたって徹底的に研究されている。偏微分方程式の研究は、第二次世界大戦によってその重要性が再認識された。超音速のジェット機を開発するには、翼の周囲の流体の流れを記述する方程式の解が、翼の形および翼の周囲の流体の速度や方向にどのように依存するかを理解する必要があった。ハリケーンの進路予測の精度を上げるにも、それと同じ方程式を解く手法を改良する必要がある。

偏微分方程式は、どうやったら解けたり、解決を試みることができるのだろうか。通常、最初の段階では、可能な解がどのようなものかを熟考し、可能な解の空間にどのような構造を持たせるかを決める。可能な解の集合は、ここでは空間上のすべての計量の集合だが、それが無限次元空間になることは驚くにあたらない。実数直線上の関数の集合は、個々の関数が空間上の一点であるという意味で、既に無限次元空間である。次に、偏微分方程式を無限次元空間上で流れを生成するものと解釈し、その流れの追跡を試みる。ただし、無限次元空間での解析には細心の注意を払う必要がある。潜在的な落とし穴がたくさんあるからだ。無限次元空間は大容量であるため、方程式によって定められる経路が空間からはみ出すことがよくある。

変形した計量がもはや計量とはいえないものになると、そうした現象が起きる。その場合は、計量によって割り当てられる距離がゼロになったり、マイナスになったり、無限大になったり、距離の連続性が失われたりする。そのような異常が起きる場合、数学者は、方程式の解が「特異点を生成する」という。特異点は回避できなければならない。最終的に問題のない場所にフローが落ち着くと想定する場合でも、そのフローを追跡できなければならない。しかし、ほとんどあり得ないことだが、方程式を完全に解くことができない限り、フローを完全に追跡することはできない。できることといえば、フローを大まかに追跡することに限られる。したがって、誤った領域に踏み込んでいないことと、ほぼ正しい方向に向かっていることを確認するための何らかの境界が必要になる。そのような境界があれば、途中で軌道を修正することもできる。特異点に至らないことを保証するための境界も必要になる。解析学者は、そのような境界を「評価」と呼んでいる。評価は、目標物の追跡を続けられるように、その目標物が特定の場所に近づいたことを教えてくれる役割を果たす。解析学者は評価が何より好きだ。解析学者以外のほとんどの数学者は評価が苦手だ。評価を扱うには高度なスキルが必要である。さらに、特異点の近くの評価を扱うには、豊かな想像力と高度なスキルの両方が必要である。

圧縮性流体論に基本的な貢献を果たしたリーマンが登場して以来、幾何学者たちは偏微分方程式を使ってさまざまな幾何構造の変形を研究してきた。運命のいたずらか、もっとも意欲をかき立てる偏微分方程式、つまり解決できる限界を少し超えているが、解決が絶望的と思われるほど難しくはない微分方程式は、幾何学に関連する微分方程式であるようだ。一九七〇年代には、特定の制約条件を満たす曲率を持つ多様体から操作を始めれば、曲率を連続的に変えて徐々に形を整え、最終的には対称型の計量が得られることを示す輝かしい成功が相次いだ。ヤウ・シン・トゥン（丘成桐）は、偏微分方程式を利用して最初の計量を変形することにより、特定の空間上で平坦な計量が得られることを示す業績などが受賞対象となり、一九八三年にサーストンと共にフイールズ賞を受賞した。ハミルトンは一九八二年に発表したすばらしい論文で、曲率がゼロまたは負でない計量から操作を始めれば、リッチ・フローが一定の正の曲率の計量を生成することを証明した。(228)

ハミルトンの結果は衝撃的だった。ハミルトンは、証明の重要な部分で、任意のリーマン多様体を十分に高い次元を持つユークリッド空間に埋め込む可能性の証明にジョン・ナッシュが使った、いわくつきの「ナッシュ＝モーザーの逆関数定理」を使う必要があった。ハミルトンの議論は、ペンシルヴェニア大学のデニス・デタークによって単純化された。(229) 一九八六年、現在ロチェスター大学にいるマイケル・ゲージとハミルトンは、同様の議論を平面上の閉曲線に応用した結果、実際に曲線が円になることを証明した。(230) 平面上の曲線とその曲線上の一点が与えられれば、その点における曲線の曲率を、その点における「キッシング・サークル」の半径の逆数として定義できる（曲線上の一点における「キッシング・サークル」とは、その点で曲線に内接し、かつ、その曲線との接触の度合いがもっとも高い円である）。ゲージとハミルトンは、曲線がすべての点で曲率に比例する速度で曲線と垂直の方向へ移動すれば、その曲線が縮んで円になることを証明することができた。言い換えれば、曲率が拡散して一定になるというのだ。

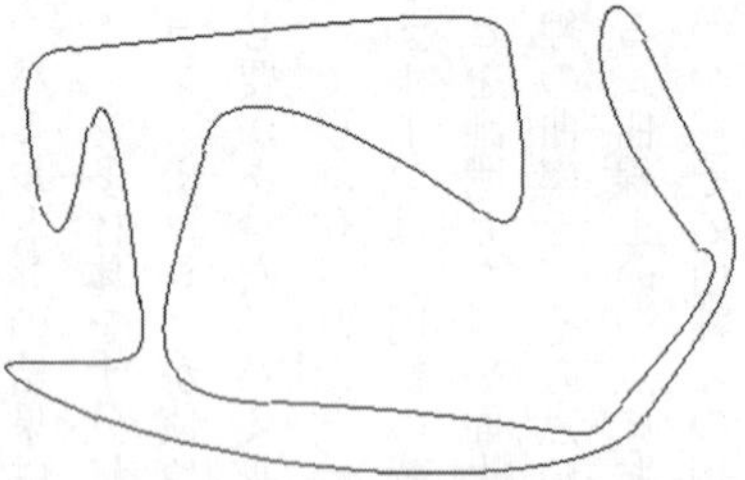

図50　ある曲線が、どの点でも、曲線と垂直な線に沿って、曲線にもっともぴったりフィットする円の半径の逆数（それが曲率である）と等しい速度で、その円の中心の方向に動く場合、その曲線は一点に縮まり、その過程でどんどん円に近づく。これがゲージ＝ハミルトン定理である。

これはもっともらしい話だが、自明とはとても言えない。考えれば考えるほど、ますます自明とは思えなくなる。たとえば、図50のような曲線から操作を始めるとしよう。曲率が最大の領域がもっとも速く動くというが、それは自明ではない。実際、曲線の一部はつぶれてしまうように見える。ゲージとハミルトンの結果は、そうならないことを保証している。

一九九〇年代のはじめに、ハミルトンと共同研究者たちは、任意のコンパクトな2次元曲面から操作を始めて、リッチ・フローに従って曲率を変化させれば、最終的には曲面の曲率が一定になることを証明した。[231]曲率は一定になるまで拡散した。この結果は、すべての2次元多様体が独自の幾何構造を持っているという、クラインとポアンカレが苦心惨憺《さんたん》して研究した結果の証明として、概念的に簡単なものだ。

悲しいことに、ハミルトンは、3次元多様体の場合は、一般的にリッチ・フローが特異点を生成することを証明してしまった。多様体上に曲率がゼロになる点があれば、リッチ・フローは始末の悪い特異点を生成する。特異点を回避する方法はなさそうだった。さらに悪いことに、特異点が発生する可能性は高かったし、一部の特異点の近くの推定量を得ることはできても、特異点全般を処理する方法は見当たらなかった。リッチ・フローの手法を用いた研究は特に高次元で盛んに行われた。リッチ・フローはリーマン幾何学を研究するための強力な手法だった。しかし、その手法を用いて、幾何化予想［ポアンカレ予想を包含する］を証明する方法は見つかりそうもなかった。

◆その他の試み

もちろん、リッチ・フローの手法以外によるポアンカレ予想に対する挑戦が終わったわけではない。純粋代数が証明の鍵《かぎ》になりそうだった。デーンとパパキリアコプロスは、ポアンカレ予想の代数への変形に先鞭を付けた。バーナード大学のジョーン・バーマンは、ポアンカレ予想を再公式化し、分析しやすそうな純粋代数の命題としてまとめた。[232] 悲しいかな、そこからは何も生まれなかった。

低次元を研究する位相幾何学者たちは、一貫してポアンカレ予想を自分たち専門の問題ととらえていた。彼らは代数ならなんとか我慢できた。しかし、幾何学、特に偏微分方程式となると嫌悪《けんお》感《かん》が先に立った。一九八六年、ワーウィック大学のコリン・ルークと、ルークが大学院で指導したポルトガル人の数学者エドゥアルド・レゴは、ポアンカレ予想を解決したと発表した。ルークは、専門家による論文審査が完了する前に新聞記者を集めて記者会見を開いたことで、数学界の多くの人々の顰蹙《ひんしゅく》を買った。カリフォルニア大学バークレー校で開かれた会議で証明にギャップが発見され、ルークはそのギャップを修復できると主張したが、結局、修復はならず、論文は取り下げられた。

証明には失敗したが、ルークとレゴは、その研究の結果、二つのn穴トーラス立体を貼《は》り合わせることによって出来る3-多様体を特定するアルゴリズムを発見した。そのアルゴリズムによって、ポアンカレ予想の反例候補の確認を困難にしていた問題のひとつが解決された。それ以前は、反例の候補を見つけるところまではいくのだが、最終的にそれがどんな多様体になるのかを突き止めることができなかった。その少し後、メルボルン大学のハイアム・ルビンシュタインが別のアルゴリズムを発見した。一九九四年、カリフォルニア大学デービス校のアビゲイル・トンプソンは、thin position〔リーマン計量に対する体積がつぶれる部分〕と呼ばれる新たに開発された概念を利用して、ルビンシュタインのアルゴリズムを証明し、再解釈し、改造することによって、3－球面を認識する問題に革命をもたらした。ルークは、レゴ＝ルークク・アルゴリズムとルビンシュタイン＝トンプソン・アルゴリズムを組み合わせて、ポアンカレ予想の反例の検索に使えるコンピュータプログラムを作成した。当時既に大幅に高速化していたコンピュータを使っても、反例の候補を確認するには気が遠くなるような長い時間がかかった。しかも、ポアンカレ予想の反例が存在しないとすれば、演算は果てしなく続く。そんな不安をものともせず、二人の大学院生がそのコンピュータプログラムをインストールし、実行し始めた。

一九九五年、ヴァレンティン・ポエナルが、ポアンカレ予想を包含する4次元の結果を立証することによってポアンカレ予想を証明する議論を提起し、ちょっとした騒ぎを巻き起こした。悲しいかな、ポエナルは、その論拠となった結果のひとつを取り下げることを余儀なくされた。

最終的には、微分幾何学を利用した証明の可能性が残された。技術的な難しさは想像を絶するレベルだったが、リッチ・フローを利用したハミルトンのアプローチにはまだ望みがあった。マイケル・アンダーソンによる別のアプローチは、これも偏微分方程式によって記述された規則を利用して、「全スカラー曲率」（ある点のすべての方向の曲率を平均することによって得られるその点の数値）が大きいスカラー曲率から小さいスカラー曲率へ、小さいスカラー曲率から大きいスカラー曲率へ流れるようにしたものだ。だが、リッチ・フローの場合と同様に、複雑で、とても解析できそうにもない特異点が発生した。

世紀末が近づくなか、ポアンカレ予想の解決はますます遠のくように見えた。それまでの対戦成績はポアンカレ予想五〇、数学者〇と、数学者の大惨敗《だいざんぱい》に終わっていた。証明に進展がないことは悲観的要素だったが、ポアンカレの位相幾何学的なアイデアは数学のあらゆる分野に浸透していた。位相幾何学と物理学との関連性、位相幾何学とコンピュータサイエンスとの関連性が新たに浮上した。新しい結び目の不変量が発見されたことで、存在することすら知られていなかった3次元多様体と4次元多様体の不変量が明らかになった。ポアンカレの最後の論文にその萌芽《ほうが》が見られる、「シンプレクティック幾何学」と呼ばれる従来とまったく異なる幾何学が本格的な学問分野にまで成長を遂げた。ポアンカレによるカオスの発見は、数学界に完全に浸透し、流体の動き、特にハリケーンの形成を支配する方程式が本当にカオス型なのかどうかが最先端の研究課題になった。一世紀にわたって蓄積された前代未聞《みもん》のすばらしい業績を振り返ると、あらゆる部分にポアンカレの影響が見てとれる。数学がこれほど輝いていたことはなかった。

だが、不安材料もあった。高等数学を学ぶ学生の数が減りはじめたのである。一九九〇年に数学学士を取得したアメリカ人の人数は、一九七五年の半分未満だった。一九九〇年から二〇〇〇年にかけては、その数がさらに減少した。一九七五年から二〇〇〇年にかけて、アメリカを含む全世界で、数学博士号を取得した学者の数が同じように激減した。ソ連における数学のインフラの弱体化は、それよりさらに顕著だった。ソ連の崩壊とともに、世界最大の数学コミュニティは崩壊した。一九六〇年代から一九八〇年代にかけて数学そのものは隆盛をきわめたが、二〇世紀最大の業績の一部がきちんと記録に残らなかったことで、さらなる進展が阻害された。数学の将来にかつてない暗雲が立ちこめていた。

第14章　新ミレニアムを飾る証明

歴史研究家が十分な距離をおいて二〇世紀に対して意味のある評価を下せるようになるまでには、まだ何年もかかるだろう。かつてこれほど大規模な虐殺《ぎゃくさつ》が行われた世紀はないし、これほど爆発的に知識が増大した世紀もない。あらゆる分野にまたがる世界中の数学者が一堂に会する四年に一度の国際数学者会議は、波瀾万丈《はらんばんじょう》の二〇世紀の歴史を反映している。一九三六年から一九五〇年までは、第二次世界大戦が原因で、まったく開催されなかった。一九九八年にベルリンで会議が開かれ、その次の会議が二〇〇二年に北京《ペキン》で開かれる予定だったため、ミレニアム（千年紀）の代わり目となる二〇〇〇年には国際数学者会議が開催される予定がなかった。

ところが、それに代わるかのように、二〇〇〇年五月二四日、パリ科学アカデミーを擁する壮大な建物で開かれた、米クレイ数学研究所が主催した国際会議に、世界中から数学者たちが大挙して押し寄せた。クレイ数学研究所は一九九八年、アメリカの慈善活動家ランドン・クレイとラヴィニア・クレイの寄付によって数学知識の促進と普及を目的として創設された。卓越した数学者たちをメンバーとするクレイ数学研究所の顧問グループは、長い間解決されていない七つの数学の問題（ミレニアム問題）を提示し、問題を解決した数学者に百万ドルの賞金を進呈することが研究所の使命を推進するうえで最良の方法であるとの結論に達した。[233] 若い数学者たちが発表の実績を積み上げることだけを目的として簡単な問題にしか取り組まなくなることを懸念《けねん》した委員会は、賞金を進呈することで、難問に挑戦する勇気を鼓舞する効果を狙《ねら》った。研究所の顧問のひとりでフィールズ賞受賞者のアラン・コンヌは、頂上を目指す闘いは過酷かもしれないが、登頂に成功したときの眺めは、だれも見たことがない絶景で、それを機にあらゆるよいことが起きるというのが顧問グループの考えだと説明した。[234]

ミレニアムの幕開けを記念する国際会議の席上で、数学者たちと報道機関を前にして七つの問題が発表された。期待は高まっていた。自身も一流の数学者である委員会のメンバーたちは、広く意見を求めた。賞金を進呈するという戦略に賛同しない数学者もいたが、どんな問題が選ばれたかについては、誰もが興味津々《しんしん》だった。実際、予想外のアクセスが殺到したため、クレイ数学研究所のウェブサイトはダウンを余儀なくされ、アメリカ数学会に置かれたミラーサイトにトラフィックが集中し、数学会のサーバーもあやうくダウンするところだった。

数学者は他のどの分野の科学者よりも（数学は科学というより芸術だという者も多いが）強い歴史観を持っている。ミレニアムの幕開けを記念するその会議は、ダーフィト・ヒルベルトが来たるべき新世紀の数学の課題となるリストを提示した一九〇〇年のパリの国際数学者会議を意識して開かれていた。二〇〇〇年の会議の冒頭を飾ったのはクレイ数学研究所の所長アーサー・ジェイフによる短い挨拶《あいさつ》だった。その挨拶の最後に、ジェイフは、一九三〇年のヒルベルトの最後の公開講演のひとつであり、初めてラジオ放送された有名な演説が録音されたテープを再生した。ヒルベルトの引退を記念して、ヒルベルト生誕の地であるケーニヒスベルクの町の評議会はヒルベルトを名誉市民に選出した。それに感激したヒルベルトは、入念に草稿を練って、自然の理解と活用に関する限り、時代の文化全体を担《にな》っているのは数学であると主張する力強い演説をした。ヒルベルトは、知性に対する悲観論と、解決不能な問題があるとする考え方を激しく非難した。

それから七〇年を経過して、後日ヒルベルトの警句として有名になる、演説を締めくくる言葉「ヴィーア・ミュッセン・ヴィッセン、ヴィーア・ヴェーアデン・ヴィッセン（我々は知らねばならない。我々は知るだろう）」がヒルベルトのよく通る力強い声で鳴り響いたとき、科学アカデミーの講演会場に詰めかけた聴衆の間に戦慄《せんりつ》が走った。誰もがその言葉を知っていた。ヒルベルトの肉声には情熱がこもっていた。誰もが、その演説に二重の皮肉を感じていた。第一の皮肉は、ケーニヒスベルクがその後の戦争で壊滅的な打撃を被《こうむ》り、ロシアの手に落ちたことだ(235)。第二の皮肉は、ヒルベルトの演説の数ヶ月後、クルト・ゲーデルが、考え得るすべての数論の結果を何の矛盾をきたすこともなく立証するための基盤となる論理的公理系を見つけることは不可能であることを証明したことである。論理には限界があったのだ。

ジェイフに続いて、フィールズ賞受賞者のティモシー・ゴワーズが数学の重要性に関する講演をした。ゴワーズは、数学者特有の奥ゆかしい控え目な表現で、数学者たちが自らの美と調和の感覚に従って自らの分野を究めることを手助けするために資金援助をすることは、ある種の投資であり、それに対する見返りは必ずあると述べた。次に、フィールズ賞受賞者でケンブリッジ大学トリニティカレッジの前学長マイケル・アティヤと、卓越した数論学者のジョン・テイトがミレニアム問題に選ばれた七つの問題を発表し、それぞれの背景を説明した(236)。七つの問題すべてが、一人前の数学者なら誰もがよく知っており、途方もない難問であることがわかっていて、きわめて重要性が高いことを認識している問題だった。

クレイ数学研究所の顧問委員会は、新しい理論の構築を必要とする問題を提起する代わりに、きわめて明確で具体的な問題を選んだ。賞金を進呈すること自体には賛否両論があったし、ミレニアム問題に含めてもよさそうな問題は他にもたくさんあったが、発表された七つの問題のどれもがミレニアム問題にふさわしいことは、誰の目にも明らかだった。委員会の選択は的確だった。

幾何に関連した問題の説明を担当したアティヤの講演で、最初に触れられたミレニアム問題はポアンカレ予想だった。クレイ数学研究所が意見を聞いたすべての数学者がポアンカレ予想を候補に挙げていたが、(237)それがあらためてミレニアム問題に選ばれたことの心理的効果はすさまじかった。長い間、問題が解決されないと、悲観的な見通しが広がることがある。もしかすると、ゲーデルが証明したことの位相幾何版により、通常使われているものよりも強固な集合論の公理を必要とするという意味で、問題が決定不能なのではないか。あるいは、予想は成り立つものの、それを説明する十分な理由がないのではないか。反例をつくり出すはずの偶然の代数的な打ち消し合いが起こらず、もう何の手だても残されていないのか。それとも、その問題は、それほど重要ではなかったのか。もしかすると、ポアンカレ予想は、古典的な3次元位相幾何学という数学の一分野の、そのまたごく狭い下位分野に属するごく小さな問題なのだろうか。

ポアンカレ予想がミレニアム問題に選ばれたことは、この予想が重要であることを示す非常に明確なメッセージとなった。すべての数学者にとって、この予想は重要である。すべての科学者にとって、すべての人間にとって、重要な予想である。ポアンカレ予想は人類が持つ知的遺産の一部なのだ。会議の基調とヒルベルトの演説は、それ以上のことを語っていた。ヒルベルトは、決定不能な問題などないと誤って思い込んでいたが、ヒルベルトの基本的な楽観論は正しかった。人類はポアンカレ予想を解決できる。解決するのはあなたや私ではないとしても、どこかで、誰かが、必ず解決できる。そして、その解答は私たち全員を豊かにする。

◆グリゴリー・ペレルマンがその人か？

二〇〇二年一一月一一日、オンライン・プレプリント・サーバーのwww.arXiv.orgに、グリゴリー・ペレルマンが論文を投稿した。このサーバーは、物理学、数学、コンピュータサイエンスのさまざまな分野の論文を交換する標準的な手段となっている。ペレルマンは論文を投稿したことを知らせる電子メールを数人の知人に送った。さらに、その四ヶ月後、八ヶ月後に、それぞれ一篇ずつ論文を投稿した。[238]

一一月の論文はただちに注目を集めた。その論文はきわめて明快であり、淡々とした調子で書かれていた。ペレルマンは、リッチ・フローの専門家を意識して書かれた論文の冒頭で、ハミルトンの業績にごく簡単に触れている。「ハミルトンは解の驚異的な性質を発見した……。［それを利用してハミルトンは］さまざまな点とさまざまな時間における解の曲率を比較することができた。これらの結果から、ハミルトンは、3次元におけるブロー・アップ極限の構造に関する、ある予想を導きだした……。本論文では、その予想を証明する」[239]。これはいったいどういう意味か。非常に専門的なその予想は、リッチ・フローの専門家の間ではよく知られているものだった。それは途方もなく難しい予想であり、ハミルトンをはじめとする研究者たちがサーストンの幾何化予想を証明しようとする試みのなかで、とても乗り越えられそうもない障害にぶつかった部分に関連するものだった。その予想が証明されたのであれば、きわめて画期的な進展であるし、それが幾何学に及ぼす影響は計り知れない。

ペレルマンは、誤解を避けるために、さらに詳しく説明した。「ハミルトン・プログラムの実行は閉3－多様体に関する幾何化予想を包含している」[240]。それに続けて、時間が無限に経過する過程で、どこかの領域で曲率が無限大にならないではしいというハミルトンの希望を確認することはできなかったものの、そのような領域が制御された状況で崩壊する［より低い次元の空間に潰《つぶ》れる］ことを証明できたこと、位相幾何学的な結論を出すにはそれで十分であることを述べた。

数学者の目には、この論文の信憑《しんぴょう》性が高いことは明らかだった。さらに、驚いたことに、ペレルマンが証明したことは、それにとどまらないことがわかった。彼は、それよりはるかに多くのことを追究していたのである。ペレルマンは、リッチ・フローと、それとはまったく異なる、さまざまな分解能で空間を結び付ける量子物理学のフローとの間に関連性があることについて、さりげなく言及していた。その場合のパラメータは時間ではなく、スケールである。また、空間のモデルは、計量を持つ多様体ではなく、リッチ・フロー方程式によって結び付けられた多様体と計量の階層である。この種の根本的な視点の変化はリーマンの

図51　グリゴリー・ペレルマン

教授資格取得講演を髣髴《ほうふつ》とさせる。この数学はまさに二一世紀という新世紀と西暦二〇〇〇年代〔第三ミレニアム〕という新しいミレニアムに属する数学であるが、計量の階層という概念を知ったら、さぞかしリーマンは喜ぶことだろう。

　ペレルマンはこう書いた。「ここにはパラドックスがある。大距離スケールでは互いに遠く離れているように見える領域どうしが、小距離スケールでは互いに近づく可能性がある。さらに、リッチ・フローが特異点を流れるようにすれば、大距離スケールでは別々の連結された部分に存在する領域が隣接する可能性もある……」[241]。まるでSFのような話だ。その後、こう書いている。「いずれにせよ、リッチ・フローとRG〔繰り込み群〕フローの間のこの関連性は、リッチ・フローが勾配《こうばい》フローに類似していることを示唆《しさ》している。本論文では、それを立証する」[242]。こちらの方が先ほどの話より、やや地に着いていると言えるかもしれない。勾配フローは比較的よく理解されているものだが、リッチ・フローを勾配フローと見なすのは、まったく新しい発想である。ペレルマンは論文の概要を示し、最初の一〇節の記述が任意の次元に当てはまること、そこでは曲率に関する想定を設けていないことを述べた。最後の三節が幾何化予想に対するハミルトンのアプローチに関する記述だった。ペレルマンは「最後の第一三節で、幾何化予想の簡単な概要を示す」[243]と書いている。さらに、もっと詳しい第二の論文を近々発表すると約束した。

ペレルマンは事実上、次のように言ったのと同じだ。「私は、リチャード・ハミルトンがリッチ・フローに関して予想したほとんどすべてのことを証明した。ちなみに、それは私が幾何化予想を証明したこと、したがってポアンカレ予想を証明したことも意味している。だが、それよりはるかに興味深いのは、リッチ・フローが、今まで誰も存在することすら知らなかった、すべての次元で有効な性質を持っていることを証明したことだ。その結果が持つ意味の大きさは計り知れない」。

これは、慎ましさと大胆さが入り混じった実に奇妙な書き方だ。普通の数学者だったら、論文の冒頭に「私はポアンカレ予想を証明した」あるいは「私は幾何化予想を証明した」と書くだろう。このように書かれていたため、ペレルマンが言わんとしていたことを直ちに理解した者はごくわずかだった。しかし、リッチ・フローの専門家にとって、この発表は驚天動地の出来事だった。ペレルマンが述べた専門的な論点は、まさにリッチ・フローの研究の中核をなすものだったが、ペレルマンはそれよりずっと先を見ていたのだ。ペレルマンは、ポアンカレ予想の証明が世界を震撼《しんかん》させる大ニュースであることを承知していて、それをなるべく目立たせないようにしたふしがある。そうすることで、自分の発表の意味を認識する人はほとんどいないだろうし、認識できた人でも判断を保留する可能性が高いと踏んだのだろう。

ペレルマンの論文は、サウサンプトン大学のマーティン・ダンウッディがその数ヶ月前に発表した論文と好対照をなしている。ダンウッディは、その論文で、ルビンシュタイン＝トンプソン・アルゴリズムに基づいてポアンカレ予想の証明を発見したと述べた。だが、ルークが誤りを発見し、ダンウッディはその論文を取り下げた。ダンウッディは立派な数学者である。しかし、ペレルマンの論文は、ダンウッディの論文よりも重要性が桁《けた》違いに高い。ペレルマンの論文はきわめて野心的だった。ポアンカレ予想も、幾何化予想さえも、論文の主たる目的ではなかった。

ペレルマンの論文ほどの着想、入念さ、論拠を持つものであれば、たとえ執筆者が無名であっても、遅かれ早かれ、注目を集めるのは確実だった。しかも、ペレルマンは、まったく無名というわけではなかった。忘れられていたかもしれないが、名前は知られていた。

ペレルマンは少年時代にソ連の全国数学オリンピックで優勝した。ソ連の数学教育は小学校から大学院に至るまでレベルが高く、数学研究者が小学校から高校に至る教科課程の作成に携わっていたほどだ。数学的な才能を持つ生徒は早期に発見され、それを強力な指導体制が支えていた。ペレルマンは、数学と物理学を専門とするサンクトペテルブルクの有名な高校に通った。[244] 一九八二年にブダペストで開催された国際数学オリンピックでは、他の二人と共に満点をとり、金メダルを受賞した。[245]

一九九〇年代の初頭、ペレルマンは、博士課程修了後の研究者として数年間にわたってアメリカで暮らし、その頭脳の冴《さ》えで注目を集めた。一九九三年、二十歳になった頃には、既に多くの業績を上げていた。ペレルマンは、ゼロから遠く離れる曲率を持つ多様体の理論を解明した。さらに、曲率がゼロになることが許される多様体[246]の特徴づけに関連する「ソウル予想」と呼ばれるリーマン幾何学の重要な問題も解決した。曲率が常に正であれば、多様体はユークリッド空間と同相になることがわかっていた。ペレルマンは、一部の領域で曲率がゼロであり、それ以外の領域で曲率が正であれば、ある意味で多様体のすべての位相幾何構造を持つ「魂（ソウル）」と呼ばれる空間の領域が存在することを証明した。また、曲率が負になることがなく、曲率が正になる点がひとつでもあれば、魂がひとつの点から構成され、多様体がユークリッド空間と同相になることも証明した。[247] この論文は一九九四年に寄稿された。その年を最後に、彼は論文を寄稿することを止《や》めた。その年、ペレルマンは、チューリッヒで開催された国際数学者会議で招待講演を行った。その後、ロシアに帰国し、消息を絶ったかに見えた。一九九六年、ヨーロッパ数学会がペレルマンに賞を授与したが、授賞式に彼の姿はなかった。

ペレルマンの専門分野は、微分幾何学の手法を使ってポアンカレ予想に挑む試みが行き詰まった、まさにその分野だった。一九九〇年代はじめのペレルマンの仕事は、曲率がゼロになる領域を持つ多様体を扱うものだった。その領域とは、リッチ・フローが特異点を生成し、解析が頓挫《とんざ》した領域にほかならない。

ペレルマンの偉業を支えたもうひとつの要素は、ペレルマンがステクロフ研究所(248)サンクトペテルブルク支部の数理物理学グループに属していたことだ。これは、偏微分方程式の理解に決定的かつ基本的な貢献を果たした伝説的なグループである。二〇〇四年に亡《な》くなるまでの数十年にわたってこのグループの精神的な支柱になったのは、生涯を数学に捧《ささ》げた美貌《びぼう》の優秀な数学者オルガ・ラディゼンスカヤである。彼女の父親は、スターリンの率いる政府によって裁判もなく処刑されている。(249)リッチ・フローの属する方程式である非線形双曲型偏微分方程式の解の難解な振る舞いを理解できる研究者がこれほど多く集まっているグループは他にあまりないだろう。しかも、彼女のように才能に恵まれ、思いやりがあり、献身の価値を理解している人物が率いるグループとなると、余計少ないに違いない。

ペレルマンが投下した静かな爆弾が世界を震撼させるまでに時間はかからなかった。

メールボックスにはたちまち電子メールが殺到した。ペレルマンが二〇〇二年一一月に論文を投稿した八日後、カリフォルニア大学サンタバーバラ校のヴィタリ・カポヴィッチ（当時）がペレルマンにこんなメールを送った。「やあ、グリシャ〔グリゴリーの愛称〕。忙しいところすまないけど、『リッチ・フローに関するエントロピー公式……（*The entropy formula for the Ricci flow and its geometric applications*）』という君のプレプリントに関する問い合わせが余りにも多いんでね。要するに、君は、まだハミルトン・プログラムのすべてのステップを実行できるわけではないけど、崩壊という結果を利用して幾何化予想を証明する段階には漕《こ》ぎつけたということなのかい？　ヴィタリ」。その一日後、返事が来た。「その通りだよ。グリシャ」[250]。

疑念と希望が交錯した。幾何学者と解析学者は、最初の論文の第一三節で概略が示された証明の詳細が記述されるという、ペレルマンの次の論文を待った。二〇〇三年三月一〇日、きわめて専門性の高い論文が www.arXiv.org に投稿された。その論文で、ペレルマンは最初の論文で述べた二つの結果を訂正したが、その訂正は結論にまったく影響を及ぼさないとした。その翌月、ペレルマンはアメリカを訪問し、第1章で書いた講演をケンブリッジとストーニーブルックで行った。ロシアに帰国後、七月一七日に第三の論文を投稿し、さらに解析的な結果を提示した。その結果に基づいて、二番目の論文の難易度の低い前半の部分を利用して、直接ポアンカレ予想を証明することができた。(251) その一ヶ月後、トビアス・コールディングとウィリアム・ミニコッツィは、その解析的な結果の、より簡単で、より幾何学的な証明を発見した。

最初の論文が投稿されてから三年の間、ペレルマンの論文は前代未聞《みもん》の厳しい精査を受けた。ミシガン大学のブルース・クライナーとジョン・ロットは、ペレルマンの論文に関する詳しい解説が掲載されたウェブサイトを開設した。(252) このウェブサイトにはペレルマンの講演を記録した手書きのノートが投稿された。

数学の振興と普及を使命とするクレイ数学研究所は、ただちにアクションを起こした。二〇〇三年一一月、リチャード・ハミルトンは、リッチ・フローに関する業績を賞するクレイ数学研究所の研究賞を受賞した。ペレルマンの最初の論文の注釈を書いたロットとクライナーは、クレイ数学研究所の支援を受けて、ペレルマンの第二の論文をほとんど一行ごとに解説する非常に詳しい解説論文を書き上げた。(253) 二〇〇四年八月、クレイ数学研究所は、ペレルマンの仕事に精通している十人以上の数学者を招いて、プリンストン大学で一週間の研究会を開催した。また、二〇〇五年に開催した四週間のサマースクールのテーマもリッチ・フローだった。(254) このサマースクールでは大学院生を対象とする講義が行われた。プリンストン大学の数学者ティアン・ガン（田剛）とコロンビア大学の数学者ジョン・モーガンは、ペレルマンの仕事に関する著作(255)の執筆に対する援助を受けた。

ペレルマンの結果をテーマとする研究セミナーが世界中で開催された。グルノーブル、トリエステ、ミュンヘンのグループは多くの詳細な論点を解明した。二〇〇五年六月、ジェラード・ベッソンは、パリで開催された有名なブルバキセミナーでペレルマンの論文について講演した(256)。ハーバード大学における一年間にわたるセミナーの後、ツァオ・フアイ・トン（曹懐東）とチュウ・シー・ピン（朱熹平）(257)は、ハミルトンとペレルマンの業績のさまざまな特徴を説明する長い論文を書き、一部のペレルマンの評価への異なるアプローチを提起した(258)。アメリカやヨーロッパの研究所、世界中の数学者たちがペレルマンのアイデアの理解や拡張に大きな役割を果たした(259)。

これらの人々のお蔭《かげ》で、我々もペレルマンの仕事をよく理解できるようになった。まず、ハミルトンがリッチ・フローの特異点を分類し、その予備的な解析を始めた。数学者は、なるべくなら特異点を避けたい。ところが、ペレルマンは、特異点を避けるどころか、リッチ・フローの特異点に近い領域を徹底的に追究したのである。彼は、多様体内の空間がもうすぐ崩壊するところまで曲率が大きくなったときに予想外の規則性が生じることを発見し、新しい数学の道具を導入して崩壊の可能性を解析した。

ペレルマンは、ある種の特異点がまったく発生する可能性がないこと、他の特異点が非常に整然と振る舞うことを証明した。実際、特異点の近くでは、フローの最も深遠な幾何学的性質が最も顕著に現れた。フローが流れるにつれて特異点が発生するが、ペレルマンは、特異点が発生した部分を元の多様体から切り取って、サーストンのいう意味で同種の幾何構造を持たせることができることを証明した。その部分を切り取った後は、リッチ・フローを再開させることができる。すると、新しい特異点が形成され、それに伴って同種の幾何構造を持つ新しい領域が形成される。そうなれば、再びその領域を多様体から切り取って、またフローを再開させることができる。幾何学と位相幾何学がこれほど密接に作用し合うとは、誰も想像しなかった。サーストンの幾何化予想とリッチ・フローは、はじめから対になっていたかのようだった。リッチ・フローは、多様体を伸ばしたり変形したりして加工し、同種の幾何構造を持つ部分に多様体を分割するための道具になった。最終的に、多様体全体が幾何構造を持つ部分に分解された。ジョン・モーガン、マイケル・アンダーソン、ローラン・ベシエールによるペレルマンの論文の解説は、リッチ・フローが同種の幾何構造を持つ部分への多様体の分割を達成する神秘的な方法を明らかにしている(260)。これ以上満足な最終結果は考えられない。境界を持たず、無限に広がることもない

3－多様体があるとしよう。微分位相幾何学の標準的な手法を使えば、その多様体に幾何構造を持たせることができる。その多様体をリッチ・フローに従って変形させてみよう。ペレルマンは、その多様体が単連結なら（つまり、多様体上のすべてのループを一点に縮めることができれば）、差し障《さわ》りのない手術を少し行う必要はあるかもしれないが、最終的にはリッチ・フローが曲率の極値をならしてくれて、その結果、元の多様体と同相な一定の正の曲率を持つ多様体が形成されることを証明した。一定の正の曲率を持つ単連結な多様体が必然的に3次元球面になることを証明する議論は昔から知られている。したがって、ペレルマンの論文はポアンカレ予想を証明している。

◆すると宇宙の形は？

「マッカーサー天才賞」受賞者であり、ニューヨーク州最北部のカントンに在住するサーストンの元門下生ジェフ・ウィークスは、宇宙の形を突き止めることを目的とする研究を進めている。ウィークスは、主要な研究所から遠く離れた場所で、インターネットを利用して研究を進める新しい世代の数学者である。彼はウェブサイトwww.geometrygames.orgを運営しているが、そこでは、訪問者がさまざまなプログラムを利用して、宇宙船に乗ってさまざまな形の宇宙を駆け巡ることができる。

宇宙がその年齢に比べてあまり大きすぎず、有限であり、境界を持っていないとすれば、宇宙のあちこちを見て回ることができるはずだ。光の速度が有限であり、宇宙では遠くを見ることが過去を見ることになるため、話は複雑だが、同じ超銀河団の複数の像が見えるはずである。宇宙のさまざまな領域を互いに組み合わせようとすると、「宇宙結晶学」と呼ばれる巨大な統計学上の問題が生じる。一点に縮めることができない閉ループは、データの周期性を見つけるための数学的な道具である「対分離ヒストグラム」にスパイクとなって現れる。宇宙が十分に小さければ、そのようなスパイクがないことは宇宙が単連結であることを示唆する。

単連結でない十分に小さい宇宙では、「最終散乱面」と呼ばれるものから得られる別のデータがあり、ある環境のもとでそれを利用すれば、宇宙の形を推測することができる。最終散乱面は自己交差し、バックグラウンド雑音を平均すると、その交差線に沿ってかすかな円が現れる。その円の持つ性質から、宇宙の形を推測することができる。二一世紀の初頭に、宇宙がポアンカレの正十二面体空間の位相幾何構造を持つことを示す円を探すための観察がなされた。しかし、その円は存在しそうになかった。宇宙が大きすぎる、宇宙が球面である、宇宙の基本群がまったく異なるなどの可能性が考えられた。あるいは、何らかの「雑音」の発生源があって、そのために円が見えなかった可能性もある。

現在、多くの天文学の観察が、宇宙の平均曲率がきわめてゼロに近いことを示唆している。(261) 宇宙物理学者の間では宇宙が平坦《へいたん》であるという意見が支配的だが、宇宙がわずかな正の曲率を持っている可能性も否定し切れない（宇宙が負の曲率を持っている可能性は実験的証拠によって否定されているようだ）。ペレルマンの仕事のお蔭で、宇宙に存在する同値でない閉ループの数が有限であれば、宇宙が正の曲率を持っていることがわかる。しかし、宇宙の形に関する問題は、まだ解決にはほど遠い。

リーマンは、宇宙のさまざまな領域を探求するための数学的モデルとして多様体を導入した。一八五四年の講演でリーマンは他のモデルも存在するはずだと述べている。その五十年後、ポアンカレは代数的位相幾何学の研究を完成させ、ポアンカレ予想を残した。それからほぼ一世紀の歳月を経て、ペレルマンは、私たちがポアンカレとリーマンから受け継いだ遺産に匹敵する贈り物を私たちにくれた。ある特定のスケールから見れば、地球や宇宙の表面が多様体に見えることは疑う余地がない。しかし、地球にもっと近づいて表面を見れば、自然のものも人工のものも含めて、地球の位相幾何構造を変化させる橋が存在することがわかる。さらに表面を拡大して見れば、地球の表面は滑らかでなくなり、さまざまな原子や微粒子から構成される不連続なものになる。それと同様に、宇宙も、ブラックホールの付近で3次元の取っ手に多重連結されているのかもしれない。さらに空間を拡大して見ると、宇宙は、すべての点にきわめて微小な高次元球面がくっついた、ある種の量子の泡のように見えるかもしれない。スケールによって位相幾何構造が異なるそのような物体のモデルとしては、ペレルマンが垣間《かいま》見《み》たような量子物理数学的対象が適していることは間違いない。リーマンだったら、その考えに同意するだろう。

◆数学の賞の意味と中国からの挑戦

新世紀が幕を開けてから数年間で、数学界の行動様式が、それまでの数十年の間に数学者たちが慣れ親しんできた様式とまったく異なるものになったことがはっきりした。クレイ数学研究所の運営者たちは、れっきとした数学者なら研究成果を学術誌に寄稿するものと想定していた。実際、クレイ数学研究所の当初の内規では、論文が国際的な評価の定まった審査付きの数学誌で発表され、その二年以内に数学界で研究成果が受け入れられることを、ミレニアム問題の解決の条件としていた。ペレルマンは十年以上にわたって数学誌に論文を寄稿していなかったが、だれもが論文を査読できる状態にしていたことは間違いない。そこで、クレイ数学研究所の現在の内規は、学術誌への寄稿以外の発表方法を認めている。

ペレルマンが数学の賞に興味を持っていないこと、ミレニアム問題が発表されるはるか以前の一九九五年から幾何化予想を研究していたことを考えると、ミレニアム問題はポアンカレ予想の解決に何らかの役割を果たしたのだろうかという疑問が生じる。奇妙なことに、その答えはイエスであるようだ。ただし、クレイ数学研究所が考えていた役割とは異なる。クレイ数学研究所のタイムリーな支援がなければ、ペレルマンの論文のような難解な理論が、これほど迅速に、かつ広く受け入れられることはなかっただろう。クレイ数学研究所は、直接ペレルマンを支援したわけではなく、ペレルマンの論文を理解し、それを他の人に教えることができる人々を支援したのだ。数学には審査が不可欠である。ある理論が正しいことが保証されれば、他の数学者はその理論に基づいて他の理論を打ち立てたり、その理論に手を加えたりすることができる。

しかし、誤った結果が間違って受け入れられてしまうと、ひとつの研究分野がつぶれることさえある。適正な審査は理解を必要とする。理解するには、審査の対象となる数学理論を再現する能力が必要だ。幸い、再現は創造や発見よりは簡単だが、難しい作業であることに変わりはない。ペレルマンの理論は、さまざまな分野の業績を論拠としているし、きわめて精緻《せいち》である。その理論を適正に評価できる数学者はきわめて少ない。クレイ数学研究所の支援がなければ、ペレルマンの論文を審査する時間をつくれなかった数学者も何人かいただろう。彼らにも自分自身の研究テーマがあるからだ。

二〇〇五年の末までには、あらゆる状況から判断して、ペレルマンの証明が正しいことが確実になった。二〇〇五年六月にトリエステで開催された、ペレルマンの仕事を踏まえて3－多様体の理論の進展を議論する会議で、参加者たちは、ペレルマンの論文を詳しく検討し、ポアンカレ予想が解決されたとする決議を満場一致で採択した。(262) もちろん、これは独立した審査者による入念な査読とは意味が異なるが、希望的な兆候であることはたしかだった。今までに多数の誤った証明が提起されたことで、みんなが慎重になっていたし、偏微分方程式を使った議論は特に難解であるという認識もあった。

そんな中、二〇〇六年六月に、ペレルマンの論文に何らかの問題があるという噂《うわさ》が突如インターネットを駆けめぐった。英訳された中国の新聞記事は、ペレルマンによる幾何化予想の証明にギャップがあったが、本章前出の数学者のツァオ・フアイ・トン（曹懐東）とチュウ・シー・ピン（朱熹平）がそれを埋めたことを示唆していた。(263)その記事によれば、フィールズ賞受賞者のヤウ・シン・トゥン（丘成桐）は、北京で開催されたひも理論に関する大きな会議で「ペレルマンの理論に存在するギャップがかなり大きいため、ツァオとチュウの仕事は不可欠だ」と発言していた。互いに矛盾する話が錯綜《さくそう》し、混乱が生じた。六月二五日、クレイ数学研究所は、研究所のホームページに、ツァオ＝チュウの論文、モーガン＝ティアンの著書、クライナー＝ロットのプレプリント、クライナーとロットが運営しているウェブサイト、ペレルマンの論文へのリンクをコメントなしで掲載した。何が起きていたのか。ペレルマンの議論は崩れたのだろうか。ポアンカレ予想の証明には問題があったのだろうか。

第15章　二〇〇六年八月、マドリード

八月二二日火曜日、スペインのマドリードで第二五回国際数学者会議が開幕した。数日前から一二〇余りの国々の四千人近くの数学者がスペインの首都に押し寄せていた。

かつて、これだけ広い注目が国際数学者会議に集まったことはなかった。公式の報道発表は、何ヶ月にもわたって、その会議でポアンカレ予想の証明の成否が発表されるとの見通しを報じていた。[264] リチャード・ハミルトンが本会議の最初の講演者として招かれており、講演日程にはポアンカレ予想に関するジョン・モーガンの講演が記されていた。その夏に起こったさまざまな出来事によって期待はますます高まった。その夏、ポアンカレ予想が本当に解決されたのか、ペレルマンの証明は正しいのかを懸《け》念《ねん》する声が上がった。ペレルマンはフィールズ賞を受賞するだろうか。規則によれば、賞が授与される年の一月一〇日に四〇歳未満でなければ受賞資格がない。したがって、

二〇〇六年六月一三日に四〇歳になったペレルマンにとって、その年は受賞の最後のチャンスだった。ペレルマンは授賞式に現れるだろうか。フィールズ賞の選考委員会は、受賞を拒否することが確実な人物に賞を授与するのだろうか。

話題は報道機関にまで広がった。世界中の新聞がポアンカレ予想とペレルマンに関する記事を掲載した。国際数学者会議の開催に合わせて、《ニューヨーカー》誌は、ヤウ・シン・トゥン（丘成桐）が自分の門下生の功績を主張するために、ペレルマンの論文に疑念を投げかけるような発言を中国で意図的にしたとする高名な二人のジャーナリストの書いた衝撃的な記事を掲載した(265)。そのジャーナリストたちは、サンクトペテルブルクでペレルマンと実際に会見し、孤高の数学者がフィールズ賞を拒否するだろうと報じた。

スペインで国際数学者会議が開催されるのは初めてだったが、特にマドリードは会議にふさわしい場所だった。九世紀前、マドリードからわずか六五キロほど離れたトレドで、クレモナのジェラルドがアラビア語の数学書や科学書、ギリシャ語の科学書のアラビア語訳をラテン語に訳した書物がヨーロッパへの学問の流入の口火を切った。ジェラルドが訳したユークリッドの著作、プトレマイオスの著作、アル＝ナイジーリーによる『原論』の解説書は、世界初の大学が創設されるきっかけとなった。

スペインの数学者たちは、海外の数学者たちを心底から歓迎した。彼らが誇らしげに書いたように、その国際数学者会議は、一五八一年以降マドリードにおける数学者の最大の集まりだった。一五八一年の集まりとは、スペインの王宮をマドリードへ移すという、その二〇年前に下された決定に従って、ヨーロッパ最大の数学者のコミュニティがマドリードに形成されたことを指していた。今回は、ホアン・カルロス王がフィールズ賞の授賞式で開催の挨拶《あいさつ》をすることになっていた。人気の高いカルロス王は、独裁者フランコ将軍が一九七五年に没した後、民主的な政府の確立に尽力した。右翼勢力による一九八一年のクーデター計画に王が果敢に抵抗したことは、スペイン近代史の転換点となった。それ以降、スペインは著しい経済発展を遂げ、数学の研究は隆盛をきわめた。

会議場の外には、金属探知機のゲートを通過し、手荷物検査を受けるために並ぶ数学者たちの長い列ができた。二台のトラックが会議場に隣接する敷地に駐車していた車を排除した。それは、二百人近くの犠牲者と千八百人あまりの負傷者を出した二〇〇四年のアルカイダによるマドリードの通勤電車爆破事件を受けて取られたテロ防止策だった。

午前一〇時半に『シェイプ・スルー・タイム（時を経た形）』と題するビデオの上

映で会議が開幕した。そのビデオのテーマは、規則正しいパターンに魅了されたムーア人と多民族からなるスペインの過去を彩《いろど》る幾何学の伝統だった。ビデオ上映に続いて、国際数学者会議伝統のミニコンサートが開かれた。スペインに在住するレバノン生まれのアルメニア人バイオリン奏者アラ・マリキアンが率いる弦楽三重奏団がフラメンコギターを採り入れた曲を演奏した。最後に、国際数学連盟会長で、高名な応用数学者ジョン・ボールが挨拶をした。「多くの論点が議論されるこの数学者会議を開催するにあたって、我々数学者のコミュニティがどのように機能するかを確認しておくことが大切だと思います。数学という専門職には、高い規範と高潔さが求められます。我々は、他人に業績を盗まれる心配をせずに、自分たちの仕事について他人と自由に議論するし、正式に発表する前に、研究成果を公《おおやけ》にします。編集作業は公正かつ適正であり、研究成果は、成果がどのように宣伝されたかではなく、研究の真価に基づいて評価を得ます。それが大多数の数学者が従う行動規範です。例外はまれであり、発生すれば目立ちます」。聴衆の大半は、この強い言葉を、新聞で報道されたポアンカレ予想をめぐる騒動に関するコメントと受け取った。(266)

さまざまな名士による挨拶の後、ボールは四つのフィールズ賞をアルファベット順に発表した。二番目のフィールズ賞が「幾何学への貢献と、リッチ・フローの解析的構造および幾何学的構造に関する革新的な着想」を賞してグリゴリー・ペレルマンに授与された。(267) 旧約聖書の預言者のような風貌《ふうぼう》をしたペレルマンの大きな写真が聴衆の前に映し出された。ボールは拍手をさえぎって、こう言った。「たいへん残念なことですが、ペレルマン博士はフィールズ賞の受賞を拒否しました」。ペレルマンが受賞を拒否する意思を表明していたにもかかわらず、賞を授与した選考委員会の決定を称《たた》えるまばらな拍手が起こったが、拍手が止《や》むと、会場全体にかすかなため息が漏れた。

授賞式に続けて、マドリード市が主催する歓迎会が開かれ、酒のつまみがテーブルに並んだ。昼食後にフィールズ賞受賞者の業績を紹介する短い講演が行われた。ジョン・ロットがペレルマンの業績の概略を説明し、その完全な新規性とペレルマンの数学的な力量を強調した。

次に、リチャード・ハミルトンが本会議の最初の講演をした。盛りだくさんのその講演で、ハミルトンは、自らのライフワークとなったリッチ・フローの研究、自らが導入した技法の概略を解説した。四〇年前にジェームズ・イールズの講義を聞いた後、リッチ・フローを利用するアイデアが閃《ひらめ》いたいきさつに触れて、「トポロジーが存在しないというのがその仮説です」と語った。それは、一点に縮めることができないループが存在しない、すなわち位相幾何学者が操ることのできる対象が存在しないとする仮説のことを指していた。「そこで、我々（解析学者）なら彼ら（位相幾何学者）に救いの手を差し伸べることができるかもしれないと思い立ったのです」。解析学が位相幾何学を救ったことに解析学者のハミルトンが有頂天になるのも無理はない。百年前、惑星の運動を支配する方程式を研究する過程で浮上したカオス現象に直面し、なす術《すべ》がなかった解析学者を、代数的位相幾何学を発明することによって救ったのがポアンカレだった。ペレルマンは、解析学を利用して位相幾何学の最大の難問を解決したことで、百年来の借りを利息付きで位相幾何学者たちに返したのである。

ハミルトンは、ペレルマンが「非崩壊定理」を証明するために導入したエントロピーの基本概念を説明した。エントロピーの概念が導入されたことで、リッチ・フローを利用して、多様体を幾何構造を持つ部分に分割することが可能になった。ハミルトンと同僚たちは、その後、その証明を単純化する理論を発見したのだが、ハミルトンはペレルマンの議論に非の打ち所がない点を強調した。「グリシャがこの仕事をやってくれたことに感謝しています。私は数個の例を手掛かりに［非崩壊定理を］証明しようと悪戦苦闘していました。これでもう心配する必要がなくなりました」。

ハミルトンがペレルマンの証明をやや専門的な観点から解説してくれたことで、会場を埋め尽くした聴衆は、その理論がいかに驚異的で、革新的なものかを実感することができた。ハミルトンは感慨を込めて、こう言った。「こんなにうまく事が運んだことに驚いている点では、私もみなさんと同じです。グリシャ・ペレルマンがこの仕事を完成させてくれたことを本当に感謝しています」。

会議の開催中、他の講演者たちも同じ驚嘆と感謝の念を表明した。二日後、コロンビア大学数学科の教授で、卓越した位相幾何学者のジョン・モーガンが一般聴衆向けにポアンカレ予想について話した。高く評価されている数学者であり、きわめて慎重なモーガンは、ペレルマンの論文の審査に深く関わっていた。英語が母国語でない人にも理解できるように、モーガンは明瞭《めいりょう》にゆっくりと話した。大きい講演会場を埋め尽くした満員の聴衆は、モーガンの言葉のひとつひとつに耳をそばだてた。あらゆる疑いを振り払うかのように、モーガンはきっぱりと断言した。「グリゴリー・ペレルマンがポアンカレ予想を証明しました」。会場の緊張がゆるみ、拍手が湧《わ》き起こった。

モーガンは、ポアンカレ予想の歴史を振り返り、二〇世紀の幾何学と位相幾何学の発展の大半がポアンカレ予想に関連していることを説明したうえで、ペレルマンによる証明を、ペレルマンのみならず、数学界全体にとって重要な「比類のない業績」であると讃《たた》えた。ポアンカレ予想に関連するあらゆる進展が重要な数学理論の興隆をもたらし、それに関わったミルナー、スメール、フリードマン、ドナルドソン、サーストン、ヤウをはじめとする数学者がフィールズ賞を受賞していた。モーガンは、アイザック・ニュートンが自分の業績を振り返って言った名文句をもじって、ペレルマンは、「巨人たちの肩、とりわけ二五年以上にわたる骨の折れる作業によってリッチ・フローの基礎を築いたリチャード・ハミルトンの肩に乗ったのです」と語った。そして再びこう述べた。「論文は徹底的に審査されました。彼［ペレルマン］はポアンカレ予想を証明したのです」。ハミルトンがポアンカレ予想の解決を喜んでいることは誰の目にも明らかだった。(268)

ところで、ミレニアム問題はどうなったのだろうか。マドリードで記者たちの質問に答えて、クレイ数学研究所の所長ジェームズ・カールソン（当時）は、研究所のホームページに載っている三篇の解説論文が発表されると同時に二年間の待機期間を測る時計が時を刻みはじめたと語った。ペレルマンは審査付きの学会誌には寄稿していないが、ペレルマンの仕事の解説論文は入念に審査されている。(269)カールソンは、クレイ数学研究所がフィールズ賞の選考委員会と同様にペレルマンに賞を与えることを決定すれば、ペレルマンが受け取るかどうかにかかわらず、賞を授与すると明言した。

フィールズ賞が授与されたことやロット、ハミルトン、モーガンの報告を考えれば、ペレルマンがミレニアム問題の懸賞金の獲得者のひとりであることに疑いの余地はない。ペレルマンが懸賞金を他の数学者と分かち合うのか、その場合にどんな比率で賞金を配分するのかという難しい判断は、クレイ数学研究所の顧問委員会の手に委《ゆだ》ねられるだろう。クレイ数学研究所の決定がどうなるか、そしてペレルマンが賞金を受け取るかどうかは、時が経《た》てばわかることだ。

国際数学者会議が閉幕すると、ペレルマンに関する詳細な情報が明らかになった。ペレルマンは、ステクロフ研究所を辞めていた。ユダヤ系ロシア人のペレルマンは、母親と二人で暮らしていた。父親と妹はイスラエルに移住している。フィールズ賞の拒絶は、数学界を拒絶する意思の表れだとする当初の噂《うわさ》には根拠がないことがわかった。ガウスと同様に、ペレルマンはスポットライトを浴びるのが苦手で、数学界を代表して話をするのも嫌だったのだ。幸い、ガウスと異なり、ペレルマンは、私たちのために論文を書いてくれたし、モーガンなどの数学者からときおり電子メールで説明を求められれば、きちんと返事を寄こした。

この二〇〇〇年代というミレニアムが進行するにつれて、ペレルマンの仕事が持つ意味の全貌が明らかになるだろう。モーガンは、ペレルマンの仕事によって、リッチ・フローを4次元多様体の研究に利用できるようになるとの見通しを示した。また、ペレルマンの手法が他の種類の双曲型微分方程式に進展をもたらす可能性も示唆《しさ》した。

偏微分方程式の扱いに関する進展が強力な実用的用途を生み出すことは、度重なる過去の事例が物語っている。

さらに先を考えれば、ペレルマンの論文は、リッチ・フローが多様体に関する幾何学的情報を取得するための単なる解析的な道具以上のものであることを示唆している。リッチ・フローは、それ自体がひとつの幾何学的対象であり、それを利用すれば、多様体を異なるスケールで異なる位相幾何構造と結び付けることができる。モーガンの講演の翌日、フランスの優れた数理物理学者イボンヌ・ショケ・ブルアは「一般相対論における数学的問題」と題する国際数学者会議での講演で、スケールによって変化する時空をモデルにした多様体を考える必要性を論じた。それは、ペレルマンが純粋な空間で考察したことを時空で考察しようという試みにほかならない。ペレルマンの仕事から、時間と空間について考えるための新しい概念的な道具が生まれる可能性がある。

ポアンカレが位相幾何学に関する一連の大論文の最後を飾る一篇の最後のページで提起した疑問が解決するまでに百年以上かかった。その間、位相幾何学と、そのいとこにあたる古い学問である幾何学は成長を遂げ、数学と科学の中核をなす論理性の高い強力な学問分野になった。ポアンカレの理論の基盤となった数学の起源は、五千年前のバビロン、現在のイラクにまでさかのぼる。その古代の数学は、世代から世代へと受け継がれ、精緻《せいち》化された。まず、現在のトルコ沖の島々に住むギリシャ人に伝わり、そこからアテネやアレクサンドリアの後継者たち、インドのジャイナ教とヒンドゥ教の学者、東はイスラム文化、南は地中海人たち、スペインとシチリアの多民族社会を経て、近代初期ヨーロッパと啓蒙《けいもう》時代のユダヤ教とキリスト教を基盤とする文化に行き着いた。

それを受け継いだポアンカレの仕事が豊かな土壌となり、そのうえに二〇世紀の数学が開花した。七つのミレニアム問題のうち四つまでもがポアンカレの創始した数学理論に直接関連している。私たちは、ポアンカレが前世紀の変わり目に垣間見《かいまみ》たものの全貌をほんの最近になって理解しはじめたばかりだ。

私たちは、人類史上最も数学的な実りの多い時代に生きている。サーストン、ハミルトン、ペレルマンが生み出した美しい数学理論が新しい時代の礎《いしずえ》となることは、この上ない喜びである。数学は個人の営みだ。だが、数学の概念や定理は、一個人のものでもなければ、特定の民族や宗教や政治団体の所有物でもない。数学の概念や定理は、人類全体の資産である。数学の知識は先人たちの成果を土台に築かれる。それは先人たちが苦心惨憺《さんたん》のうえ勝ち取った成果だ。だが、私たちは、その価値を十分に認識していないことが多い。今では、初等教育を受けた人ならだれでも、バビロニアの最高レベルの学者でも解けなかった算術や代数の問題を解くことができる。微積分と線形代数の講座をいくつか受講した学生なら、ピュタゴラスにもアルキメデスにも、あるいはニュートンにさえ解けなかった問題を解くことができる。いま大学院で数学を専攻している学生なら、リーマンやポアンカレが考えもつかなかった位相幾何学の計算ができる。しかし、私たちは決して先人たちより賢いわけではない。逆に先人たちの恩恵に浴しているのである。

数学という学問は、先人たちの洞察力や想像力と、子供たちがその時代の思想を身に付けることを可能にする社会的、文化的な制度、学校、大学を支える人々の両方に私たちがいかに大きく依存しているかを思い起こさせてくれる。人類が持つ数学という遺産を管理し、育成する社会を時代の遺産として次の世代に残せるかどうかは、私たちすべてにかかっている。なぜなら、数学は、私たちの人間性を豊かにし、そうすることで私たちが自分自身を超えることを可能にする、すぐれて人間的な営みのひとつであるからだ。

私は、夜空を見上げて、はるか彼方《かなた》の星々や銀河や銀河群に思いを馳《は》せるたびに、人類とはまったく異なる知性体が宇宙のどこかに存在しないはずがないとの思いに駆られる。何百年も未来の世界で、人類がその知性体と出会い、意思の疎通《そつう》を図るだけのテクノロジーを開発したあかつきには、すべてのループを一点に縮めることができるコンパクトな3次元多様体は3－球面しかないことを、その知性体が既に知っているか、あるいは知りたがっていることがわかるだろう。それが間違いないことは私が請け合おう。

謝辞

本書の誕生のきっかけは、数年前の夏、弟スティーブンの家の裏庭で、弟、弟の妻ジル・パールマンとワインを飲みながら交わした会話だった。その頃、中世のヤリスト教対イスラム教の戦いというテーマにどっぷり浸《つ》かっていたスティーブンは、数学の世界で何が話題になっているのかを私に尋ねた。私は、グリゴリー・ペレルマンがインターネットサイトに投稿した論文とその後の彼の講演、論文と講演が呼んだ関心の高さ、ポアンカレ予想そのもの、証明が成り立つ可能性などについて話した。スティーブンは、その話題が本の格好のテーマであり、私ならその本を書けると言った。さらに、少なくとも自分はその本を読むし、付き合いのある出版社のジョージ・ギブソンが出版に関心を持つかもしれないとも言った。スティーブンは約束通り私の書いた原稿を読み、自分自身も最新作 Sea of Faith の執筆で忙しかったにもかかわらず、多くの有益な助言をくれた。まことに感謝に堪えない。

私にとって、それに優《まさ》るとも劣らずありがたかったのは、私の妻であり、親友であり、楽しい旅行仲間でもあるメアリーの存在である。本を書くために一年間の有給休暇をとるよう私に勧めてくれたのは彼女だった。メアリーは、最初の読者であり、気取った表現や独りよがりの文章を容赦なく指摘する辛辣《しんらつ》な批評家でもあった。ポアンカレが子供の頃に住んでいた家の一階で、現在の住人である薬剤師と話をした後、図41（第9章）の写真を撮影したのもメアリーだ。この薬剤師は、親切にも私たちを中庭へ案内してくれ、二階の部屋も見せてくれた。私の子供たちも頼りになる批評家として協力してくれた。シーマスとサラはごく初期の段階の原稿を読んでくれた。その助言のお蔭《かげ》で最初の数章の書き出しが大幅に改善された。ブレンダンとキャスリーンも原稿の一部を読み、ときどき進行状況を私に尋ね、私を励ましてくれた。私を元気づけ、ときに批判的なフィードバックをくれた弟のケヴィン、父、義父、親戚《しんせき》にも感謝の意を表したい。

マウントホリオーク大学でも、数学界でも、すばらしい同僚たちに恵まれた。マウントホリオーク大学の学長であり、英語学教授であるジョアン・クレイトンは、私を励まし、私に一年間の有給休暇を許可し、原稿を読んでくれた。政治学教授のペニー・ジルには、私の休暇中に学生部長代理を務めてもらった。彼女と、シェークスピア研究者であり、私と同じ学務担当副学長の職務を担《にな》うサリー・サザランドは、私が大学を離れていた間、長時間にわたって職務を肩代わりしてくれた。サリーと私の助手スーザン・マーティンからも多大な後方支援を受けた。アムハースト大学のデヴィッド・コックス、マウントホリオーク大学のハリエット・ポラツェック、ニコール・ヴァジェットおよびロン・ダヴィドフは、とても他人に見せられるレベルではない原稿に目を通し、大幅に手直ししてくれた。アンディー・ラスとジョージ・コブからは、それよりはましだが、最終原稿にはほど遠い原稿に対して詳しいコメントをもらった。レスター・セネカル、マーク・ピーターソン、ジェーン・クロスウェイト、ジュリアナ・ダヴィドフ、ジリアン・マクレオド、チャー・モロウが原稿を読んでくれたことにも謝意を表したい。ジェームズ・カールソン、アラン・ダーフィー、ピーター・ラックス、ジェフ・ウィークスのコメントのお蔭で、多くの間違いを犯さずに済んだことはありがたい。言うまでもないことだが、それでも残っている間違いがあれば、その責任は私にある。

あるシンポジウムで、数学者以外の聴衆向けにフランスの数学者ジャック・アダマールについて語り、それを論文にまとめてみないかという誘いを、当時マウントホリオーク大学のワイスマン・センター・フォー・リーダーシップ・アンド・リベラルアーツの副センター長を務めていたクリス・ベンフェイとカレン・レムラーから受けなければ、今回のプロジェクトを引き受けることなど考えもしなかっただろう。一般読者向けに数学に関する文章を書くことは想像以上に難しかったが、その仕事が楽しかったことも事実だ。また、史料研究の仕事がとても面白いということも発見した。カレンとクリスは、こうして芽生えたこの種の仕事への関心を追求するよう私を促し、その論文についても本書の原稿についても有益な助言をしてくれた。ボブ・シュワルツからはフランス語の史料収集に関する貴重な助言をもらった。このプロジェクトの史料研究費の一部は、マウントホリオーク大学からの補助金でまかなった。この種の補助金や大学における私の恵まれた立場が、卒業生の援助と献身なしに成り立たないことは言うまでもない。

二〇〇四年の秋学期にマイアミ大学の数学科、二〇〇五年の春学期にエディンバラ大学の数学科が私を温かく迎えてくれたことはまことに感謝に堪えない。マイアミ大学の学科長アラン・ゼイム、彼の助手ダニア・プエルトおよびトニー・テーラーは、きわめて協力的だった。エディンバラ大学では、エルマー・リーズから協力、支援、数学上の助言、激励を受けた。

さまざまな専門家の助けも借りた。フランス国立中央文書館（パリ）の文書保管人エディス・ピリオ、科学アカデミー（パリ）のフローランス・グレフ、ニーダーザクセン国立大学図書館（ゲッティンゲン）のウルリヒ・フンガーはたいへん協力的だった。私が依頼したポアンカレに関する資料の一部は、他の人物の記録と同じファイルに入っていたため、入手が難しかった。その記録を入手するために再びパリまで足を運ばなければならないと思うと、非常に気が重かった。ところが、別にお願いしたわけでもないのに、エディス・ピリオが、わざわざその資料をコピーし、エディンバラ大学にいた私宛《あ》てに郵送してくれたのである。まことに感謝に堪えない。エリ・ゴットリーブは、未完成の初期の原稿を一行ずつ丹念に編集してくれたほか、大まかな編集もしてくれた。エド・ハーンスタッドからは契約上の問題について助言をもらった。出版社のウォーカー＆カンパニーのジョージ・ギブソンとジャッキー・ジョンソンには特にお世話になった。ジャッキーの編集能力は一流で、助言は的を射ていた。

　身を粉にして働き、自分たちが受ける機会のなかった教育を弟のケヴィン、スティーブンと私に受けさせてくれた両親のアンとダニエルに感謝したい。両親は、不可能なことなど何もない、アイデアが自由に飛び交う愛情あふれる家庭を築いてくれた。本書の最初の二章は、オタワのモンフォール病院の母の病室で、母との最期《さいご》の時を父と共に過ごしながら書くことになった。母が生きていれば、この本の出来栄《できば》えにきっと満足してくれただろう。母にこの本を読んでもらえなかったことが残念でならない。

文庫版訳者あとがき

二〇〇六年八月二一日付けの《ニューヨーカー》誌によれば、フィールズ賞授賞の知らせを伝えに来た国際数学連合のジョン・ボール会長に対して、ペレルマンは、こう言ったという。

「フィールズ賞など、私にとってはどうでもいいことです。証明が正しければ、それ以外の評価も表彰も必要ないことは、だれもがわかっていることです。私はお金にも名声にも興味がありません」

また、二〇一〇年三月二四日に放映されたBBCのニュースではこうも語っている。

「檻《おり》の中の動物みたいに見世物になるのはいやです。私は数学の英雄ではありません。英雄呼ばわりされるほどの業績も上げていないし。だからみんなに注目されるのはいやなのです」

クレイ数学研究所は、二〇一〇年三月一八日、大方の予想どおり、ペレルマンへのミレニアム賞授賞を決定した。しかし、二〇一〇年六月八日にパリで開催されたミレニアム賞と副賞の百万ドルの授賞式にペレルマンが姿を現すことはなかった。ペレルマンは、ポアンカレ予想の解決を賞するミレニアム賞をリチャード・ハミルトンとペレルマンの共同授賞としなかったクレイ数学研究所の決定を不公正と断じ、インターファックスによれば「受賞を拒絶した主な理由は、数学コミュニティという組織との意見の相違です。私は彼らの決定が気に入らないし、不公平だと考えています」と述べた。このあたりの潔癖さは、次の言葉に代表されるポアンカレの道徳観と相通じるものがある。

「立証されるものである科学的真理には、心で感じるものである道徳的真理と共通する要素など何もないように見えるかもしれない。しかし、私はこの二つを分離することができない」

ペレルマンは二〇〇五年一二月にステクロフ研究所を辞めている。数学、物理学の表舞台から姿を消したペレルマンだが、二〇一〇年九月三〇日付けの《ル・ポアン》誌によれば、現在、ミレニアム問題の一つである「ナビエ－ストークス方程式の解の存在と滑らかさ」の解決に挑戦しているとの憶測が取り沙汰《ざた》されている。

ペレルマンの天才たる所以《ゆえん》は、大胆さにあると思う。ペレルマンは、幾何化予想、ポアンカレ予想を証明する過程で、数学者や物理学者が忌《い》み嫌う、すべてが崩壊してしまう特異点に狙《ねら》いを定め、徹底的に研究して、ある種の特異点がまったく発生しないことや非常に整然と振る舞う特異点が存在することを証明した。また、特異点が発生した部分を元の多様体から切り取って処理できることも示した。これは、真理の追求に夢中になるあまり、危険を顧みずブラックホールに突進した結果、「あるように見えたブラックホールがなかった。これこれのブラックホールの振る舞いは案外穏やかだった。ブラックホールは取り出すこともできた」と言っているようなものだ。まさに「虎穴《こけつ》に入らずんば虎児《こじ》を得ず」のたとえを地で行っている。

このように大胆な着想をペレルマンに与える切っ掛けとなり、多くの数学者たちを魅了してやまなかったポアンカレ予想とは何なのか。フェルマーの最終定理やゴールドバッハ予想は、見慣れた数式を使って内容を説明することができるため、門外漢にも比較的理解しやすい。だが、ポアンカレ予想の場合は、「単連結」「三次元閉多様体」「三次元球面」「同相」といった位相幾何学の専門用語が使われるため、数学の素人《しろうと》には何のことやらさっぱりわからない。

本書の著者は、まず、二次元の紙である地図を集めて地球の形を再現するというわかりやすい話から解説を始める。二次元の世界にとどまる限り、紙の地図から再現される地球の形は、ドーナツになる可能性も、無限に伸びる円筒になる可能性もある。三次元の視点から見ない限り、二次元の物体である地球の表面の形はわからない。それと同じで、三次元の物体である宇宙の形を把握するには、四次元の視点からものを見る必要がある。もちろん四次元の世界へ行くことはできない。ところが、数学の世界では、四つの実数の組み合わせを使うことで四次元空間を定義することができる。実数の数を増やせば、五次元でも、六次元でも、無限次元でも、定義できる。それが数学の面白さだと著者はいう。その数学を使って、高次元の世界で思考し、あり得る物の形を考え、物の形を区別するときの基準となる性質を研究するのが位相幾何学だという。

この導入部は、数学の素人にとってとっつきやすい。数学を「意味のある夢を見る」ための学問と見なし、ポアンカレ予想を「宇宙の形を探求する試み」と考えれば、大きな枠組の中でポアンカレ予想を位置づけることができる。

コロンブスの時代に戻って、地球の形を想像するのは面白いアプローチだが、本書には、ほかにもわかりやすいたとえ話が満載されている。三次元球面をダンテが『神曲』を書いたときに想像した宇宙のようなものとして説明する話も面白い。等距離写像と曲率の説明に出てくる帽子と襠《まち》の入った布の話もわかりやすい。抽象的な数学理論を視覚的にわかりやすい例を使ってやさしく説明するうまさは、大学で数学を教えている著者の真骨頂だろう。

数学の難問の証明というテーマは、古代ギリシャに始まり、現代へ続く数学史との絡《から》みで語られることが多い。本書でも、ポアンカレ予想を生み出した数学の起源を古代バビロニアに求め、ユークリッドの『原論』が提起した平行線公準をめぐる議論に始まり、天才リーマンの出現、ポアンカレによる位相幾何学の創始、さまざまな数学者によるポアンカレ予想の証明への挑戦と、物語が進行する。だが、他の数学書と本書が少し違うのは、数学史をそれ単独でとらえるのではなく、人類の歴史という大河に漂い、流される存在として描いている点であり、それが本書の魅力のひとつになっている。いわば数学史が一本の細い直線ではなく、歴史の流れと複合的に絡み合い、曲がりくねり、浮き沈みするダイナミックな曲線として描かれているのだ。

本書を特徴づけているのは、著者の持つ三つの視点だと思う。ひとつは歴史という視点だ。たとえば、著者が非ユークリッド幾何学の草分けであるガウス、ロバチェフスキー、ボヤイを語るとき、その背景には彼らを襲った啓蒙《けいもう》主義に端を発する社会変革の波という視点がある。イエナの戦いでナポレオンがプロイセンに勝利したことが、天才リーマンを生み出したドイツの研究大学の勃興《ぼっこう》の遠因であると分析する。ポアンカレとクラインの論争には、普仏《ふふつ》戦争が濃い影を落としている。本書では、こうして、戦争、革命、社会変革、経済変革の波に揉《も》まれながら、輝きを放った数学者たち、大発見を成し遂げながらも失意のうちに死んでいった数学者たち、証明に挑戦し、挫折《ざせつ》した数学者たちの手を経て、ユークリッド幾何学から非ユークリッド幾何学、位相幾何学、微分幾何学へと発展した数学の営みが壮大な歴史の文脈の中で語られる。それが大河小説のような厚みを本書にもたらしている。

二番目は教育者としての視点である。本書を読むと、数学の発展を陰で支えた無名の人々に対する著者の温かい眼差《まなざ》しが感じられる。それを代表するのが「数学の進展は、才気あふれる神秘的な一握りの天才だけでなく、何千人もの人々やさまざまな研究機関、そして彼らが働き、生活する社会にも依存している」という第一章の言葉だ。その傍証として、かなりの紙面を割いて、ゲッティンゲン大学を中心とするドイツの研究大学の隆盛、ドイツの大学で学んだドイツ人やアメリカ人たちがアメリカにもたらした研究大学の発展の歴史を追っている。そこには、大学教育に従事し、数学教育に真摯《しんし》に取り組む教育者という著者の立場がうかがえる。最後の章で、著者はこう述べている。

「数学という学問は、先人たちの洞察力や想像力と、子供たちがその時代の思想を身に付けることを可能にする社会的、文化的な制度、学校、大学を支える人々の両方に私たちがいかに大きく依存しているかを思い起こさせてくれる。人類が持つ数学という遺産を管理し、育成する社会を時代の遺産として次の世代に残せるかどうかは、私たちすべてにかかっている」

三番目は翻訳者としての視点だ。著者が語学に堪能《たんのう》なことが本書をユニークなものにしている。原注の解説にあるように、第九章に出てくるポアンカレがクラインと交わした書簡は、著者自身がフランス語から英語に翻訳したものである。外国語を原語で読めるということは、これまで見逃されていた貴重な史料が発掘され、そこに光が当たる可能性があるということだ。クラインとポアンカレの息詰まるような論争をポアンカレの書簡に垣間見《かいまみ》ることができるのも、そのお陰だ。さらに、著者は、翻訳の苦労を身をもって知っていることから、数学や科学の発展に果たした翻訳の役割を語ることを忘れていない。ハッジャジやクレモナのジェラルドを名前を挙げて取り上げ、数学書や科学書をギリシャ語からアラビア語へ、アラビア語からラテン語へ訳した功績を記している。彼らの仕事がなければ、『原論』はヨーロッパに伝わらなかっただろうし、リーマンやポアンカレの仕事も違うものになっていただろう。哲学や文学の歴史で翻訳が持つ意義は今さら言うまでもないが、数学という営みにも、翻訳がかくも重要な役割を果たしていたのだ。

七年前に出版された本書が、こうして文庫本として、より多くの読者の目に触れる機会を得たことは、まことに喜ばしい。文庫本への収録に際して、新潮社校閲部の金作有美子さん、編集者の張替ゆう子さんの正鵠《せいこく》を射た鋭い指摘の数々のおかげで、さまざまな誤りを訂正することができた。校閲スタッフ、編集者の調査の徹底ぶり、博識、豊かな識見に深い敬意と感謝の意を表したい。

二〇一四年七月

糸川　洋

索引

【さ行】

【た行】

【な行】

【は行】

【ま行】

【や行】

【ら行】

【わ行】

人名

【あ行】

【か行】

【さ行】

【た行】

【な行】

【は行】

【ま行】

【や行】

【ら行】

【わ行】

図のクレジット

図１：CIA の *The World Factbook*（https://www.cia.gov/library/publications/the-world-factbook/）を元に作成。

図２：Library of Congress（B. Agnese, *Portolan atlas of 9 charts and a world map, etc. Dedicated to Hieronymus Ruffault, Abbot of St. Vaast*, 1544, Call No. G1001.A4 1544, digital ID:g3200m gct00001, http://www.loc.gov/item/98687206）.

図３：図１と同じ。

図４：図１と同じ。

図19：ギュスターヴ・ドレによるダンテ『神曲』に対する「天空」の挿絵。

図25：メアリー・オシア撮影。

図26：C. A. Jensen（1792 ～ 1870）による油彩肖像画。ゲッティンゲン大学のアーカイブより。

図38：Stiftung Benedictus Gotthelf Teubner Leipzig/Dresden/Berlin/Stuttgart（http://www.stiftung-teubner-leipzig.de/）のアーカイブより。

図39：同上。

図40：Smithsonian digital collection（http://www.sil.si.edu/digitalcollections/hst/scientific-identity/explore.htm）.

図41：メアリー・オシア撮影。

図48：図 38 と同じ。

図49：International Congress of Mathematicians（http.//www.icm2006.org）.

図52：Science Photo Library.

そのほかの図は、著者が作成したものである。

第６章のロバチェフスキーの唄の歌詞は、作詞者のトム・レーラーの許可を得て掲載している。

さらに詳しく知るために

ここでは、ごく少数だが、推薦図書を紹介しよう。詳細については「参考資料」を参照していただきたい。

数学者の伝記では、Gillispie の *Dictionary of Scientific Biography* がよい。J. J. O'Connor と E. F. Robertson が管理しているオンラインの MacTutor History（www-history.mcs.st-andrews.ac.uk/history/index.html）には、多くの数学者の生涯を生き生きと描いた短い伝記が掲載されている。このウェブサイトには、よくまとまった数学の記事も多数掲載されている。Wikipedia（http://en.wikipedia.org/wiki）は、日増しに内容が充実しており、学問的レベルが高くなっている。

個別の伝記では、Laugwitz によるリーマンの伝記、Bühler によるガウスの伝記、Reid によるヒルベルトの伝記がある。Laugwitz と Bühler の伝記には、相当な数学の知識がないと理解できない部分がある。本書を執筆している時点では、ポアンカレの評論的な伝記は出版されていない。2010 年に出版される予定がある。Bottazzini がポアンカレの生涯と仕事をまとめた著作は非常に読みやすく、推薦に値する。ただし、フランス語版しかない。ポアンカレとアインシュタインの時間に関する研究に影響を及ぼした社会に関する Galison の著作はすばらしい。科学や数学を支える社会組織の詳細については、中山茂の著作を参照されたい。

最小限の数学の知識しかない読者が、2 次元多様体および 3 次元多様体における幾何学と位相幾何学との関係を知るには、Jeffrey Weeks の *The Shape of Space* がよいだろう。この本を読むのに微積分学の知識は必要ない。

もっと数学の知識がある読者には、サーストンの『3 次元幾何学とトポロジー』およびプリンストン大学の講義ノート（MSRI のウェブサイトで入手可能）がよいだろう。

Levy の著作 *Flavors of Geometry* に収録されている Cannon らによるエッセイには、微積分学の知識があれば簡単にわかる双曲幾何学のさまざまなモデルの話が載っている。

結び目理論に関する読みやすい入門書には、C. Adams や A. Sossinsky の著書がある。この 2 冊はそれぞれ扱っている分野が異なる

ので、できれば両方読んだほうがよいだろう。

大学で数年間微積分学を学んだ読者には、Kosinskiの著書*Differentiable Manifolds*が微分位相幾何学の軽い入門書として適している。BardenとThomasの著作もすばらしい。リーマン幾何学については、Gallot、Hulin、Lafontaineの著作を推奨する。ただし、これらの本を読解するには、かなりの努力が必要だ（できれば、誰かの指導を受けながら読んだほうがいいだろう）。

リッチ・フローについて詳しく知りたいなら、リッチ・フローの特異点に関するハミルトンの1995年の論文（Cao, et al., *Collected Papers on the Ricci Flow*に再録されている）がいちばんよいだろう。ペレルマンの仕事とペレルマンによるポアンカレ予想の証明について審査を加えながら詳しく解説したTianとMorganによる著作が出版される予定がある。

参考資料

Abbott, E. A. *Flatland: A Romance of Many Dimensions*. Princeton: Princeton University Press, 1991.〔邦訳は『二次元の世界』(講談社)、『多次元★平面国』(東京図書)〕

Adams, C. *The Knot Book*. Providence: The American Mathematical Society, 2004.〔邦訳は『結び目の数学』(培風館)〕

Abdali, S. K. The Correct Qibla. http://www.patriot.net/users/abdali/ftp/qibla.pdf.

Alexander, J. W. "Note on Two Three-Dimensional Manifolds with the Same Group." *Transactions of the American Mathematical Society* 20,no.4 (1919): 339-342.

——. "Some Problems in Topology." *Verhandlungen des Internationalen Mathematiker Kongresses Zürich* (1932); Kraus reprint (1967): 249-257.

Anderson, M. T. "Geometrization of 3-Manifolds via the Ricci Flow." *Notices of the American Mathematical Society* 51, no. 2 (2004): 184-193.

Arnold, V. I. "On Teaching Mathematics." *Russian Mathematical Surveys* 53, no. 1 (1998): 229-236.

Atiyah, M. et al. Responses to "Theoretical Mathematics: Toward a Cultural Synthesis of Mathematics and Theoretical Physics" by A. Jaffe and F. Quinn, *Bulletin of the American Mathematical Society* 30 (1994): 178-207.

Barden, D. and C. Thomas, *An Introduction to Differential Manifolds*. London: Imperial College Press, 2003.

Beardon, A.F. *The Geometry of Discrete Groups*. New York: Springer, 1983.

Bell, E. T. *Men of Mathematics*. New York: Simon and Schuster, 1937.〔邦訳は『数学をつくった人びと』(1～3、ハヤカワ文庫)〕

Berger, M. A *Panoramic View of Riemannian Geometry*. Berlin: Springer, 2003.

Bessières, L."Conjecture de Poincaré. La Preuve de R. Hamilton et G. Perelman." *Gazette des Mathématiciens* 106 (2005): 7-35.

Bing, R. H. "Necessary and Sufficient Conditions that a 3-Manifold Be S^3," *Annals of Mathematics* 68, no. 1 (1958): 17-37.

——. "Some Aspects of the Topology of 3-Manifolds Related to the

Poincaré Conjecture." in *Lectures on Modern Mathematics* II, edited by T. L. Saaty, New York: Wiley, 1964, 93-128.〔邦訳は『現代の数学』(第1～第3、岩波書店)〕

Birkhoff, G. D. "Fifty Years of American Mathematics." *Science* 88, no. 2290 (1938): 461-467.

Birman, J. " Poincaré's Conjecture and the Homeotopy Group of a Closed, Orientable 2-Manifold." *Journal of the Australian Mathematical Society* 17, no. 2 (1974): 214-221.

Bonola, R. *Non-Euclidean Geometry: A Critical and Historical Study of Its Development.* translated by H. S. Carslaw, New York: Dover, 1955.

Bottazzini, U. *Poincaré: Philosophe et mathematicien.* Paris: Pour la Science, 2000.

Brittain, V. *Testament of Youth: An Autobiographical Study of the Years 1900-1925.* New York: Penguin, 1989 (first published in London, 1933).

Browder, F. E. *The Mathematical Heritage of Henri Poincaré* (2 vols.). Providence: American Mathematical Society, 1983.

Bühler, W. K. *Gauss: A Biographical Study.* Berlin, New York: Springer, 1981.

Callahan, J. J. "The Curvature of Space in a Finite Universe." *Scientific American* 235 (1976): 90-100.

Cannon, J. W., W. J. Floyd, R. Kenyon, and W. R. Parry."Hyperbolic Geometry," in *Flavors of Geometry*, edited by S. Levy, Cambridge: Cambridge University Press, 1997.

Cao, H.D., B. Chow, S. C. Chu, and S. T. Yau, eds. *Collected Papers on Ricci Flow.* Somerville: International Press, 2003.

Cao, H.D. and X.P. Zhu. "A Complete Proof of Poincaré and Geometrization Conjectures-Application of the Hamilton-Perelman Theory of the Ricci Flow." *Asian Journal of Mathematics* 10, no. 2 (2006): 165-492.

Chow, B. "The Ricci Flow on the 2-Sphere." *Journal of Differential Geometry* 33, no. 2 (1991): 325-334.

Clifford, W. K. *Mathematical Papers*, edited by R. Tucker, London: Macmillan, 1882.

Collins, J. *Good to Great: Why Some Companies Make the Leap...and Others Don't.* New York: HarperCollins, 2001.〔邦訳は『ビジョナリーカンパニー2　飛躍の法則』(日経BP社)〕

Dante Alighieri, *The Divine Comedy* (c.1318) translated by A. Mandelbaum, New York: Knopf, 1995. 〔ギュスターヴ・ドレの挿絵が入った邦訳には『神曲』(アルケミア) などがある〕

Darboux, G. "Éloge Historique d'Henri Poincaré." in Poincaré, Henri. *Oeuvres*, vol. 2. Paris: Gauthier-Villars, 1916.

Dehn, M. and P. Heegard. "Analysis Situs." in *Enzyklopädie der Mathematischen Wissenschaften* III AB 3, Leipzig: Teubner, (1907): 153-220.

Dehn, M. *Papers on Group Theory and Topology*, translated by and with an introduction by J. Stillwell, New York: Springer, 1987.

Derbyshire, J. *Prime Obsession: Bernhard Riemann and the Greatest Unsolved Problem in Mathematics*. Washington: Joseph Henry Press, 2001. 〔邦訳は『素数に憑かれた人たち』(日経 BP 社)〕

DeTurck, D. M. "Deforming Metrics in the Direction of Their Ricci Tensors." *Journal of Differential Geometry* 18, no. 1 (1983): 157-162.

Doxiadis, A. *Uncle Petros and Goldbach's Conjecture*. New York, London: Bloomsbury, 1992, 2000. 〔邦訳は『ペトロス伯父と「ゴールドバッハ予想」』(早川書房)〕

du Sautoy, M. *The Music of the Primes: Searching to Solve the Greatest Mystery in Mathematics*. New York: HarperCollins, 2003. 〔邦訳は『素数の音楽』(新潮社)〕

Dupont, J. L. and C.H. Sah. "Scissors Congruences." *Journal of Pure and Applied Algebra* 25 (1982): 159-195.

Duren, P.ed., *A Century of Mathematics in America*, 3 vols. Providence: American Mathematical Society, 1989.

Durfee, A. H. "Singularities," in *History of Topology*, edited by I. M. James, Amsterdam: Elsevier, 1999, 417-434.

Epple, M. "Geometric Aspects in the Development of Knot Theory." in *History of Topology*, edited by I. M. James, Amsterdam: Elsevier, 1999, 301-358.

Ewald, W. B. *From Kant to Hilbert. A Source Book in the Foundations of Mathematics*. vol. 1, Oxford, New York. Oxford University Press, 1996.

Feffer, L. B. "Oswald Veblen and the Capitalization of American Mathematics: Raising Money for Research, 1923-1928." *Isis* 89 (1998): 474-497.

Fox, R. H. "Construction of Simply Connected 3-Manifolds." in *Topology of 3-Manifolds and Related Topics*, edited by M. K. Fort, Englewood Cliffs, NJ: Prentice Hall, 1962, 213-216.

Freedman, M. "The topology of Four Manifolds." *Journal of Differential Geometry* 17, no. 3 (1982): 357-453.

Friedlander, S., P. Lax, C. Morawetz, L. Nirenberg, G. Seregin, N. Ural'tseva, and M. Vishik. "Olga Alexandrovna Ladyzhenskaya (1922-2004)." *Notices of the American Mathematical Society* 51, no. 11 (2004): 1320-1331.

Gabai, D. "Valentin Poénaru's Program for the Poincaré Conjecture," in *Geometry, Topology and Physics for Raoul Bott*, edited by S.T. Yau, Cambridge: International Press, 1995, 139-166.

Gage, M. and R. S. Hamilton. "The Heat Equation Shrinking Convex Plane Curves." *Journal of Differential Geometry* 23, no. 1 (1986): 69-96.

Galison, P. *Einstein's Clocks, Poincaré's Maps: Empires of Time*. New York: W. W. Norton, 2003.

Gallot, S., D. Hulin, and J. Lafontaine. *Riemannian Geometry*, 3rd ed. Berlin: Springer, 2004.

Gauss, C. F. *Werke*. Göttingen: K. Gesellschaft der Wissenschaften zu Göttingen, 1870.

Gillespie, C. C. ed., *Dictionary of Scientific Biography*. New York: Scribner, 1971.

Gillman, D. and D. Rolfsen. "The Zeeman conjecture for Standard Spines Is Equivalent to the Poincaré Conjecture." *Topology* 22, no.3 (1983): 315-323.

Gleick, J. *Chaos: Making a New Science*. New York: Penguin, 1988.〔邦訳は『カオス』(新潮社)〕

Goldberg, L.R. and A. V. Phillips, eds., *Topological Methods in Modern Mathematics*. Houston: Publish or Perish Press, 1993.

Gordon, C. McA. "3-Dimensional Topology up to 1960." in *History of Topology*, edited by I. M. James, Amsterdam: Elsevier, 1999, 449-490.

Gorman, P. *Pythagoras: A Life*. London, Boston: Routledge and K. Paul, 1979.

Gray, J. *Ideas of Space: Euclidean, Non-Euclidean, and Relativistic*. Oxford, New York: Oxford University Press, 1979.

Gray, J. J. and S. A. Walter, eds., *Henri Poincaré, Three Supplementary*

Essays on the Discovery of Fuchsian Functions. Berlin: Akademie; Paris: Albert Blanchard,1997.

Grayson, M. "The Heat Equation Shrinks Embedded Plane Curves to Round Points." *Journal of Differential Geometry* 26, no. 2 (1987): 285-314.

Greffe, J. L., G. Heinzmann, and K. Lorenz, eds. *Henri Poincaré, Science and Philosophy*. Berlin: Akademie; Paris: Albert Blanchard, 1996, 241-250.

Hadamard, J. "L'Oeuvre Mathématique de Poincaré." *Acta Mathematica* 38 (1921): 203-287.

——. *Non-Euclidean Geometry in the Theory of Automorphic Functions* (1951), translated by A. Shenitzer, edited by J. J. Gray and A. Shenitzer, Providence: American Mathematical Society, 1999.

Haken, W. "Some Results on Surfaces in 3-Manifolds." in *Studies in Modern Topology*, edited by P.J. Hilton, Washington: Mathematical Association of America,1968.

Halsted, G. B. "Biography, Bolyai Farkas [Wolfgang Bolyai]." *American Mathematical Monthly* 3, no.1 (1896): 1-5.

Hamilton, R. S. "Three-Manifolds with Positive Ricci Curvature." *Journal of Differential Geometry* 17, no. 2 (1982): 255-306.

——. "The Ricci Flow on Surfaces." *Contemporary Mathematics* 71 (1988): 237-262.

——. "The Formation of Singularities in the Ricci Flow." *Surveys in Differential Geometry* 2 (1995): 7-136.

Haskins, C. H. *The Rise of Universities*. reprinted Itchaca, NewYork: Cornell University Press, 1957.

Heath, T. L. *A History of Greek Mathematics*, 2 vols. Oxford:Clarendon Press, 1921.

——. *The Thirteen Books of Euclid's Elements*. New York: Dover, 1956.

Heinzmann, G. "Éléments preparatoire à une biographie d'Henri Poincaré." preprint.

Hempel, J. *3-Manifolds*. Princeton: Princeton University Press, 1976.

Heyerdahl, T. *Early Man and the Ocean. A Search for the Beginnings of Navigation and Seaborne Civilizations*. Garden City, NY. Doubleday, 1979. 〔邦訳は『海洋の人類誌』(法政大学出版局)〕

Hilbert, D. *Die Grundlagen der Geometrie*. Leipzig: Teubner, 1899. 〔邦訳は『幾何学基礎論』(筑摩書房)〕

Irving, W. *Life and Voyages of Christpher Columbus.* London: John Murray, 1828.

Jaffe, A. "The Millennium Grand Challenge in Mathematics." *Notices of the American Mathematical Society* 53, no. 6 (2006): 652-660.

Jaffe A. and F. Quinn. "Theoretical mathematics: Towards a Cultural Synthesis of Mathematics and Theoretical Physics." *Bulletin of the American Mathematical Society* 29 (1993): 1-13.

——. Response to comments on "Theoretical mathematics." *Bulletin of the American Mathematical Society* 30, no. 2 (1994): 208-211.

Jakobsche, W. "The Bing-Borsuk Conjecture Is Stronger than the Poincaré Conjecture." *Fundamenta Mathematicae* 106 (1980): 127-134.

James, I. M. ed., *History of Topology.* Amsterdam: Elsevier, 1999.

Johns, A. *The Nature of the Book: Print and Knowledge in the Making.* Chicago: University of Chicago Press, 1998.

Kagan, V. *N. Lobachevsky and His Contribution to Science.* Moscow: Foreign Languages Publishing House, 1957.

Kervaire, M. "A Manifold which Does Not Admit any Differentiable Structure." *Commentarii Mathematici Helvetici* 34 (1960): 257-270.

Klein, F. *Vorlesungen über die Entwicklung der Mathematik im 19. Jahrhundert.* Teil I, II. Berlin: Springer, 1926 (Teil I), 1927 (Teil II).

Kleiner, B. and J. Lott "Notes and Commentaries on Perelman's Ricci Flow Papers," http://www.math.lsa.umich.edu/~lott/ricciflow/perelman.html.

——. "Notes on Perelman's Papers." arXiv:math/0605667 (25 May 2006).

Kolmogorov, A. "The Moscow School of Topology." *Science* 97 no. 2530 (1943): 579-580.

Koseki, K."Poincarésche Vermutung in Topologie." *Mathematical Journal of Okayama University* 8 (1958): 1-106.

Kosinski, A. *Differential Manifolds.* New York: Academic Press, 1993.

Laugwitz, D. *Bernhard Riemann 1826-1866: Turning Points in the Conception of Mathematics.* Boston: Birkhäuser, 1999.

Lefschetz, S. "Reminiscences of a Mathematical Immigrant in the United States." *American Mathematical Monthly* 77, no. 4 (1970): 344-350.

——. "James Waddell Alexander (1888-1971)." in Yearbook of the American Philosophical Society (1973), Philadelphia, 1974: 110-114.

Lefschetz, S. and G.T. Whyburn, "Topology." *Science* 96, no. 2504 (1942):

581-584.
Mawhin, J. "Henri Poincaré. A Life in the Service of Science." *Notices of the American Mathematical Society* 52, no. 9 (2005): 1036-1044.
McMullen, C. "Riemann Surfaces and the Geometrization of 3-Manifolds." *Bulletin of the American Mathematical Society* 27 (1992): 207-216.
Milnor, J.W. "On the Total Curvature of Knots." *Annals of Mathematics* 52, no. 2 (1950): 248-257.
——. "On Manifolds Homeomorphic to the 7-Sphere." *Annals of Mathematics* 64, no. 2 (1956): 399-405.
——. *Singular Points of Complex Hypersurfaces*. Princeton: Princeton University Press, 1968.〔邦訳は、『複素超曲面の特異点』(共立出版)〕
——. "Towards the Poincaré Conjecture and the Classification of Three-Manifolds." *Notices of the American Mathematical Society* 50, no. 10(2003): 1226-1233.
——. "The Poincaré Conjecture One Hundred Years Later." http://www.math.sunysb.edu/~jack.
Monastyrsky, M. *Modern Mathematics in the Light of the Fields Medals*. Wellesley: A K Peters, 1998.
Morgan, J. W. "Recent Progress on the Poincaré Conjecture and the Classification of 3-Manifolds." *Bulletin of the American Mathematical Society* 42 (2005): 57-78.
Nakayama, S. *Academic and Scientific Traditions in China, Japan and the West*, translated by J. Dusenbury, Tokyo: University of Tokyo Press, 1984.
Nasar, S. *A Beautiful Mind*. New York: Simon and Schuster, 1998.〔邦訳は『ビューティフル・マインド』(新潮社)〕
Nash, J. "The Imbedding Problem for Riemannian Manifolds." *Annals of Mathematics* 63, no. 1 (1956): 20-63.
Neugebauer, O. *Mathematical Cuneiform Texts*. New Haven: American Oriental Society, 1945.
——. *The Exact Sciences in Antiquity*. Princeton: Princeton University Press, 1952.〔邦訳は『古代の精密科学』(恒星社厚生閣)〕
—— *Vorlesungen über Geschichte der Antiken Mathematischen Wissenschaften*. Berlin, New York: Springer, 1969.
Novikov, S. P. "Topology in the 20th century: A View from the Inside."

Russian Mathematical Surveys 59 (2004): 3-28.

O' Connor, J. J. and E. F. Robertson. The MacTutor History of Mathematics Archive, http://www-history.mcs.st-andrews.ac.uk/history/index.html.

O' Shaughnessy, P. *A Case of Lies*. New York: Random House, 2005.

Osserman, R. *Poetry of the Universe*. Garden City New York: Doubleday, 1995.〔邦訳は『宇宙の幾何』(翔泳社)〕

Otal, J.P. "Thurston's hyperbolization of Haken manifolds," in *Surveys in Differential Geometry* vol. 3, edited by C. C. Hsiung and S.T. Yau. Cambridge: International Press, 1998, 77-194.

Papakyriakopoulos, C. D. "On Dehn's Lemma and the Asphericity of Knots." *Proceedings of the National Academy of Sciences* 43, no. 1 (1957): 169-172 ; *Annals of Mathematics* 66, no. 1 (1957): 1-26.

——. "On Solid Tori." *Proceedings of the London Mathematical Society* 3, series 7 (1957): 281-299.

——. "Some Problems on 3-Dimensional Manifolds." *Bulletin of the American Mathematical Society* 64, no. 6 (1958): 317-335.

——. "A Reduction of the Poincaré Conjecture to Group Theoretic Conjectures." *Annals of Mathematics* 77, no. 2 (1963): 250-305.

Parshall, K. H. and D. E. Rowe. *The Emergence of the American Mathematical Research Community 1876-1900: J. J. Sylvester, Felix Klein, and E. H. Moore*. Providence: American Mathematical Society, 1994.

Parshall, K. H. and A. C. Rice, eds., *Mathematics Unbound: The Evolution of an International Mathematical Research Community 1800-1945*. Providence: American Mathematical Society; London: London Mathematical Society, 2002.

Perelman, G. "Proof of the Soul Conjecture of Cheeger and Gromoll." *Journal of Differential Geometry* 40, no. 1 (1994): 299-305.

——. "The Entropy Formula for the Ricci Flow and Its Geometric Applications." math/0211159 (11 November 2002), "Ricci Flow with Surgery on Three-Manifolds." math/0303109 (10 March 2003), "Finite Extinction Time for the Solutions to the Ricci Flow on Certain Three-Manifolds." math/0307245 (17 July 2003).

Peterson, M.A. "Dante and the 3-sphere." *American Journal of Physics* 47, no.12 (1979): 1031-1035.

Poincaré, H. "Sur les fonctions fuchsiennes." *Comptes rendus de l'Académie des sciences* 92 (February 14, 1881): 333-335; 92 (February 21, 1881): 395-396; 92 (April 4, 1881): 859-861.

——. *Oeuvres de Henri Poincaré*. Paris: Gauthier-Villars, 1952.

——. *Papers on Fuchsian Functions*, translated by J. Stillwell. New York: Springer, 1985.

——. *New Methods of Celestial Mechanics*, edited and introduced by D.L. Goroff. New York: American Institute of Physics, 1993.

——. *The Value of Science: Essential Writings of Henri Poincaré*. edited by S. J. Gould. New York: The Modern Library (Random House), 2001.〔原典の邦訳は『科学と仮説』、『科学の価値』、『科学と方法』(いずれも岩波書店) など〕

Pont, J.C. *La Topologie Algébrique des origines à Poincaré*. Paris: Presses Universitaires de France, 1974.

Ptolemy, C. *The Geography*. edited and translated by E. L. Stevenson, New York: Dover, 1991.〔原典の邦訳は『プトレマイオス地理学』(東海大学出版会)〕

Rêgo, E. and C. Rourke. "Heegaard Diagrams and Homotopy 3-Spheres." *Topology* 27, no.2 (1988): 137-143.

Reid, C. *Hilbert*. New York, Heidelberg, Berlin: Springer, 1970.〔邦訳は『ヒルベルト』(岩波書店)〕

——. *Courant in Göttingen and New York, The Story of an Improbable Mathematician*. New York, Heidelberg, Berlin: Springer, 1976.

Riemann, B. *Gesammelte mathematische Werke und wissenschaftlicher Nachlass*. 3rd ed., edited by H. Weber, Leipzig : B.G. Teubner, 1892. 541-558.

Rourke, C. "Characterisation of the Three-Sphere following Haken." *Turkish Journal of Mathematics* 18 (1994): 60-69.

——. "Algorithms to Disprove the Poincaré Conjecture." *Turkish Journal of Mathematics* 21 (1997): 99-110.

Rowe, D. E. "'Jewish Mathematics' at Göttingen in the Era of Felix Klein." *Isis* 77, no.3 (1986): 422-449.

——."Klein, Hilbert and the Göttingen Mathematical Tradition." *Osiris* 5, no.2 (1989): 186-213.

Russell, J. B. *Inventing the Flat Earth: Columbus and Modern Historians.*

Westport: Praeger Publishing, 1991.

Russo, L. *The Forgotten Revolution: How Science Was Born in 300 BC and Why It Had to Be Reborn.* translated by S. Levy, New York: Springer, 2004.

Saari, D. G. ed., *The Way It Was: Mathematics from the Early Years of the Bulletin.* Providence: American Mathematical Society, 2003.

Sabbagh, K. *The Riemann Hypothesis: The Greatest Unsolved Problem in Mathematics.* New York: Farrar, Straus, and Giroux, 2002.〔邦訳は『リーマン博士の大予想』(紀伊國屋書店)〕

Sarkaria, K. S. "The Topological Work of Henri Poincaré." in *History of Topology*, edited by I. M. James, Amsterdam: Elsevier, 1999, 123-168.

Scholz, E. "The Concept of a Manifold, 1850-1950," in *History of Topology*, edited by I. M. James, Amsterdam: Elsevier, 1999, 25-64.

Seifert, H. and W. Threlfall. *A Textbook of Topology.* translated by M. A. Goldman, New York: Academic Press, 1980.〔邦訳は『位相幾何学講義』(丸善出版)〕

Smale, S. "The Generalized Poincaré's Conjecture in Dimensions Greater than Four." *Annals of Mathematics* 74, no.2 (1961): 391-406.

Sossinsky, A. *Knots: Mathematics with a Twist.* translated by G. Weiss, Cambridge, MA: Harvard University Press, 2002.

Stallings, J.R. "On the Loop Theorem." *Annals of Mathematics* 72, no.1 (1960) : 12-19.

——."How Not to Prove the Poincaré Conjecture." in *Topology Seminar Wisconsin, 1965*, edited by R. H. Bing and R. H. Bean. Princeton: Princeton University Press, 1966, 83-88.

Stillwell, J. *Geometry of Surfaces.* New York: Springer, 1992.

Thickstun, T. L. "Taming and the Poincaré Conjecture." *Transactions of the American Mathematical Society* 238 (1978): 385-396.

——. "Open Acyclic 3-Manifolds, a Loop Theorem and the Poincaré Conjecture." *Bulletin of the American Mathematical Society* 4, no.2 (1981) : 192-194.

Thom, R. *Mathematical Models of Morphogenesis.* translated by W. M. Brookes. New York: Halsted Press, 1983.

Threlfall, W. and H. Seifert, "Topologische Untersuchung der Diskontinuitätsbereiche endlicher Bewegungsgruppen des

dreidimensionalen sphärischen Raumes I." *Mathematische Annalen* 104 (1931): 1-70.

Thurston, W. P. "Existence of Codimension-one Foliations." *Annals of Mathematics* 104, no.2 (1976): 249-268.

——. "Mathematical Education." *Notices of the American Mathematical Society* 37 (1990): 844-850.

——. "On Proof and Progress in Mathematics." *Bulletin of the American Mathematical Society* 30 (1994): 161-177.

——. *Three-Dimensional Geometry and Topology*. vol. 1, edited by S. Levy. Princeton: Princeton University Press, 1997.〔邦訳は『3次元幾何学とトポロジー』(培風館)〕

——. "How to See 3-Manifolds." *Classical and Quantum Gravity* 15 (1998): 2545-2571.

——. *The Geometry and Topology of Three-Manifolds*. Electronic version 1.1, March 2002, library.msri.org/nonmsri/gt3m.

Tietze, H. "Über die topologischen Invarianten mehrdimensionaler Mannigfaltigkeiten." *Monatshefte für Mathematik und Physik* 19 (1908): 1-118.

Veblen, O. *Analysis Situs*. New York: American Mathematical Society, 1922.

van der Waerden, B. L. *Science Awakening I: Egyptian, Babylonian, and Greek Mathematics*. translated by A. Dresden with additions by the author. Leyden: Noordhoff, 1975.〔邦訳は『数学の黎明』(みすず書房)〕

Weber, C. and H. Seifert. "Die beiden Dodekaederräume." *Mathematische Zeitschrift* 37, no. 2 (1933): 237.

Weeks, J.R. *The Shape of Space*, 2nd ed. New York, Basel: Marcel Dekker, 2002.〔第1版の邦訳は『空間の形』(現代数学社)〕

——. "The Poincaré Dodecahedral Space and the Mystery of the Missing Fluctuations." *Notices of the American Mathematical Society* 51, no.6 (2004) 610-619.

Weil, A. "Riemann, Betti, and the Birth of Topology." *Archive for History of Exact Sciences*, 20, no.2 (1979): 9-96.

Whitehead, A. N. *The Aims of Education and Other Essays*. New York: Free Press, 1967.〔邦訳は『教育の目的』(松籟社)〕

Whitehead, J. H. C. "Certain Theorems about Three-Dimensional Manifolds." *Quarterly Journal of Mathematics* 5, no.1 (1934): 308-320.

——. "Three-Dimensional Manifolds (Corrigendum)." *Quarterly Journal of Mathematics* 6 (1935): 80.
——. "On 2-Spheres in 3-Manifolds." *Bulletin of the American Mathematical Society* 64, no.4 (1958): 161-166.

アーカイブ

Archives Henri Poincaré（この非常に役に立つアーカイブは現在 http://poincare.univ-lorraine.fr/ でオンライン化されている）
Centre Historique des Archives Nationales, Paris. Cote AJ/16/6124.
Archives, Academie des Sciences Paris.
Universitätsarchiv Göttingen（http://wwwuser.gwdg.de/~uniarch/）.

人名解説

アイゼンシュタイン，フェルディナント・ゴットホルト・マックス

Ferdinand Gotthold Max Eisenstein（1823 ～ 1852）

ベルリン大学の優秀な数論学者。

アリストテレス

Aristotle（B.C. 384 ～ 322）

アレクサンドロス大王の家庭教師を務めた大哲学者。プラトンの弟子。

アル＝イドリーシー

Al-Idrisi（1100 ～ 1165）

預言者ムハンマドの末裔であり、ルッジェーロ２世の宮廷に仕えた大地理学者。

アル＝ハッジャジ

Al-Hajjaj（786 頃～ 833）

テオン編纂の『原論』をアラビア語に訳した翻訳家。

アル＝マンスール

Al-Mansur（712 ～ 775）

アッバース朝第２代カリフ。754 ～ 775 年の間バグダッドを支配し、ビザンティン皇帝からテオン編纂の『原論』を入手した。

アルキタス

Archytas（B.C. 428 ～ 350）

ピュタゴラス学派の数学者。

アルトホフ，フリードリヒ

Friedrich Althoff（1839 ～ 1908）

プロイセンの文部大臣。

アレクサンダー，ジェームズ
James Waddell Alexander（1888 ～ 1971）
３次元位相幾何学とポアンカレ予想の研究を大きく進展させたプリンストン大学の位相幾何学者。

アレクサンドロフ，パヴェル
Pavel Sergeevich Aleksandrov（1896 ～ 1982）
ホモロジー論に基本的な貢献を果たしたロシアの位相幾何学者。ハインツ・ホップと共著した教科書は現在古典になっている。

ヴェーバー，ヴィルヘルム・エドゥアルト
Wilhelm Eduard Weber（1804 ～ 1891）
卓越した物理学者であり、ガウスの共同研究者。

ヴェブレン，オズワルド
Oswald Veblen（1880 ～ 1960）
ポアンカレの仕事の影響を受けたアメリカの数学者。プリンストン大学で位相幾何学の強力な伝統を築いた。

エラトステネス
Eratosthenes（B.C. 275 ～ 195）
アレクサンドリア図書館の３代目の館長。地球の外周の長さのもっとも正確な推定値を割り出した数学者であり、地理学者。

ガウス，ヨハン・カール・フリードリヒ
Johann Carl Friedrich Gauss（1777 ～ 1855）
史上最も偉大な数学者のひとり。非ユークリッド幾何学を発見し、曲面の微分幾何学の研究を発展させたゲッティンゲン大学の天文台長。

カント，イマヌエル
Immanuel Kant（1724 ～ 1804）
最後の啓蒙主義の大哲学者。

クーラント，リヒャルト

Richard Courant（1888 ~ 1972）

応用数学者。フェリックス・クラインの後継者で、ゲッティンゲン大学数学研究所の所長を務めた。ニューヨーク大学（NYU）の数学科を創設した。

クライン，フェリックス

Felix Christian Klein（1849 ~ 1925）

ゲッティンゲン大学の数学科を創設したカリスマ的な数学者、運営者。

クリフォード，ウィリアム・キングドン

William Kingdon Clifford（1845 ~ 1879）

リーマンの理論を利用して重力の幾何学理論を構築できるのではないかと考えた卓越したイギリスの幾何学者。

クレレ，アウグスト・レオポルト

August Leopold Crelle（1780 ~ 1855）

数学を愛好し、多くの若い数学者を支援し、有名な数学誌を創刊したプロイセンの土木技師。

ケストナー，アブラハム・ゴットヘルフ

Abraham Gotthelf Kästner（1719 ~ 1800）

第5公準に関心を持ち、幾何学の講座を教えたゲッティンゲン大学の数学教授。ガウスが学生として講義を聴いた。

コルモゴロフ，アンドレイ

Andrei Nikolaevich Kolmogorov（1903 ~ 1987）

史上最も有名な数学者のひとり。あらゆる数学の分野に貢献した。ロシアのポアンカレと言われた。コホモロジー環を発見した。

サーストン，ウィリアム

William Paul Thurston（1946 ~ 2012）

アメリカの幾何学者であり、フィールズ賞受賞者。3次元における八つの幾何構造を発見し、幾何化予想を提唱した。

サッケーリ，ジョヴァンニ・ジェローラモ

Giovanni Gerolamo Saccheri（1667～1733）

第5公準の理解に大きな進展をもたらしたイエズス会所属の数学者。

シーザー，ジュリアス

Gaius Julius Caesar（B.C. 100～44）

アレクサンドリアを焼き払ったローマ帝国の支配者。

ジェラルド，クレモナの

Gherard of Cremona（1114～1187）

スペインのトレドを根拠地としたイタリアの数学者で、80冊を超える数学書や科学書をアラビア語からラテン語へ翻訳した。テオン編纂の『原論』を初めてアラビア語からラテン語へ翻訳した。

シュタイナー，ヤーコプ

Jakob Steiner（1796～1863）

射影幾何学における業績で有名なベルリン大学の数学教授。

スメール，スティーブン

Stephen Smale（1930～）

5次元以上のすべての次元におけるポアンカレ予想を証明したことで、フィールズ賞を受賞したカリフォルニア大学バークレー校の教授（現在は香港城市大学の教授）。

ダルブー，ガストン

Jean Gaston Darboux（1842～1917）

フランスの有名な幾何学者。ポアンカレの博士論文審査委員会の委員長を務めた。フランス科学アカデミーでポアンカレへの追悼文を読み上げた。

ダンテ，アリギエーリ

Dante Alighieri（1265 ～ 1321）

詩人、外交官で、宇宙を３－球面として描いた『神曲』の著者。

デーン，マックス

Max Wilhelm Dehn（1878 ～ 1952）

３－多様体の位相幾何学と結び目理論に決定的な貢献を果たした位相幾何学者。ポアンカレの業績を論じた最初の論文のひとつを書いた。

ティーツェ，ハインリヒ

Heinrich Franz Friedrich Tietze（1880 ～ 1964）

1925 年以降ミュンヘン大学の教授を務め、ポアンカレの業績を明確化したオーストリア人の位相幾何学者。

ディリクレ，ヨハン・ペーター・グスタフ・ルジューヌ

Johann Peter Gustav Lejuene Dirichlet（1805 ～ 1859）

パリで教育を受けたベルギー生まれの数論学者であり、ゲッティンゲン大学へ移籍する前は、ベルリン数学界の知的リーダーのひとりだった。作曲家フェリックス・メンデルスゾーンの妹と結婚し、概念的思考の方が計算より重要であると主張してリーマンに多大な影響を与えた。

テオン

Theon（335 ～ 405 頃）

アレクサンドリア時代後期の数学者で、娘と共に編纂した『原論』がアラビア語に翻訳された。

デデキント，リヒャルト

Julius Wilhelm Richard Dedekind（1831 ～ 1916）

卓越した代数的数論学者で、リーマンの友人であり、1855 年以降、ゲッティンゲン大学でガウスの後継として教授職に就いた。

トム，ルネ
René Thom（1923 ～ 2002）

コボルディズム理論における業績で1958年にフィールズ賞を受賞したフランスの数学者。カタストロフィ理論を発表した。

バーコフ，ジョージ・D
George David Birkhoff（1884 ～ 1944）

初めて国際的な名声を築いたアメリカ生まれの数学者のひとり。ハーバード大学の数学科を設立した。ヴェブレンと共にE. H. ムーアの門下生。

パパキリアコプロス，クリストス
Christos Papakyriakopoulos（1914 ～ 1976）

ポアンカレ予想の研究に生涯を捧げたギリシャ人の数学者。

ハミルトン，リチャード
Richard Hamilton（1943 ～）

プリンストン大学でロバート・ガニングの教え子だったアメリカの数学者。リッチ・フロー方程式を提案し、幾何化予想の研究にそれを利用した。

バルテルス，マルティン
Martin Bartels（1769 ～ 1836）

ガウスの小学校時代の担任教諭補佐であり、後にガウスの友人になった。後年、カザン帝国大学の数学教授に就任し、ロバチェフスキーが数学の道に進むきっかけをつくった。

ヒーガード，ポウル
Poul Heegaard（1871 ～ 1948）

学位論文でポアンカレの位相幾何学に関する最初の論文の誤りを指摘したデンマークの位相幾何学者。

ピュタゴラス，サモスの
Pythagoras of Samos（B.C. 569 ~ 496）
ギリシャの偉大な幾何学者および哲学者。影響力の大きかったピュタゴラス学派の創始者。

ヒュパティア
Hypatia（370 ~ 415）
テオンの娘で、有名な新プラトン主義の数学者。

ヒルベルト，ダーフィト
David Hilbert（1862 ~ 1943）
19 世紀末から 20 世紀はじめに活躍したポアンカレに次ぐ大数学者。

フィロラオス
Philolaus（B.C. 470 頃~ 385）
その著作で古代世界にピュタゴラスの教えを広めることに貢献したピュタゴラス学派の数学者。

フォックス，ラルフ
Ralph Hartzler Fox（1913 ~ 1973）
プリンストン大学の結び目論研究者。レフシェッツの門下生であり、ジョン・ミルナー、ジョン・スターリングス、バリー・マズールを指導した。パパキリアコプロスをプリンストン大学に招いた。

フォン・フンボルト，アレクサンダー
Friedrich Heinrich Alexander von Humboldt（1769 ~ 1859）
ベルリンの数学界の確立に多大な貢献を果たした世界的に有名な科学者、探検家、博物学者。ヴィルヘルムの弟。

フォン・フンボルト，ヴィルヘルム
Wilhelm von Humboldt（1767 ~ 1835）
1809 年からプロイセンの文教局長を務め、1810 年にベルリン大学を設立した。あらゆる社会階級に属する人々に本格的な教育を施すこと

を目的とする教育システムの確立を先導した。

プトレマイオス，クラウディオス
Claudius Ptolemaeus（85 ～ 165）
アレクサンドリア最高の地理学者、天文学者。『地理学』の著者。第5公準の証明を試みる著作があるが、現存はしていない。

プトレマイオス１世ソーテール
Ptolemy I Soter（B.C. 367 ～ 282）
アレクサンドロス帝国のもっとも有能な部将のひとりで、アレクサンドリアの大博物館、大図書館を設立した。紀元前323年にアレクサンドロス大王が没した後、エジプト総督に命じられ、紀元前305年にエジプト王プトレマイオス１世を名乗った。

プラトン
Plato（B.C. 427 ～ 347）
アカデメイアを創設したギリシャの大哲学者。

プラヌデス，マクシムス
Maximos Planudes（1260 ～ 1305頃）
プトレマイオスの『地理学』を再発見したビザンティンの修道士。

プロクロス
Proclus（411 ～ 485）
アテネにあったプラトンのアカデメイアの学頭になり、ユークリッドの『原論』の注釈書を書いた新プラトン主義の哲学者。

ベルトラミー，エウジェニオ
Eugenio Beltrami（1835 ～ 1900）
ロバチェフスキー幾何学における直線の振る舞いが一定の負の曲率を持つ曲面上の測地線の振る舞いと同じであることに最初に気づいたイタリアの幾何学者。

ボヤイ，ファルカシュ

Farkas Wolfgang Bolyai（1775〜1856）

ハンガリーの数学者でガウスの友人。ヤーノシュ・ボヤイの父。

ボヤイ，ヤーノシュ

János Bolyai（1802〜1860）

独自に非ユークリッド幾何学を編み出したハンガリーの数学者。

ホワイトヘッド，J・H・C

J. H. C. Whitehead（1904〜1960）

プリンストン大学で教育を受け、オックスフォード大学で位相幾何学の強力な伝統を築いたイギリスの数学者。ポアンカレ予想の誤った証明を発表した。

ミルナー，ジョン

John Willard Milnor（1931〜）

7次元球面上のさまざまな微分可能構造を発見したことによって微分位相幾何学の新しい時代を切り開いたアメリカの数学者。

モース，マーストン

Harold Calvin Marston Morse（1892〜1977）

バーコフの門下生で、プリンストン高等研究所の研究員であり、モース理論を開拓した。

ヤウ，シン・トゥン（丘成桐）

Shin-Tung Yau（1949〜）

偏微分方程式を使って空間上の標準計量を発見した業績で1983年にフィールズ賞を受賞。早くからリッチ・フロー手法を提唱していた。

ヤコービ，カール・グスタフ・ヤコブ

Carl Gustav Jacob Jacobi（1804〜1851）

史上もっとも計算力の優れた数学者のひとり。ベルリン学派の中心的な数学者。

ユークリッド
Euclid（B.C. 325 頃～ 265 頃）
アレクサンドリア図書館で研究を行った『原論』の著者。

ランベルト，ヨハン・ハインリヒ
Johann Heinrich Lambert（1728 ～ 1777）
ベルリンのプロイセン科学アカデミーに所属していたフランスの数学者。第5公準が誤っていると想定した場合の結果を丹念に分析した影響力の大きい著作が死後、出版された。

リーマン，ゲオルク・フリードリヒ・ベルンハルト
George Friedrich Bernhard Riemann（1826 ～ 1866）
きわめて独創的なドイツの数学者。史上最も優れた数学者のひとりであり、解析学、数論、幾何学に基本的な貢献を果たした。アインシュタインの一般相対性理論はリーマンのアイデアに依存するところが大きい。

リッチ＝クルバストロ，グレゴリオ
Gregorio Ricci-Curbastro（1853 ～ 1925）
教え子のレビ＝チビタと共同で、リーマン幾何学を表現するためにテンソル微積分学を開発したイタリアの数学者。リッチ・テンソルは彼の名前に由来している。

ルジャンドル，アドリアン・マリー
Adrien-Marie Legendre（1752 ～ 1833）
1794 年にユークリッドの『原論』を近代化したフランスの大数学者。その著書はほぼ1世紀にわたって幾何学の代表的な教科書になった。

ルチン，ニコライ・ニコラエヴィッチ
Nikolai Nikolaevich Luzin（1883 ～ 1950）
20 世紀ロシア学派の創始者のひとり。アレクサンドロフおよびコルモゴロフを指導した。

レビ＝チビタ，トゥーリオ
Tullio Levi-Civita（1873 ～ 1941）
リッチの門下生であり、リーマン幾何学とテンソル微積分学を応用に適した形に発展させたイタリアの数学者。

レフシェッツ，ソロモン
Solomon Lefschetz（1884 ～ 1972）
カンザス大学に勤務していたときにポアンカレの仕事を代数幾何学に応用したことで有名になったロシア生まれの個性豊かな数学者。プリンストン大学の数学科、《*Annals of Mathematics*》誌、アメリカ数学界のレベルを高めるうえで中心的な役割を果たした。

ルッジェーロ２世
Ruggero II（1095 ～ 1154）
多文化を採り入れた宮廷が名高い寛容なノルマン人のシチリア王。

ロバチェフスキー，ニコライ・イワノヴィッチ
Nikolai Ivanovich Lobachevsky（1792 ～ 1856）
カザン大学の数学教授、学長を歴任したロシアの数学者。非ユークリッド（双曲）幾何学の創始者のひとり。

用語解説

2 - 空間

two-space

ユークリッドが思い描いた、二つの独立した方向へ無限に伸びる平面。集合として考えれば、2つの実数の組み合わせにすぎない。

2次元多様体（または2 - 多様体）

two-dimensional manifold（or two-manifold）

地球の表面が取り得る形をモデルとする理想化された数学的な形。すべての点の周囲の領域を紙の上の地図（つまり平面上の長方形の内部）に描くことができる。

3 - トーラス

three-torus

中身の詰まった直方体の相対する面どうしを貼り合わせることによって構築される多様体。

3 - 球面

three-sphere

二つの球体の境界（球面）上の点どうしを一致させることによって構築される多様体。4次元空間内の1点から同じ距離だけ離れている点の集合は3 - 球面である。

3次元多様体（または3 - 多様体）

three-dimensional manifold（or three-manifold）

宇宙のような3次元空間が取り得る形をモデルとする理想化された数学的な形。すべての点の周囲の領域を水槽型の地図に描くことができる。言い換えれば、すべての点の近くの領域が3 - 空間のように見える。

n - 空間

n-space

順序付けされたすべての n 個の実数の組み合わせの集合。

アトラス

atlas

地球、宇宙または多様体が描かれた地図の集まり。

位相幾何学

topology

形を研究する学問。

位相幾何学的性質

topological property

連続的な同相写像のもとで不変にとどまる性質。位相幾何学的性質の例には、連結度、単連結性、次元がある。

位相幾何学的に同値

topologically equivalent

二つの多様体が同相であれば、それらの多様体は位相幾何学的に同値である。

幾何学的性質

geometric property

距離または対称性によって定義される性質（たとえば、まっすぐ、角度、円など）。

幾何化予想

geometrization conjecture

球面およびトーラスに沿って切断することによって、すべての3次元多様体を八つの幾何構造のいずれかを持つ部分に分割することができるとする予想。

幾何構造
geometry
多様体上で距離が定義される結果、定まる構造。

球面
sphere
他の修飾語がなければ、3 - 空間内の特定の点から等しい距離だけ離れた点の集合と同相な任意の物体である2次元球面のことを言う。ボールの表面は球面である。ただし、すべての次元に球面がある。特定の次元の球面の定義としてもっとも簡単なのは、「1次元高い次元のユークリッド空間内の1点から等しい距離だけ離れた点の集合」である。たとえば、6次元ユークリッド空間内の一つの固定点から距離1だけ離れた点の集合は5次元球面である。

境界
boundary
多様体の縁。多様体が境界を持っていれば、その境界は一つ低い次元の多様体である。

曲面
surface
2次元多様体。

曲率
curvature
三角形の内角の和が180度からどれだけずれているかを表す数学的対象。2次元多様体では、各点における曲率は数である。

群（変換群）
group（of transformation）
（1）集合内で一つの変換をし、さらに別の変換をした結果がその集合に属する変換になり、（2）集合内の特定の変換の逆変換も集合に属するという性質を持つ変換の集合（つまり、変換群とは、変換の積と逆

変換という演算について閉じている集合である)。

系

corollary

定理または他の命題から容易に導かれる命題。

計量

metric

集合内の任意の2点間の距離を定義するときの規則。多様体では、曲線に沿った速度を測定する規則を指定することによって計量が得られる。

公準

postulate

証明なしに受け入れられる主張。公理と同義語。

コンパクト

compact

多様体が有限個の地図から構成されるアトラスを持っていれば、その多様体はコンパクトである。

次元

dimension

集合内の独立した自由度の数。集合内の所与の点の近くの点を指定するのに必要な実数の最小数(つまり座標の数)でもある。

証明

proof

個々の主張が公理または以前証明された命題であるか、公理または以前証明された命題から正式な論理規則に従って導かれるような完全で厳密な推論。証明は公理および既知の命題に始まり、証明の対象となる記述で終わる。

正の曲率

positive curvature

多様体の領域内のすべての三角形で内角の和が180度より大きければ、その領域は正の曲率を持っている。

測地線

geodesic

多様体上の任意の2点間を最短距離で結ぶ曲線。

第5公準

fifth-postulate

ユークリッドの『原論』の第1巻に記されている五つの公準のうち5番目の最も複雑な公準。第5公準は、二つの直線と交わる直線の同じ側の内角の和が180度未満の場合、その二つの直線を限りなく延長すると、二つの直線は内角の和が180度よりも小さい側で交わるとしている。

大円

great circle

球面の中心を通る平面と球面が交わることによって出来る（2次元のまん丸い）球面上の円。

多様体

manifold

個々の点ではユークリッド空間のように見える数学的集合（正式にいえば、任意の点に十分近い領域がn－空間と同相であるような点の集合）。

単連結

simply connected

すべてのループを1点に縮めることができれば、多様体は単連結である。これは、基本群が一つの要素（必然的に単位元）から構成されるというのと同じことである。

定理

theorem

　特に重要な命題。

テンソル

tensor

　多様体上の各点で定められた数のベクトル（つまり速度）に実数を割り当てる数学的対象。

トーラス

torus

　ドーナツ型の立体の表面。

同相写像

homeomorphism

　ひとつの多様体上の近くの点が別の多様体上の近くの点に対応する二つの多様体間の一対一対応。

微分方程式

differential equation

　未知の数学的対象の変化率を指定し、その対象を解として求める方程式。

ピュタゴラスの定理

Pythagorean theorem

　直角三角形の斜辺の長さの平方が直角をはさむ二辺の長さの平方の和に等しいとする命題（斜辺とは直角に対する辺である）。

複素数

complex numbers

　実数に負の数の平方根を加えることで得られる数。

負の曲率

negative curvature

多様体の領域内のすべての三角形で内角の和が180度未満であれば、その領域は負の曲率を持っている。

平坦

flat

空間内のすべての三角形で内角の和が180度であれば、その空間は平坦である。

閉道

closed path

同じ点が始点であり、終点でもある多様体上の道（つまり曲線)。

ベッチ数

Betti numbers

1次元高い次元の部分多様体の境界にならない、ある次元における多様体内の同値でない部分多様体の数を示す整数。

偏微分方程式

partial differential equation

異なる点の異なる方向における変化率を指定する微分方程式の一種。偏微分方程式の解は、すべての点のすべての方向で所望の変化率を持つものである。数理物理学の多くの方程式が偏微分方程式である。

ポアンカレ予想

Poincaré conjecture

現在は証明済みの予想で、境界を持たず、単連結でコンパクトなすべての3次元多様体は3次元球面と同相であるとするもの。

補題

lemma

別の結果を証明するための手段とすることが主な目的であり、関心の

対象であるような数学的結果。

丸い球面

round sphere

「丸い」という言葉は、すべての点で曲率が同じである球面を意味し、そのような球面と、凹凸があるが位相幾何学的にはそれと同値である球面を区別するために使われる。地球は極方向につぶれているため、地球の表面は丸い球面ではない。丸い球面は、ユークリッド空間内の1点から等しい距離だけ離れた点の集合と等長である。

命題

proposition

公準または以前証明された命題から数学的推論を使って導かれる主張。

ユークリッド空間

Euclidean space

すべての正の整数nについて、n次元のユークリッド空間とは、ピュタゴラスの定理で定義される距離を持つn−空間である。

リーマン曲率テンソル

Riemann curvature tensor

ある点を通過するすべての平面方向に値を割り当てる数学的対象（微小な測地三角形の内角の和がどれだけ180度からずれる傾向があるかを反映する）。

リッチ・フロー

Ricci flow

湾曲のきつい部分からゆるい部分へ曲率が流れるようにすることで、多様体上の計量を変化させるリッチ・フロー方程式によって決定されるプロセス。リッチ・フロー方程式は、曲率が大きい方向では曲率を減らし、曲率が小さい方向では曲率を増やすことによって、曲率の変化を指定する方程式の組み合わせである。リッチ・フロー方程式は偏微分方程式$\partial g_{ij}/\partial t = -2R_{ij}$と表記される。

ループ

loop

同じ点を始点かつ終点とする道。専門用語でいえば、両方の端点が同じ1点に写像されるような区間から多様体への連続写像。

連結和

connected sum

二つの多様体のそれぞれから球体を切り取り、補空間の境界となった二つの球面上の点を同一視することによって得られる多様体。

原注

（1）リッチ・フロー方程式は偏微分方程式$\partial g_{ij}/\partial t = -2R_{ij}$

（2）知名度がポアンカレ予想に匹敵する唯一の数学の予想といえば、ポアンカレ予想と同じミレニアム問題のひとつである「リーマン予想」である。ポアンカレ予想とリーマン予想は、クレイ数学研究所が意見を聞いたすべての数学者がミレニアム問題にふさわしいとして挙げた二つの問題である。

（3）ウェブサイト www.claymath.org にクレイ数学研究所の使命と構成に関する情報が掲載されている。クレイ数学研究所の設立の経緯などに関するさらに詳しい情報は、初代研究所長のA・ジェイフによるエッセイ（"The Millennium Grand Challenge in Mathematics." *Notices of the American Mathematical Society* 53〔no. 6〕, 2006: 652-660）に書かれている。

（4）URL は www.math.lsa.umich.edu/research/ricciflow/perelman.html（現在はアクセス不可）。

（5）ルキウス・カエキリウス・フィルミアヌス・ラクタンティウス（250～325年）は、ニコメディアで修辞学の教授を務めた後、キリスト教に改宗して職を失い、コンスタンティヌス帝の息子の家庭教師になった人物で、キリスト教の擁護者として広く知られていた。ラクタンティウスについて詳しく知りたければ、www.newadvent.org/cathen にある1917年編纂の Catholic Encyclopedia のオンライン版が参考になる。最新の参照情報および参考文献については、http://www.acad.carleton.edu/curricular/CLAS/lactantius/biblio.html にあるラクタンティウスに関するジャクソン・ブライスのオンライン文献目録を参照するとよいだろう。本書で引用したのは、ラクタンティウスの言葉をアーヴィングが言い換えたもので、J・J・アンダーソンの *Popular School History of the United States*（New York: Clark and Maynard, 1880）に掲載されている。ラクタンティウスが地球は平らだと信じていたのは本当だが、それは少数意見だったし、1490年にスペインで彼の著作を入手することはできなかった。

（6）Washington Irving, *The Life and Voyages of Christpher Columbus,* new edition edited by J. H. McElroy（Boston: Twayne Publishers, 1981）。

（7）ハーバード大学教授で歴史家であり、一流の著作家でもあったサミュエル・エリオット・モリソン（1887～1976年）は、最もよく知られ、愛されたアメリカ史研究家のひとりである。アーヴィングによるコロンブスの描写を「まったくのたわごとで、悪意あるナンセンス」と鮮やかに切って捨てたモリソンの言葉は、彼の著作 *Admiral of the Ocean Sea*, vol. 1（Boston: Little, Brown, 1942）, 88-89 に載っている。奇妙なことに、モリソンが反論したにもかかわらず、中世の学者や知識人が地球は平らであると信じていたという俗説は、いまだに驚くほど根強い。アーヴィングの影響と俗説の根強さに関する面白い話が、J. B. Russell の *Inventing the Flat Earth: Columbus and Modern Historians*（Westport: Praeger Publishing, 1991）に載っている。

（8）この文章はT・ヘイエルダールが *Early Man and the Ocean: a Search for the Beginnings of Navigation and Seaborne Civilizations*（Garden City, NY: Doubleday, 1979）で引用しているもので、その原典は、R・カデオの *Giornale di Bordo di Cristoforo Colombo 1492-1493* の C. V. Ostergaard によるデンマーク語訳である。コロンブスは、バイキングの入植地がアジアの北部にあり、自分は洋梨の上部すなわち北部の短い航路を通ってインドの東のスパイス諸島に到達したのであって、その方が膨らんだ南半球を通過するより速かったと信じていた。ヘイエルダールは、そのことを考えると、コロンブスの仮説は非常に理に適っていると書いている。

（9）ピュタゴラスの伝記はたくさんあるが、詳しい生涯ははっきりせず、矛盾した記述も多い。伝記の例には、P. Gorman の *Pythagoras: A Life*（London, Boston: Routledge and K. Paul, 1979）がある。

（10）信頼性の高いエジプトとバビロニアの数学に関する書籍には、O. Neugebauer, *The Exact Sciences in Antiquity*（Princeton: Princeton University Press, 1952）およびB. L. van der Waerden, *Science Awakening I: Egyptian, Babylonian, and Greek Mathematics*, translated by A. Dresden with additions by the author（Leyden: Noordhoff, 1975）がある。Neugebauer の *Mathematical Cuneiform Texts*（New Haven: American Oriental Society, 1945）および *Vorlesungen über Geschichte der Antiken Mathematischen Wissenschaften*（Berlin, New York: Springer, 1969）には、さらに詳しい情報が載っている。

（11）アレクサンドロス大王の父マケドニアのフィリッポス王は、紀元前

338年にギリシャの征服を完了し、アリストテレスを息子の家庭教師として雇い入れた。

(12) エラトステネスは地球の周囲の長さを25万スタディアとした。ギリシャではスタジアム（競技場）の直線コースの長さは1スタディオンと設定され、これをおよそ185 mとすれば、エラトステネスの計算値と、現在判明している地球の外周の長さである約4万kmとの差は14%ほどということになる。

(13) アレクサンドリアの巨大図書館が破壊された時期は、はっきりせず、いまだに諸説がある。3世紀にアウレリアヌス帝の治世下で起きた内戦で主要な図書館が破壊された点については、おおかたの学者の意見が一致している（ただし、プルタルコスの説をとる学者たちは、その2世紀前のジュリアス・シーザーによるアレクサンドリア港の焼き払いが破壊の原因だとしている）。近くのセラピス神殿にあった姉妹図書館は、キリスト教を国教化したテオドシウス帝の勅令が391年に発布された直後、破壊された。

(14) E. L. Stevensonが編集と翻訳を手がけた*Claudius Ptolemy: The Geography*という題名の、すぐれた英語訳がDover Publicationsから再出版されている（New York: Dover, 1991）。

(15) プトレマイオスが書いたギリシャ語の原文からラテン語への翻訳は、ビザンティンの学者マヌエル・クリソロラス（1335～1415年）が着手し、クリソロラスの弟子ヤコポ・ダンジェロの手によって1406年に完成した。

(16) フェルディナンド・マゼランは、1519年9月、265人の乗組員と共に世界一周の航海に旅立ったが、1521年4月、フィリピン沖での戦闘で死亡した。その後、バスクの探検家ファン・セバスティアン・エルカーノが航海の指揮を引き継ぎ、1522年9月、17人の生存者と共にスペインに帰国した。

(17) 数学者は「何らかの立体の曲面」とは言わず、「何らかの3次元多様体の境界」と言う。

(18) 読者はどこかで「メビウスの帯」という言葉を聞いたり、メビウスの帯の絵を見たりしたことがあるだろう。この物体は、長方形の紙きれを180度ねじった後、短辺どうしを貼り合わせることによってつくられる。メビウスの帯は境界を持った2次元多様体であり、さまざまな面白い特性を持っている。メビウスの帯の上で一貫して右と左を定義することはできない。右手と左手の区別がつくように人の絵を描い

て、それを帯の上でずらしていくと、元の位置に戻ってきたときには右手と左手が入れ替わっている。また、メビウスの帯には片面しかない。ある面から移動を開始すると、その面の裏側に戻ってくる。したがって、メビウスの帯は何らかの立体の曲面であるはずがない。

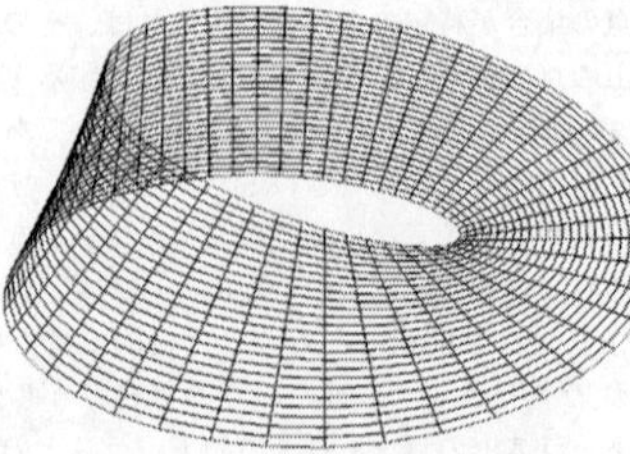

メビウスの帯

(19) 2次元多様体が向きづけ可能でない場合、その2次元多様体には常にメビウスの帯が含まれる。メビウスの帯の境界は一つの閉曲線であり、したがって位相的には円である。円板の境界である円上の点とメビウスの帯の境界上の点が一致するように円板をメビウスの帯に貼り付けると、境界を持たない多様体が得られる(これは「射影平面」と呼ばれる)。向きづけ不可能で境界を持たないコンパクトな多様体の中で有名なのは「クラインの壺」である。この物体は、メビウスの帯の境界を構成する円上の点どうしが一致するように二つのメビウスの帯を貼り合わせることによって得られる。クラインの壺や射影平面は、立体の曲面ではない2次元多様体の例である。

クラインの壺

(20) 3次元空間に収まらない曲面もある。その場合は4次元以上の次元が必要になる。特定の曲面を内部に収めるために空間が必要とする次元の数については、面白い数学的な問題があるが、ここではそれには触れない。その話は後の章で出てくる。

(21)「連続」という言葉は専門用語だが、重要な条件を示している。ある多様体上の点の集合が特定の1点に収束すれば、その集合に対応する別の多様体上の点の集合も、その収束点に対応する1点に必ず収束する場合、2つの曲面の間の一対一対応は「連続」であるという（近くの点どうしが対応するというときに近くの意味を示す必要はない）。

(22) 細かいことに気がつく読者なら、この文章では（少なくとも）三つの問題が無視されていることに気づくだろう。まず、結ばれたトーラスが標準的なトーラスと同相であることは自明ではない。定義によれば、それぞれのトーラス上の近くの点の集合どうしが対応するように、一方のトーラス上の点をもう一方のトーラス上の点に一対一対応させることができなければならない。それが可能であることを示すには、それぞれのトーラスのドーナツの部分を輪切りにする。そうすると、どちらのトーラスも、トーラスを輪切りにする前は同じ円だった二つの円で区切られた円柱になる。二つの円柱の間では、円上にない点どうしが対応し、円上の点どうしが対応し、円上にあるなしにかかわらず、近くの点どうしが対応するように、円柱上の点どうしを一対一対応させることができる。2番目の問題は、「なぜ球面とトーラスが同相でないことがわかるのか」だ。この場合も答えは自明ではない。まず、球面とトーラスが同相である（連続的に一対一対応する）と仮定しよう。次に、トーラスを二つに分割することがないトーラス上の単純な閉曲線（始点と終点が同じで、途中で交差しない曲線）を選ぶ。たとえば、輪の内側の表面上の曲線がそうだ。球面とトーラスが一対一対応していれば、球面を二つに分割しない単純な閉曲線が球面上にも存在しなければならない。だが、球面上の閉曲線は必ず球面を二つに分割する（閉曲線が球面を分割することは自明であるように思えるが、その証明は驚くほど難しく、「ジョルダン曲線定理」と呼ばれている）。最後の問題は、まだ3次元空間を定義していないことだ。3次元空間については第3章で定義し、第7章で定義を厳密化する。

(23) 任意の多様体と球面の連結和は、連結和をとる前の多様体になる。なぜなら、球面から円板を切り抜くと円板が残るが、多様体と球面の連

結和をとることは、多様体から円板を切り抜き、開いた穴に別の円板を取り付けることと同じだからだ。連結和をとっても何も変わらない。連結和の操作では、球面は単位元のように作用する（つまり、加算での0、乗算での1のように作用する）。

(24) すべての向きづけ不可能な曲面を分類することもできる。その結果は、向きづけ可能な曲面と射影平面（注19で定義済み）に同相な曲面との連結和になる。その理屈の解説と最新の証明については、J. Weeks, *The Shape of Space*, 2nd ed.（New York, Basel: Marcel Dekker, 2002）の補遺を参照されたい。

(25) V. I. Arnold, "On Teaching Mathematics." *Russian Math. Surveys* 53, no. 1（1998): 229-236。因みに、この記事は、多くの数学教育の愚かしさを指摘した的を射た苦言である。

(26) 数学の用語でいえば、多様体上のループは、$f(0) = f(1)$となる区間I $= \{x : 0 \leqq x \leqq 1\}$ から多様体への連続写像fと定義される。すべてのxについて$F(x, 0) = f(x)$（元のループ）であり、すべてのtについて$F(0, t) = f(0)$であり、かつすべてのxについて$F(x, 1) = F(x, 1) = f(0)$である長方形 $\{(x, t) : 0 \leqq x, t \leqq 1\}$ の連続写像Fが存在すれば、ループは「1点に縮退」させることができるという。tが固定値のときの$F(x, t)$は、同じ点を始点および終点とするループである。

(27) シンプリキウスが著書の『物理学』で引用している文章。英訳の原典はT. L. Heath, *A History of Greek Mathematics* 2 vols（Oxford : Clarendon Press, 1921）。

(28) 専門用語では、一方の多様体上の点の集合が特定の1点に収束すれば、それに対応するもう一方の多様体上の点の集合も収束点に対応する1点に必ず収束するとき、二つの3－多様体の間の一対一対応は連続であるという。

(29) ユークリッドが考えた平面に相当する3次元の概念は「ユークリッド3－空間」または単に「3－空間」と呼ばれる。正式な定義は第7章で行う。

(30) M.A. Peterson, "Dante and the 3-Sphere." *American Journal of Physics* 47, no.12（1979): 1031-1035およびR. Osserman, *Poetry of the Universe*（Garden City, New York: Doubleday, 1995）を参照されたい。何十年も前に数学者のAndreas Speiserが著書の*Klassische Stücke der Mathematik*（Zürich: Orell Füselli, 1925）でこの事実を指

摘している。この著書の記述はJ. J. Callahanによる記事"The Curvature of Space in a Finite Universe." *Scientific American*, 235 (1976): 90-100で参照されている。以上の情報はM.A. Petersonから提供されたものである。

(31) 内側のトーラスおよび外側のトーラスとの距離を一定に保ったまま、同心の二つのトーラスの共通軸と直角な円を描くように移動し、その軌跡を描いてみよう。そのとき描かれるループを一点に縮めることはできない。さらに、そのループは、本文で説明しているループから厳密な意味で独立している。球面状の殻の内側と外側の境界を定義することによってつくられた多様体では、いずれも1点に縮めることのできない、このように独立した二つのループを描くことはない。

(32) ユークリッドの生涯と業績をまとめた詳細な参考文献付きの資料には、C. C. Gillespie ed., *Dictionary of Scientific Biography* (New York: Scribner, 1971) に収録されたI. Bulmer-Thomasらによる"Euclid"がある。セントアンドリュース大学が設けているウェブサイト (http://www-history.mcs.st-andrews.ac.uk/Mathematicians/Euclid.html) にあるJ. J. O' ConnorおよびE. F. Robertsonの記事も参照されたい。このウェブサイトには、多数の数学者のオンライン伝記と数学史の特殊なトピックに関するさまざまな記事が掲載されている。ここ数年で内容が充実し、学問的色彩も濃くなり、非常に有用な資料に成長した。

(33) T. L. Heathによる不朽の名訳*The Thirteen Books of Euclid's Elements* (New York: Dover, 1956) から引用し、編集した。

(34) 何百年も後の19世紀末、ドイツの大数学者ヒルベルトは、ユークリッドの幾何学を書き換える著作で、まさにこのギャップに対処するために、さまざまな「間」の公理を追加した。

(35) たとえば、J. Gray, *Ideas of Space: Euclidean, non-Euclidean, and Relativistic* (Oxford, New York: Oxford University Press, 1979) を参照されたい。

(36) L. Russo, *The Forgotten Revolution: How Science was Born in 300 BC and Why It Had to Be Reborn*, translated by S. Levy (New York: Springer, 2004)。

(37) 『ダータ』、『図形分割論』、『光学』、『現象論』は残った。『曲面軌跡論』、『不定命題』、『円錐曲線論』、『誤謬推理論』、『音楽原論』は残っていない。

(38) いずれの訳本も改訂され、他の訳本も編纂された。アル・ナイジーリーの手によって編集され、ほぼ間違いなく大幅に改訂されたはずの2回目に翻訳された版がライデン大学に原稿の形で残っている。

(39) たとえばC. H. Haskinsの *The Rise of Universities*（reprinted Itchaca, New York: Cornell University Press, 1957): 1-2を参照されたい。

(40) 印刷機は1455年にヨハネス・グーテンベルクによって発明されたと言われることが多いが、実際の事情はもっと複雑だ。たとえば、Adrian Johnsの *The Nature of the Book: Print and Knowledge in the Making*（Chicago: University of Chicago Press, 1998）を参照されたい。

(41) J. J. O'ConnorとE. F. Robertsonがウェブサイト（http://www-history.mcs.st-andrews.ac.uk/Mathematicians/Euclid.html）の記事で引用しているvan der Waerdenの文章の抜粋を参照されたい。

(42) シムソンもプレイフェアもスコットランド人である。ロバート・シムソン（1687～1768年）は1710年にグラスゴー大学の教授になり、70版を重ねた『原論』の1巻～6巻、11巻、12巻をまとめた版の編集に携わった。第1版はラテン語で書かれ、それ以降の版は英語で書かれた。ジョン・プレイフェア（1748～1819年）は、エディンバラ大学で数学教授を務めた後、自然哲学の教授になり、ベストセラーになった『原論』の幾何学に関連する部分の英語版を刊行した。この本では、議論を単純化するために代数記号が体系的に用いられた。

(43) C. C. Gillespie ed., *Dictionary of Scientific Biography*（New York: Scribner, 1971）のJ.E. Murdochによる"Euclid: Transmission of the Elements"の項目を参照されたい。この記事には、中世に出回ったさまざまな『原論』の版の系統図が載っている。Heathによる訳に含まれているコメントも示唆に富んでいる。

(44) T. L. Heathによる英訳書の第2版415ページの"Excursus Ⅱ: Popular names for Euclidean propositions"を参照されたい。

(45) 4冊の注釈書の著者は、ロードスのゲミニウス（10～60年）、アレクサンドリアのヘロン（10頃～75年）とパッパス（290頃～350年）、ポルフュリオス（233～309年）である。

(46) 第5公準がプレイフェアの公理と同値であると認めることは、ユークリッドの五つの公準を受け入れればプレイフェアの公理を証明でき、逆に、ユークリッドの最初の四つの公準とプレイフェアの公理を受け

入れればユークリッドの第5公準を命題として証明できることを意味している。

(47) G.G. Saccheri, *Euclides ab omni naevo vindicatus* (1733)。

(48) ジョージ2世はプリンストン大学も創設している。憲章の勅許によって1746年に創設されたプリンストン大学は、創設当時はカレッジ・オブ・ニュージャージーと呼ばれていた。この大学は、宗教を問わず広く門戸を開放するという、植民地では珍しい方針を打ち出していた。

(49) A.G. Kästner, *Mathematische Anfangsgründe* (1758) の序文から引用。この抜粋は、W. B. Ewald, *From Kant to Hilbert: A Source Book in the Foundations of Mathematics* vol. 1 (Oxford, New York: Oxford University Press, 1996): 154 で引用されている。

(50) ウォリスの公理は、任意の大きさの似通った図形が存在すると述べている。似通った図形とは、辺の数が等しく、対応する辺にはさまれた角と対応する辺の長さの比がいずれも等しいという性質を持った多角形である。

(51) G. S. Klügel, *Conatuum praecipuorum theoriam parallelarum demonstrandi recensio* (1763): 16。

(52) ランベルトは、π(円周と直径の長さの比)が有理数でない(つまり、2の平方根のように整数の比として表すことができない数)であることを証明したことで有名だ。これは大きな業績である。

(53) I. Kant, *Was ist Aufklärung?* (1784)。

(54) ガウスの伝記的資料と業績に関する学問的評価については、W. K. Bühler, *Gauss: A Biographical Study* (Berlin, New York: Springer, 1981) を参照されたい。この本には注解が付いたすばらしい書誌が付属している。

(55) コレギウム・カロリヌム。

(56) G. B. Halsted, "Biography, Bolyai Farkas [Wolfgang Bolyai]" *American Mathematical Monthly* 3, no.1 (1896): 1-5 を参照されたい。

(57) 出典は J. J. O'Connor と E. F. Robertson が書いている János Bolyai の伝記 (www.groups.dcs.st-andrews.ac.uk/history/Biographies/Bolyai.html)。

(58) C.F. Gauss, *Werke* vol.8 (Göttingen: K. Gesellschaft der Wissenschaften zu Göttingen, 1870): 119。

(59) ガウスに関する引用の典拠は、J. J. O'Connor と E. F. Robertson によ

る記事（www-history.mcs.st-andrews.ac.uk/Quotations/Gauss.html）である。

(60) 典拠はV. Kagan, *N. Lobachevsky and His Contribution to Science* (Moscow: Foreign Languages Publishing House, 1957)。

(61) ボヤイ、ロバチェフスキー、その他多くの数学者の論文の英訳についてはR. Bonola, *Non-Euclidean Geometry: A Critical and Historical Study of its Development*, translated by H. S. Carslaw（New York: Dover, 1955）を参照されたい。

(62) C.F.Gauss, *Werke* vol.8（Göttingen: K. Gesellschaft der Wissenschaften zu Göttingen, 1870): 221。ガウスとボヤイ（父）の間の文通は、Gauss, *Briefwechsel zwischen Carl Friedrich Gauss und Wolfgang Bolyai*（Leipzig: B. G. Teubner, 1899）に集められている。

(63) J. J. O'ConnorとE. F. RobertsonによるFarkas Bolyaiの伝記（www-groups.dcs.st-andrews.ac.uk/history/Biographies/Bolyai_Farkas.html)。

(64) クレイ数学研究所が百万ドルの懸賞金をかけた、本書でも後で出てくるリーマン予想に関する書籍には、J. Derbyshire, *Prime Obsession: Bernhard Riemann and the Greatest Unsolved Problem in Mathematics*（Washington: Joseph Henry Press, 2001)、K. Sabbagh, *The Riemann Hypothesis: The Greatest Unsolved Problem in Mathematics*（New York: Farrar, Straus, and Giroux, 2002)、M. du Sautoy, *The Music of the Primes: Searching to Solve the Greatest Mystery in Mathematics*（New York: HarperCollins, 2003）の3冊がある。なかでもDerbyshireの本は一般読者向けの数学書として秀逸である。リーマン予想は、最近推理小説にも登場している（Perri O' Shaughnessy, *A Case of Lies* [New York: Random House, 2005])。D. Laugwitzの*Bernhard Riemann 1826-1866: Turning Points in the Conception of Mathematics*（Boston: Birkhäuser, 1999）は、リーマンの生涯と学問的業績に関する第一級の解説書である（ただし、理解するには数学的な専門知識が必要だ)。この本は、A. Shenitzerがドイツ語から英訳したものだ。

(65) 革命とナポレオンの支配によって、教育機能と管理機能はますますパリに集中した。政権内部では機能分散の話が出ていたのかもしれないが、フランス人はどんな分野でも分散に成功した例がない。

(66) A. N. Whitehead, *The Aims of Education and Other Essays*（New

York: Free Press, 1967）の "Universities and Their Function" から引用。

(67) 純粋・応用数学雑誌という意味。

(68) 現在使われている数の概念には長く輝かしい歴史があり、それをここで説明することはできない。「実数」は、負の数、ゼロ、正の数など、小数（場合によっては無限小数）として表記できる任意の数と考えることができる。つまり、整数に 0 から 1 の間の数、場合によっては無限の小数展開を加えた数ということだ。10.88901、π =3.141592……、－1.414……（$= -\sqrt{2}$）、1000、0、－317.2 などはすべて実数である。複素数は実数に負の数の平方根を加えることによって得られる。$i^2 = -1$ であり、a および b が実数として、すべての複素数を $a + bi$ と表記できる。

(69) R. Dedekind, "Bernhard Riemann's Lebenslauf." in *Bernhard Riemann's Gesammelte mathematische Werke und wissenschaftlicher Nachlass*, 3rd ed., edited by H. Weber（Leipzig: Teubner, 1892）: 553。

(70) たとえば、そのような直線の一部を描き、中点をゼロ点と定めて、長さの単位をセンチメートルとし、右を正の方向とすると、次の図のようになる。

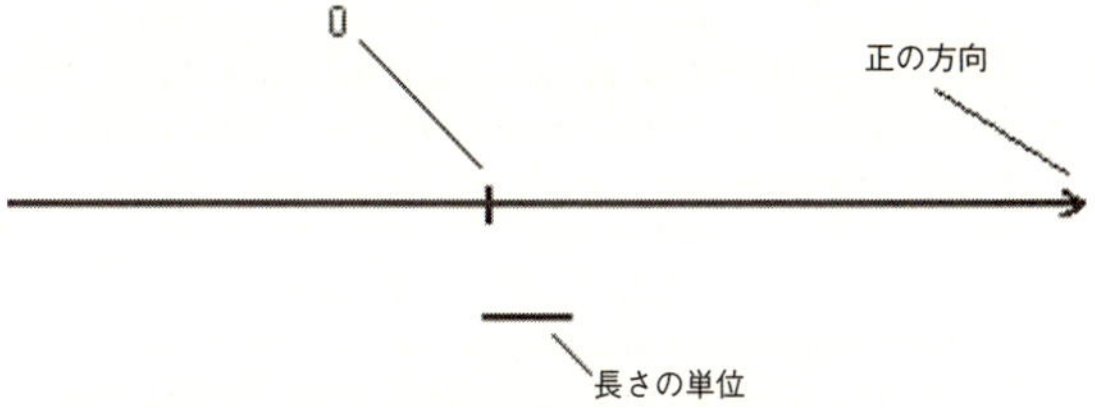

ゼロ、長さの単位、正の方向の選択

数 1 はゼロから右に 1cm 移動した点に関連づけられる。数 2.25 はゼロから右に 2.25cm 移動した点に関連づけられる。負の数にはゼロの「左側」の点が関連づけられる。したがって、－1 はゼロから左に 1cm 移動した点に関連づけられ、－2.25 はゼロから左に 2.25cm 移動した点に関連づけられる。

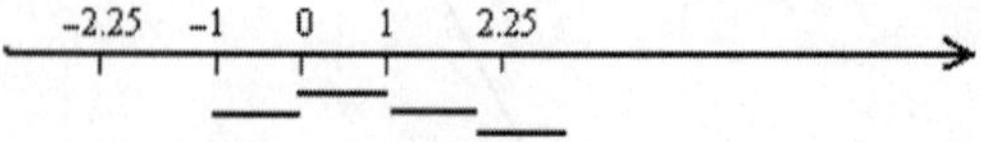

数直線

では100,000に対応する点はどこにあるのだろうか。その点は、このページ上にはないが、ゼロから100,000cm、つまり1km右に移動した位置にある。

(71) したがって、(2, 3) のペアは、最初の数直線に沿って正の方向に2単位移動し、2番目の数直線に沿って正の方向に3単位移動した平面上の点に対応する。(−1, 2.2) のペアは、最初の数直線に沿って左に1単位移動し、2番目の数直線に沿って正の方向に2.2単位移動した点に対応する。

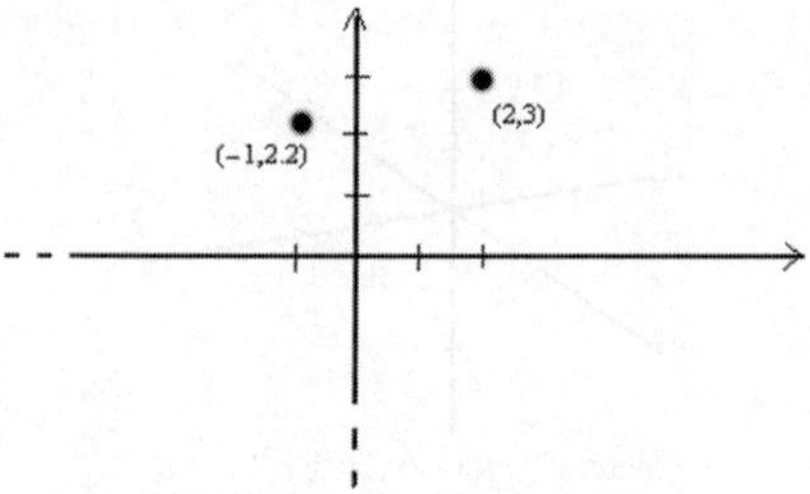

2つの実数の組み合わせに対応する平面

数の順序が重要である点に注意してほしい。(2, 3) と (3, 2) は別々の点を表すものとして指定されるし、実際に別々の点である。数直線の方向が違っていても、2つの実数の組み合わせをこのページ上の点に関連づけることができる。いずれの場合も、数の組み合わせと、このページからすべての方向に無限に広がる無限大のページ上の点の間には対応関係がある。

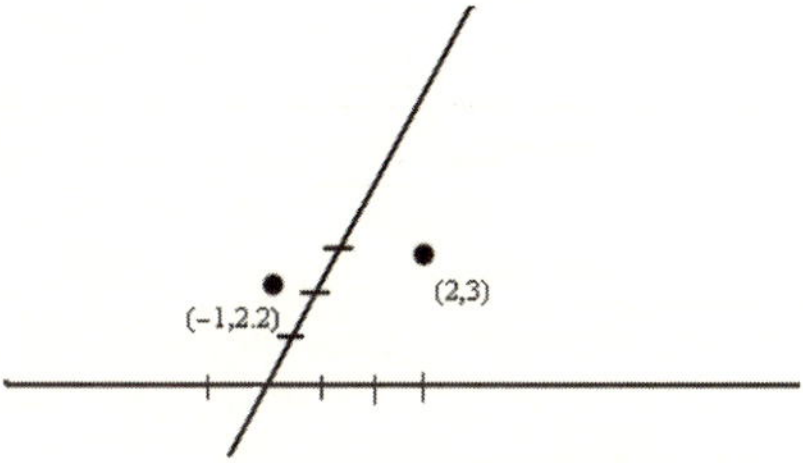

数直線の方向が異なる場合の対応関係

(72) これら3本の直線を少し回転して、背後から強力な照明を当てたときにできる直線の影を平面上に描く方法が慣習的に使われている。

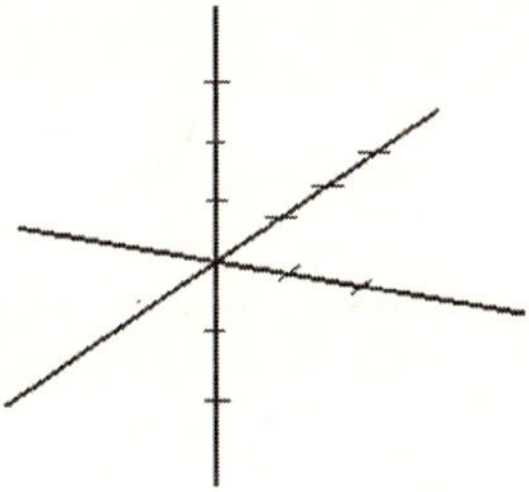
3つの実数の組み合わせを表す数直線

(73) 注72で説明した慣習に従って描いた3本の数直線上に(2, 3, −1)を描くと、以下のようになる。

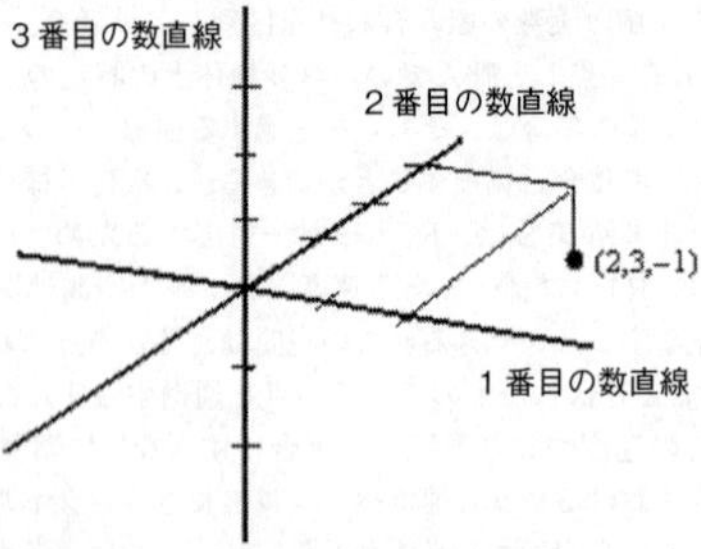

3つの実数の組み合わせを描く

(74)「解析学」とは、関数、極限、変化率などの微積分の対象を扱うもので、物体を極限まで小さくしたり任意の大きさにしたりしたときに何が起きるかを研究する数学の分野である。「関数」は一つの集合の「元」と別の集合の「元」とを関連づける機械と見なすことができる。「微積分学」は、関数が変化する様子を研究するもので、ある集合の特定の元で関数が変化する率を計算する道具（「微分」と呼ばれる）と、それとは逆に、ある集合のすべての元における変化率から関数を導く道具（「積分」と呼ばれる）を使用する。基本的な考え方は単純だが、その詳細はきわめて複雑になることがある。関数の変化率（「導関数」と呼ばれる）を定義するときには、細心の注意を払う必要がある。関数の変化率は関数とは別の数学的対象であり、別の関数になることが多いが、それは異なる空間のあいだの関数であり、空間が複雑である場合は特に注意が必要だ。微積分学の入門コースでは、もっぱら実数を実数に関連づける特殊な関数（つまりRまたはR上の特定の区間からRへの関数）を学習する。そのような関数の導関数の特定の実数における値は数になる。

(75) 以下は微積分をある程度覚えている読者向けの話だが、Rから多様体への関数は、多様体上の経路を定義するものと考えることができる。実数を時間と見なし、個々の時間における関数の値をその時間における位置と見なすのだ。多様体が次元nを持っていれば、任意の時間におけるそのような関数の導関数は、n個の実数の組み合わせになる。数学者は、導関数を表すn個の実数の組み合わせと、多様体上の位

置を表す n 個の実数の組み合わせを区別し、前者を「(速度) ベクトル」、後者を「点」と呼んでいる。多様体上の特定の点におけるすべてのベクトルの集合は、その点を通過する曲線が持つことのできるすべての速度の集合と見なすことができる。n 次元多様体上の各点におけるベクトルの集合は、$\mathbf{R}^n$ と一対一対応するため、n 次元多様体上の各点は、$\mathbf{R}^n$ のコピーである速度ベクトルの空間に関連づけられていると見なすことができる。この空間は、特定の点における多様体の「接空間」と呼ばれるもので、その点を通過する任意の曲線が取り得るすべての速度つまり導関数の集合にすぎない。計量を定義するには、各点における個々の速度ベクトルの長さ（ベクトルの速度と見なされるもの）を定義する必要がある。リーマンは、各点における多様体の接空間上の関数の種類を、扱いやすい程度に限られていながら、広範囲の現象をとらえることができ、かつ数学的にも興味深い程度に一般的なものに限定することによって、特に興味深い計量の種類を選んだ。

(76) つまり、ユークリッド2−空間を定義するには、$\mathbf{R}^2$ の2点 (x_1, y_1) と (x_2, y_2) の間の距離を $(x_1 - x_2)^2 + (y_1 - y_2)^2$ の平方根と定義する。$\mathbf{E}^3$ を定義するには、$\mathbf{R}^3$ の2点 (x_1, y_1, z_1) (x_2, y_2, z_2) の間の距離を $(x_1 - x_2)^2 + (y_1 - y_2)^2 + (z_1 - z_2)^2$ の平方根と定義する。

(77) 定義から、ユークリッド n−空間 E^n は、2点 $(x_1, \cdots\cdots, x_n)$ と $(y_1, \cdots\cdots, y_n)$ の間の距離が $(x_1 - y_1)^2 + \cdots\cdots + (x_n - y_n)^2$ の（正の）平方根と定義される $\mathbf{R}^n$ である。これがピュタゴラスの定理の n 次元への一般化である。

(78) もちろん、これだけで測地線が大円の一部であることを証明できるわけではない（それに、それを目で確認するには巨大なビーチボールが必要だ)。対称性の理論を使えば、測地線が大円であることを厳密に証明することができる。微積分を利用して証明する方法もある。

(79) 地球は球面に近いので、測地線はきわめて大円に近い。しかし、地球は完全な球面ではない。極方向に少しつぶれているし、山や谷の部分で曲率が変化する。測地線は大円と完全に同じではないが、大円にきわめて近い。それは、山の高さ、谷の深さ、極方向へのつぶれの程度が地球の大きさに比べてかなり小さいからだ。

(80) 出発点で地表と接する短い接線を目的の方向と見なすこともできる。$\mathbf{R}^3$ 上の任意の線を通り、かつその線上にない特定の点を通過する平面はひとつしかない。したがって、球面の中心を通過し、かつ方向を

表す接線を通過する平面はひとつしかない。その平面が球面と交わるところが目的とする方向を持った大円である（平面が球面の中心を通るため、交線は大円になる）。

(81) リーマンは任意の次元の球面の存在を認めている。第3章で苦労して定義した3－球面は、$\mathbf{E}^4$上のひとつの固定点から等距離にある点の集合と同相である。

(82) 同相写像の概念に依存する概念で、同相写像と混同しやすいのは、アンビエント同相写像による同値である。曲面を位相的に分類するときには、ある曲面から別の曲面への同相写像のみが要求される。ところが、この概念では、3－空間内の曲面を見るときに、対象となる曲面間の一対一対応である同相写像の関係が3－空間とそれ自身との間にも存在するという（付加的な、より厳しい）条件が課せられる。これは、普通のトーラスと結び目のあるトーラスは必ずしも同値ではないとする結び目理論に適した同値の概念でもある。

(83) 位相幾何学（topology）という言葉が初めて使われたのは、ヨハン・ベネディクト・リスティング（1808～1882年）の著書*Vorstudien zur Topologie*（1847）の中だった。それ以前に使われていたのは「位置解析」を意味するanalysis situsであり、1920年代までは、その言葉の方が一般的だった。リスティングは、この著書で、位相幾何学を「位置の間の関係を支配する定性的な法則の研究」と定義し、その新しい科学が価値ある研究対象であり、意義深い結果をもたらすものであるという強い信念を表明した。リスティングは、さらに「われわれは、位相幾何学を通じて、空間の形の定性的な特性、連結の法則、相互位置について、あるいは点、線、曲面、立体の秩序、あるいはそれらと測度や大きさとの関係から抽象されるそれらの部分および結合について研究し、理解を深める」と書いている。リーマンは位相幾何学そのものを研究したわけではないが、位相幾何学を解析に応用したことから、位相幾何学の発展に多大な貢献を果たすことになった。

(84) ポアンカレの業績に至るまでの位相幾何学の発展の歴史については、J.C. Pont, *La Topologie Algébrique des origines à Poincaré*（Paris: Presses Universitaires de France, 1974）を参照されたい。

(85) 数学者が実際に使用する数は「種数」と呼ばれるもので、切断された残りの部分を長方形にするのに必要な最小限の切断回数に等しい。

(86) 距離を保つ一対一の写像が同相写像であることを理解するのは難しくないが、異なる同値の概念の間の関係を立証することは、難しい作業

になることが多い。
(87) これはヒルベルトによってはじめて証明された定理である。
(88) 次元は正の整数または無限大でなければならない。リーマンは離散空間の存在も認めているが、ここでは離散空間は必要ない。
(89) W. K. Clifford, *Mathematical Papers*, edited by R. Tucker (London: Macmillan, 1882): 21-22 (当初はW. K. Clifford, "On the Space-Theory of Matter." *Cambridge Philosophical Society Proceedings* 2 [1876] として発表された)。
(90) トラクトリクスとは、垂直に垂らした固定長の糸の下端を平面上で水平方向に動かしたときに、糸の上端が平面上で描く曲線である。
(91) この短編小説は、Dr. Misesという偽名で1846年に発表されたフェヒナーの著作集 *Vier Paradoxe* に収録されている。詳しくは、次の注92で引用されているAbbottの *Flatland* に寄せられたT. Banchoffの前書きを参照されたい。
(92) 最近出版された、二人の幾何学者による注釈と前書きの付いた2冊を紹介しておこう。1冊はT. Banchoffが前書きと注釈を書いているE. A. Abbott, *Flatland: A Romance of Many Dimensions* (Princeton: Princeton University Press, 1991) で、もう1冊はI. Stewartが前書きと注釈を書いているE. A. Abbott, *The Annotated Flatland: A Romance of Many Dimensions* (Cambridge, MA.: Perseus, 2002) である。
(93) J. Collins, *Good to Great: Why Some Companies Make the Leap... and Others Don't* (New York: HarperCollins, 2001)。
(94) B. Riemann's, *Gesammelte mathematische Werke und wissenschaftlicher Nachlass*. 3rd ed., edited by H. Weber (Leipzig: B.G. Teubner, 1892): 541-558。
(95) リーマンの業績のすべてが概念的であるという説は俗説である。リーマンのノートには膨大な量の計算が記されている。
(96) ビスマルクは単なる強硬な保守主義者ではなかった。近代の社会保障制度の創始にも貢献している。
(97) 第一次世界大戦をビスマルクひとりの責任に帰するのは公平ではない。即位直後にビスマルクを解任したドイツ皇帝ヴィルヘルム二世の方が大戦を招いた責任はずっと大きい。
(98) 不運なゲッティンゲン七教授事件でさえ大学にとって追い風になった。1837年の事件の際に教授たちが追放されたときに同じ数の教授が補

充された。後日追放された教授たちが復帰すると、学部の規模が拡大した。

(99) 19世紀後半から20世紀初頭にかけてのゲッティンゲン大学について詳しくは、C. Reidによる伝記*Hilbert*（New York, Heidelberg, Berlin: Springer, 1970）および*Courant in Göttingen and New York, The Story of an Improbable Mathematician*（New York, Heidelberg, Berlin: Springer, 1976）を参照されたい。D. E. Roweの記事"Klein, Hilbert and the Göttingen Mathematical Tradition." *Osiris* 5, no.2 (1989): 186-213および"'Jewish Mathematics' at Göttingen in the Era of Felix Klein." *Isis* 77（1986）: 422-449からも多くの情報が得られる。

(100) ドイツ語のテキストは小冊子として印刷されたもので、入手が難しかった。しかし、その後再版され、イタリア語とフランス語に翻訳されて主要な数学誌に掲載された。M. W. Haskellが英訳した"A Comparative Review of Recent Researches in Geometry"は*Bulletin of the New York Mathematical Society* 2（1893）: 215-249に掲載された。D. G. Saariの編集による*The Way It Was: Mathematics from the Early Years of the Bulletin*（Providence: American Mathematical Society, 2003）にも同じものが再掲されている。

(101) 演算を持つ集合の例には、加算という演算を持つ整数、合成という演算を持つ空間の同相写像、特定の語の中の文字列の置換などがある。「群論」とは、群を研究対象とする代数の一分野である。集合の元に対するひとつの演算を持つ集合がすべて群であるわけではない。ひとつの演算を持ち、別の公理を満たす興味深い他の集合（半群、モノイド、擬群）もある。複数の演算を持つ集合も研究の対象になる。2つの演算が満たす公理と演算どうしが互いに関連する方法によって、環、体、加群、格子などの構造が得られる。ややこしいことに、特定の種類の環のことを「algebra（多元環または代数）」ということがある（その場合の「algebra」は、代数で扱う構造の種類の例ということになる）。

(102) その場合は、群の代わりに、擬群と群の層が必要になる。

(103) "Sur les fonctions fuchsiennes." *Comptes rendus de l'Académie des sciences* 92（February 14 1881）: 333-335; 92（February 21 1881）: 395-396; 92（April 4 1881）: 859-861。

(104) ポアンカレの基本的な伝記は容易に入手できる。ただし、評論的な

ポアンカレの伝記にはろくなものがない。その理由に関する面白い推測については、G. Heinzmannの"Éléments preparatoire à une biographie d'Henri Poincaré"を参照されたい。Heinzmannの作品には、ポアンカレの子供時代の面白い話が詳細な参照資料付きで紹介されている。

(105) レイモン・ポアンカレ（1860～1934年）は1912年から1913年まで、1922年から1924年まで、および1926年から1929年まで首相を務めた。1913年から1920年までは大統領だった。

(106) G. Heinzmann, "Éléments preparatoire à une biographie d'Henri Poincaré"で引用されているポアンカレの妹アリーヌのノート。Item B 250, Documents sur Poincaré, Archive Henri-Poincaré, Université Nancy 2（LPHS-AHP): 191（現在はアクセス不可）。

(107) 同上。

(108) 1913年12月の公開講演会で朗読され、*Oeuvres de Henri Poincaré* vol. 2（Paris: Gauthiers-Villars, 1952）として再版されたG. Darboux, "Éloge Historique d'Henri Poincaré"の一節。

(109) ダルブーの説明によれば、ポアンカレは、ドイツ語の新聞を読んで父親たちに最新情報を知らせるためにカフェに通ってはドイツ語を懸命に勉強したというが、妹の話によれば、ポアンカレがドイツ語を覚えたのは、家に滞在していたドイツ人が客間のいちばん暖かい場所に座る習慣があったからだという。妹の話には、暖かい場所にいられるなら、兄は何でも勉強しただろうという言外の批判が込められている。

(110) グランゼコールとは、比較的資金が潤沢で、綿密に組み立てられたカリキュラムを持つ約200校の小さい大学から構成される教育機関である。学生（年間で合計1万1000人の学生が卒業する）に対する教員の数が非常に多く、授業料は適度な額で、全国規模で実施される競争率の高い筆記試験に合格したものだけが入学を認められる。口頭試問が実施されることもある。フランスの企業の経営者、役員の70%がグランゼコール出身者であり、上級公務員に占めるグランゼコール出身者の比率はそれよりさらに高い。

(111) 論文の審査委員会の委員長を務めたダルブーは、何年も後になってこう書いている。「並外れた出来の論文であり、文句なしに合格レベルであることは一目見てすぐわかった。その論文には、幾多の優れた論文の題材になるような結果が確実に含まれていた」（注108で触れられているダルブーの追悼文21ページ）。

(112) 大学は終戦後、再建され、1957年に再発足した。

(113) S.J.Gould ed., *The Value of Science: Essential Writings of Henri Poincaré* (New York: The Modern Library, 2001): 392に掲載されているFrancis Maitlandの英訳によるポアンカレの*Science and Method*より引用。

(114) 同上。

(115) 同上。

(116) パリの科学アカデミーに送られた論文に対する三つの補遺(1880年6月28日、同年9月6日、同年12月20日)は、非ユークリッド幾何学の基礎およびそれとフックス関数との関係を概説するものだった。これらの補遺は、パリの科学アカデミーの文書保管所に保管され、存在を忘れられていたが、90年以上経った1979年12月に、当時大学院生だった(今は立派な数学史研究者である)ジェレミー・グレイによって再発見された。これらの補遺のテキストおよび数学史上の解説については、J. J. Gray and S. A. Walter, eds., *Henri Poincaré, Three Supplementary Essays on the Discovery of Fuchsian Functions*(Berlin: Akademie; Paris: Albert Blanchard, 1997) を参照されたい。

(117) スウェーデンの有名な数学者ミッタク=レフラーは、まずエルミートに手紙を書いた後、1880年4月11日にポアンカレに手紙を書いた。ポアンカレとミッタク=レフラーは生涯の友人になった。ミッタク=レフラーは当時新しい数学誌の創刊を計画しており、その雑誌への寄稿をポアンカレに依頼した。

(118) 手紙はポアンカレの著作集 (*Oeuvres* vol. 2) とクラインの著作集に掲載されている。ポアンカレの著作集には、*The Value of Science* からの長い引用と、クラインによる発見の説明の抜粋が含まれている。完全な書簡集の英訳はないようだ(したがって、本書に記載されている手紙の文章は著者が英訳したものである)。

(119) フランス語の動詞apercevoirを「垣間見る (glimpse)」と訳し、obtenirを「得る (obtain)」と訳した。

(120) die elliptischen Modulfunktionen。

(121) Kreisbogenpolygone。

(122) この標語は、1477年にシャルル突進公がナンシーの戦いに敗れたことの引喩であるとされている。フランス語の口語では、"Qui s'yfrotte, s'y pique"と表現されることが多い。これは「手を出す者は刺される」、つまり「私を怒らせたらただじゃ済まないぞ」という意味だ。

(123) F. Klein, *Vorlesungen über die Entwicklung der Mathematik im 19. Jahrhundert.* Teil I,II (Berlin: Springer, 1926 [Teil I],1927 [Teil II])。(特に第1巻249ページの次の一節に注目されたい。「幾何学的な空気が色濃いゲッティンゲン大学の雰囲気が、感受性が強く、才能豊かなリーマンに、抗いがたい強い影響を及ぼしたと結論せざるを得ない。目のあたりにする事実や具体的な知識より、人を取り囲む環境のほうが重要なのだ」)。*Development of Mathematics in the 19th Century* と題するM. Ackermanによる第1巻の英訳は、R. Hermann編纂による Lie Groups: History, Frontiers and Applications シリーズ (Brookline: Math Sci Press, 1979) の第9巻に掲載されている。

(124) 以下に手紙の全文を示す。第3段落はクラインが忘れられないと言っている部分である。クラインは、この手紙の前に、重要な定理の発表を告知する記事の校正刷りをポアンカレに送っている。ポアンカレは、手紙のこの部分で、その結果についてはずっと前からわかっていたと述べている。ポアンカレは、クラインの知らせを受け取るとすぐに《コント・ランデュ》誌に告知を送った。フランス語版の著作集に収録されている手紙に付属している引用文を読めば、クラインがそれを苦々しく思っていたことは明らかだ。1世紀後になってわかることは、クラインもポアンカレも結果が真実であることは「わかっていた」が、それを完全に証明することはできなかったことだ。当時はそれを可能にする数学の道具がなかった。完全な証明は、1910年にポアンカレとケーベの手によって完成した。

Paris, 4 April, 1882.

Je viens de recevoir votre lettre et je m'empresse de vous répondre.Vous me dites que vous désirez clore un débat stérile pour la Science et je ne puis que vous féliciter de votre résolution. Je sais qu'elle ne doit pas vous coûter beaucoup puisque dans votre note ajoutée à ma dernière lettre, c'est vous qui dites le dernier mot, mais je vous en sais gré cependant. Quant à moi, je n'ai ouvert ce débat et jo n'y ouio ontré quc pour dirc unc foio ct unc oculc mon opinion qu'il m'ctait impoooiblc dc tairc. Cc n'cat pas moi qui lc prolongcrai, ct jc ne prendrais de nouveau la parole que si j'y étais forcé d'ailleurs je ne vois pas trop ce qui pourrait m'y forcer.

Si j'ai donné votre nom aux functions kleinéennes, c'est pour les

raisons que j'ai dites et non pas comme vous l'insinuez, *zur Entschädigung*; car je n'ai à vous dédommager de rien; je ne reconnaîtrai un droit de propriété antérieur au mien que quand vous m'aurez montré qu'on a avant moi étudié la discontinuité des groupes et l'uniformité des functions dans un cas tant soit peu général et qu'on a donné de ces functions des développements en series. Je réponds à une interrogation que je trouve en note à la fin d'une page de votre lettre. Parlant des functions définies par M. Fuchs au tome 89 de *Crelle*, vous dites; "Sind diese Funktionen wirklich eindeutig? Ich verstehe nur dass sie in jedem Wertsystem welches sie erreichen unverzweigt sind." Voici ma réponse, les functions étudiées par M. Fuchs se partagent en trois grandes classes; celles des deux premières sont effectivement uniformes; celles de la troisième ne sont en général que *unverzwiegt*. Elles ne sont uniformes que si l'on ajoute une condition à celles énoncées par M. Fuchs. Ces distinctions ne sont pas faites dans le premier travail de M. Fuchs; on les trouve dans deux notes additionelles, malheureusement trop concises et insérées l'une au *Journal de Borchardt*, t. 90, l'autre aux *Göttinger Nachrichten*, 1880.

Je vous remercie beaucoup de votre dernière note que vous avez eu la bonté de m'envoyer. Les résultats que vous énoncez m'intéressent beaucoup, voici pourquoi; je les avais trouvés il y a déjà quelques temps, mais les publier parce que je désirais éclaircir un peu la demonstration; c'est pourquoi je désirais connaître la vôtre quand vous l'aurez éclaircie de votre côté。

J'espère que la lutte, à armes courtoises, d'ailleurs, à laquelle nous venons de nous livrer à propos d'un nom, n'altérera pas nos bonnes relations. Dans tous les cas, ne vous en voulant nullement pour avoir pris l'offensive, j'espère que vous ne m'en voudrez pas non plus de m'être défendu. Il serait ridicule d'ailleurs, de nous disputer plus longtemps pour un nom, *Name ist Schall und Rauch* et après tout ça m'est égal, faites comme vous voudrez, je ferai comme je voudrai de mon côté.

Veuillez agréer, Monsieur, l'assurance de ma considération la plus distinguée,

(125) このコメントが大げさだと思うのなら、たとえば、無礼ではあるが、それほど毒のない「あなたにとってあまり難しくない」という表現をポアンカレが使っていたらどうだったかを考えてみればよい。

(126) ポアンカレもクラインもゲーテのファウストを熟知していたはずだ。問題の一節は、宗教をどう考えているかを問うグレートヒェンの「グレートヒェンフラーゲ（決定的問題）」に対するファウストの答えに出てくる。ファウストは、神とは何かという問いをさんざんはぐらかした後で、"Gefühl ist alles / Name ist Schall und Rauch" と言う。これは「気持がすべてだ。名前など、騒音や煙のようなものだ」という意味である。現在でも、ドイツ人は、意味論の重要性を否定したいときにこの文章の後半を引用するが、クラインはこれを読んだとき、ただちに文章の前半を思い浮かべたのだろう。

(127) 往復書簡（クラインの著作集第3巻の621ページ）に対するクラインの注釈によれば、以下に示すものが二人の間で交わされた最後の手紙である。"Mit diesem Briefe fand die Korrespondenz seinerzeit ihr Ende. Ich vermochte es nur noch, die Abh. CIII fertigzustellen und mußte mich dann, wegen des Versagens meiner Gesundheit, von der weiteren Mitarbeit an der Theorie der automorphen Funktionen zurückziehen, wie schon oben auf S. 585 und in Bd. 2 dieser Ausgabe, S. 258 ausgeführt wurde. Auf die Übersendung meiner Arbeit habe ich von H. Poincaré keine Antwort mehr erhalten. Auch spätere persönliche Bezugnahme haben die hier berührten Fragen nur wenig geklärt."

(128) Felix Klein, *Vorlesungen uber die Entwicklung der Mathematik im 19. Jahrhundert* Teil I（Berlin: Springer,1926）。M. Ackerman が翻訳したすばらしい英訳本（*Development of Mathematics in the 19th Century*）がある（Brookline: Math Sci Press, 1979）。本文で引用した一節はその361ページに載っている。「その仕事に払った代償は莫大だった。すっかり健康を害したのである。それから何年も、長期休暇をとり、あらゆる生産的な活動を放棄することを余儀なくされた。ようやく通常の生活に復帰したのは1884年の秋のことだが、生産性のレベルが元に戻ることはなかった。以前あたためていたアイデアを練り上げることもなかった。後日、ゲッティンゲン大学で、従来の仕

事の領域を拡張する作業や数学理論を体系化する包括的な作業に復帰した。したがって、あの一件以来、保型関数については、ときどき考える程度にとどまっている。理論数学における私の本当に生産的な仕事は1882年に終わった。それ以降は、純粋な解説の仕事を除けば、理論の細部を詰める作業に終始している」。

(129) ポアンカレは1881年4月20日に結婚した。妻はイジドール・ジェフロイ・サンティレールの娘ルイーズ・プーラン・ダンデシーだった。

(130) Maître de conferences（助教授）。Poincaré file. Centre Historique des Archive Nationales, Paris, AJ/16/6124による。

(131) ロレーヌ大学が管理しているオンラインアーカイブ（http://poincare.univ-lorraine.fr）にポアンカレの年譜が掲載されている。注130に出てくるNational Archivesには就任の日付が記載されている。科学アカデミーのアーカイブは、ポアンカレが1880年に初めて会員候補に選出され、その後、何回も候補に選出されていることを示している。しかし、当時は空席待ちの人数が多かった。

(132) リーマンのお蔭で、トーラス上の物体が描く曲線上の点における速度ベクトルの長さ（つまり速度）を測る方法を決めれば、幾何構造が決まることがわかった。ここでは、トーラス上の曲線を正方形の上で描かれる曲線と見なし、正方形で標準的なユークリッド幾何学の計量を使うことにしよう。辺を貼り合わせたときに角度が合うので、問題が生じることはない。特に頂点の周りには四つの直角がぴったり収まる。微積分をある程度知っている読者向けに説明すれば、ここで行うのは、トーラス上の経路に対応する正方形上の経路を考えて、トーラス上の移動に対応する正方形上の物体の移動の速度のユークリッド幾何学的な長さを測定することによって、トーラス上の経路に沿って移動する物体の各点における速度ベクトルの長さを定義することである。

(133) 有限の長さを持つ直線もある。そのような直線は、トーラスの周囲をひとつの方向に一定の回数だけまわる。もう一方の方向には別の回数だけまわる可能性がある。長さが無限大の直線もある。そのような直線は、トーラスの周囲を両方向に無限回数まわり、トーラス上の任意の点に任意に近くなる。そのような状況を、その直線はトーラス上で「稠密（ちゅうみつ）」であるという。

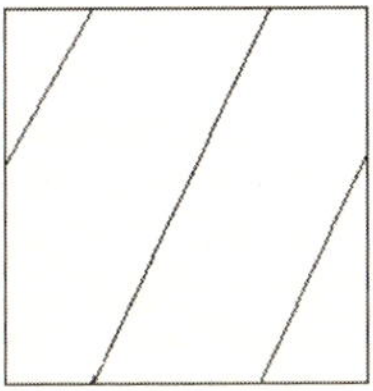

トーラス上の有限な直線（向かい合う端点どうしがつながっている）

（134）幾何構造がユークリッド幾何であり、三角形の内角の和が180度であれば、正八角形かどうかに関係なく、八角形の内角の和は1080度になる。八角形のひとつの頂点から他のすべての頂点へ直線を引くと、八角形は六つの三角形に分割される。その六つの三角形の内角の和の合計は八角形の内角の和に等しい。したがって、八角形の内角の和は180度×6、つまり1080度である（正八角形の内角は1080度÷8、つまり135度である）。

（135）n穴トーラスは、2穴トーラスと同じパターンに従って一つおきの辺が同一視される$4n$角形として表現できることを知っておく必要がある。中級程度の数学知識がある読者なら、J. R.Weeks, *The Shape of Space*, 2nd ed.（New York, Basel: Marcel Dekker, 2002）の第11章を読むと面白いだろう。それより数学的に高度な解説を読みたい場合は、J. Stillwell, *Geometry of Surfaces*（New York: Springer, 1992）またはA.F. Beardon, *The Geometry of Discrete Groups*（New York: Springer, 1983）が参考になる。

（136）トーラスをE^2における単位円S^1と見なし、トーラス$S^1 \times S^1$を$E^2 \times E^2$（実数のペアのペアは4個の実数の組み合わせであり、その逆も成り立つため、これはE^4と同じである）の部分集合と見なせば、このトーラスはE^4のユークリッド距離から距離を継承する。計算をすれば、任意の三角形の内角の和が180度になることを確認でき、この距離を持つこのトーラスが平坦であることがわかる。ちなみに、高次元トーラス$S^1 \times \cdots\cdots \times S^1$も自然な平坦計量を持っており、同じ議論を展開してそれを証明できる。

（137）リーマン多様体埋め込み定理の証明は、J. Nash, "The Imbedding Problem for Riemannian Manifolds." *Annals of Mathematics* 63, no.1

(1956): 20-63に掲載されている。本文で紹介している伝記は、Sylvia Nasar, *A Beautiful Mind*（New York: Simon and Schuster, 1998）であり、同じ題名の映画もつくられている。

(138) Poincaré, "Science and Hypothesis." in *The Value of Science: Essential Writtings of Henri Poincaré*, edited by S.J. Gould（New York: The Modern Library, 2001): 56。

(139) 詳細な解説については、D.L. Goroffが編集し、前書きを書いたH. Poincaré, *New Methods of Celestial Mechanics*（New York: American Institute of Physics, 1993）の冒頭のD.L. Goroffによるエッセイを参照されたい。

(140) J. Gleick, *Chaos: Making a New Science*（New York: Penguin, 1988）は、一般読者向けにカオス理論を解説した優れた本である。

(141) この回顧録は*Acta Mathematica* vol. 38（1921）に掲載され、ポアンカレの著作集（*Oeuvres* 2: 183）に収録された。

(142) "Analysis Situs" *Journal de l'École Polytechnique* 1, no.2（1895): 1-121（*Oeuvres* 6: 193-288）。Analysis Situsは、現在は廃れているが、当時よく使われていた位相幾何学を指す言葉で、「位置解析」という意味であり、ライプニッツが最初に使った。

(143) ベッチ数は位相幾何的に不変なものとされていたが、その証明がないことが困惑の種になった。同相写像のもとでベッチ数が不変であるという事実の証明は、ジェームズ・アレクサンダーの仕事を待たねばならなかった。アレクサンダーは1913年に3次元でその事実を証明した。アレクサンダーの証明の根拠となったアイデアは一般的にも通用した。本書であとに出てくるアレクサンダーと彼の指導教授O・ヴェブレンは、数年後、この事実が一般的に成立することを証明した。

(144) *Oeuvres* 6: 258。

(145) "Complément à l'analysis situs." *Rendiconti del Circolo Matematico di Palermo* 13（1899): 285-343、"Second complément à l'analysis situs." *Proceedings of the London Mathematical Society* 32（1900): 277-308、"Sur certaines surfaces algébriques; troisième complément à l'analysis situs." *Bulletin de la Société Mathématique de France* 30（1902): 49-70、"Sur les cycles des surfaces algébriques; quatrième complément à l'analysis situs." *Journal de Mathématiques* 8（1902): 169-214（Liouville's journal)、"Cinquième complément à l'analysis situs. "*Rendiconti del Circolo Matematico di Palermo* 18（1904): 45-

110。研究発表を含むこれらすべての論文は、*Oeuvres* の第6巻に掲載されている。

(146) 3番目の補稿は、$z^2 = F(x, y)$ という形の特定の種類の代数曲面を研究したものである。

(147) *Oeuvres* 6: 238。

(148) *Oeuvres* 6: 270。

(149) *Oeuvres* 6: 435。

(150) もちろんポアンカレは、正十二面体の向かい合う面を同一視することによって自分の発見した空間を説明できることは知らなかった。この説明は、C. Weber と H. Seifert "Die beiden Dodekaeder räume." *Mathematische Zeitschrift* 37, no. 2 (1933): 237 で使われたものである。この論文に出てくる二つの正十二面体空間のわかりやすい説明については、J.R. Weeks, *The Shape of Space* (New York: Marcel Dekker, 1985) を参照されたい。この本は第2版が2002年に発行されている。数学者以外の読者、特に位相幾何学に関心のある高校生にも読める内容になっていて、大いに推薦したい本である。ポアンカレの正十二面体空間を幾何学的に説明する方法には、半径1の2次元球面に内接させることができるすべての正十二面体の空間を考えるものもある。つまり、個々の正十二面体を一つの点と見なすのだ。これは、3-空間をすべての三つの実数の組み合わせの集合と見なす考え方に似ている。2-球面上にある一つの頂点を指定するのに二つのパラメータが必要であり、次の頂点がある方向を指定するのに三つ目のパラメータが必要であるため、単位球面内のすべての正十二面体から構成される空間は3次元である。つまり、三つの数を指定すれば、正十二面体を指定することができる。1点に縮めることができない曲線は、固定された一つの頂点を持つ正十二面体の集合を考えることによって得られる。これは、頂点を固定して0度から120度まで多様体を回転させることに相当する。最初(0度)に得られる正十二面体と最後(120度)に得られる正十二面体は同じである。J. Milnor の "The Poincaré Conjecture One Hundred Years Later." (http://www.math.sunysb.edu/~jack) および "Towards the Poincaré Conjecture and the Classification of Three-Manifolds." *Notices of the American Mathematical Society* 50, no. 10 (2003): 1226-1233 も参照されたい。Milnor は、2次元球面に内接する正十二面体または正二十面体の空間として説明している。

（151）*Oeuvres* 6: 498。

（152）ノーベル賞の推薦を受けた回数の出典は、J. Mawhin, "Henri Poincaré. A Life in the Service of Science." *Notice of the American Mathematical Society* 52, no.9（2005）: 1036-1044である。これは、ポアンカレ生誕150周年を記念して2004年10月8日、9日にブリュッセルで開催されたポアンカレ・シンポジウムで行われた講演の記録である。

（153）*Science and Hypothesis*〔『科学と仮説』〕は1902年に発行された*La Science et l'hypothèse*の英訳本である。訂正を盛り込んだ改訂版が1906年に出版され、いまだに増刷を重ねている。*La Valeur de la science*（1958年に*The Value of Science*として英訳された）〔『科学の価値』〕は1905年に出版された。三部作3冊目の*Science et Méthode*（英訳本は*Science and Method*）〔『科学と方法』〕は1908年に出版された。三部作の英訳本には、*The Value Science: Essential Writings of Henri Poincaré*（New York: Random House, 2001）というタイトルの書籍がある。ポアンカレの死後出版された*Dernières Pensées*〔『晩年の思想』〕は1913年に発行された（英訳本は1963年に出版された*Mathematics and Science: Last Essays*）。

（154）フランス学士院は、17世紀半ばに設立され、フランス革命の影響で1793年に廃止されたアカデミーを母体として、1795年に創設された。フランス学士院は次の五つの部門から構成される。アカデミー・フランセーズ（定員40名、言語および文学、リシェリュー枢機卿によって1635年に設立される）、芸術アカデミー（定員57名、1648年に設立された絵画・彫刻アカデミーと1669年に設立された音楽アカデミー、1671年に設立された建築アカデミーを母体として1816年に設立）、碑文・文芸アカデミー（定員55名、歴史および考古学、1663年に設立）、科学アカデミー（定員259名、医学、数学および科学、1666年に設立）、倫理・政治学アカデミー（定員50名、1795年設立、1803年廃止、1832年再開）。

（155）Poincaré, "Introduction." in *The Value of Science*, translated by G. B. Halstead, 189-190。

（156）デーンは1899年からゲッティンゲン大学でヒルベルトの指導を受けるようになった。ヒルベルトは1900年にパリで開催された国際数学者会議で23個の問題のリストを提起した。そのリストはほとんど一夜にして有名になった。

(157) 平面上の多角形の面積は、多角形を有限個の三角形に分割し、それらすべての三角形の面積を加算することによって計算できる。注意深く作業を進めれば、その方法で多角形平面の面積の定義を導くこともできる。デーンの仕事は、3－空間ではそのようなアプローチがまったく通用しないことを示した。最も基本的な多面体の体積を求める場合でさえ、無限個の物体の体積を加算するしか方法がない。したがって微積分に頼らざるを得ない。デーンの証明はきわめてエレガントだ。デーンは、分解不可能性の不変量を発見し、それを利用して、初等整数論の問題に問題を置き換え、解決したのである（デーン不変量の発展の歴史については、J. L. Dupont and C.H. Sah. "Scissors Congruences," *Journal of Pure and Applied Algebra* 25（1982）: 159-195 を参照されたい）。デーン不変量は現在も 3－多様体論で利用されている。多面体の向き合う面を同一視することによって 3－多様体を定義できる事実を利用して、ビル・サーストンはデーン不変量に調整を加え、多様体の幾何学的不変量を導き出した。さらに、モストウ剛性は、幾何学的不変量が位相幾何学的不変量であることを示している。

(158) デーンとヒーガードが最初に出会った正確な時期ははっきりしない。I. M. James ed., *History of Topology*（Amsterdam: Elsevier, 1999）の J. Stillwell による "Max Dehn." : 965-978 を参照されたい。Stillwell は 1903 年か 1904 年に二人が出会ったとしている（968 ページ）。Johannson の書いたヒーガードの死亡記事によれば、二人は 1903 年にカッセルで会ったことになっているが、デーンの未亡人 Toni は、二人が 1904 年にハイデルベルクの国際数学者会議で初めて会ったとデーンの弟子である W. Magnus に語っている。

(159) M. Dehn and P. Heegard, "Analysis Situs." in *Enzyklopädie der Mathematischen Wissenschaften* III AB 3,（Leipzig: Teubner, 1907）: 153-220。1905 年に書かれたこの論文には、向きづけ可能な例についてはメビウスが、一般的な例については von Dyrk が発見したコンパクトな曲面の分類定理の厳密な証明が含まれている。冒頭の注釈には、次のように記されている。「ヒーガードが論文の文献の収集と主要な部分の執筆を担当した。論文の最終的な文責はデーンにある」。

(160) Moritz Epple は、1908 年にデーンがポアンカレ予想の証明を試み、成功を確信したと言っている（注 158 の J.Stillwell "Max Dehn.": 969）。ティーツェがデーンの証明の間違いを見つけたことで、論文は取り下げられた。Volkert が書いているように、デーンはあやうく「ポアン

カレ予想の最初の犠牲者」になるところだった(J. L. Greffe, G. Heinzmann, and K. Lorenz, eds., *Henri Poincaré, Science and Philosophy* [Berlin: Akademie, Paris: Albert Blanchard, 1996]: 241-250のK. Volkertによる"The Early History of Poincaré's conjecture"を参照されたい)。

(161) M. Dehn, "Über die Topologie des dreidimensionale Raumes," *Mathematische Annalen* 69 (1910): 137-168。

(162) 正確に言えば、デーンは、ホモロジー球面の基本群が双曲平面上で自然に作用することを示している。

(163) デーンの補題とは、3−球面内の閉曲線が区分的線形円板の境界になっていて、境界に沿った円環領域に特異点がなければ、その閉曲線は正則埋め込み円板の境界であるとするものだ。この補題の正しい証明は、1957年にギリシャ人の数学者C. D. Papakyriakopoulos ("On Dehn's Lemma and the Asphericity of Knots." *Proceedings of the National Academy of Science* 43, no.1 [1957]: 169-172; *Annals of Mathematics* 66 [1957]: 1-26) によってなされた。この補題は、結ばれているかどうかについての新しい基準(閉曲線は、その閉曲線の補集合の基本群が可換である場合にのみ結ばれていないとする基準)の導入に使われた。デーンの補題を利用すれば、基本群における関係式を、要素を表すループの境界である円板という観点から幾何学的に解釈することができる。

(164) H. Tietze, "Über die topologischen Invarianten mehrdimensionaler Mannigfaltigkeiten." *Monatshefte für Mathematik und Physik* 19 (1908): 1-118。この論文はポアンカレの位相幾何学的なアイデアを広めるうえで重要な役割を果たした。ティーツェは、多様体の不変量を抽出するうえで基本群の果たす役割の重要性を強調し、W. ヴィルティンガーのアイデアの一部を利用すれば結び目の補空間の基本群を計算できることに気づいた。ティーツェは、ポアンカレによるホモロジー不変量の定義に関するさまざまな問題を指摘した。ワイルドな結び目を避けるために、結び目の同値性の概念に注意を払う必要があることを示した。たとえば、ワイルドな結び目は、通常の意味で円板の境界である必要はない。ティーツェは、まず、結び目どうし、あるいは結び目とその鏡像が等方でない2つの結び目の補空間が同相になるかどうかという問題を提起した。この問題は有名になったが、解決されたのは最近のことである。ティーツェは、トーラスを境界とするユー

クリッド3－空間のすべての部分多様体が結び目の補空間であるかどうかを問う問題を提起した。右と左の三葉結び目の和の補集合に注目し、右と左の三葉結び目が同値でないことを誰も証明していないことを指摘した。2－球面を覆いながら有限個の点で分岐する曲面として曲面を研究したリーマンの手法にならって、ティーツェは、3－球面を覆いながら絡み目で分岐する3－多様体を研究し、すべての3－多様体がその方法で得られるかどうかを問う問題を提起した。

(165) J. Hadamard, "L'Oeuvre Mathématique de Poincaré." *Acta Mathematica* 38 (1921): 203-287。これは、ポアンカレのすぐ後の世代のフランスの有力な数学者が書いた、最も信頼のおけるポアンカレの業績の記録である。20世紀前半の位相幾何学に関するすばらしい解説については、I. M. James ed., *History of Topology* (Amsterdam: Elsevier, 1999) の C. McA. Gordon, "3-Dimensional Topology up to 1960," : 449-490 を参照されたい。

(166) 二人の関係について詳しく書かれた本には、P. Galison, *Einstein's Clocks, Poincaré's Maps: Empires of Time* (New York: W. W. Norton, 2003) がある。

(167) H. Poincaré, "La mesure du Temps." *Revue de metaphysique et de morale* 6 (1898): 371-384; "Sur la dynamique de l'électron." *Rendiconti del Circolo Matematico di Palermo* 21 (1906): 129-175 (*Comptes rendus de l'Academie des Sciences* 140 [1905] : 1504-1508 にて予告)。

(168) P. Galison, *Einstein's Clocks, Poincaré's Maps: Empires of Time* (New York: W. W. Norton, 2003)。

(169) クラインがライプツィヒ大学で教えたアメリカ人の学生コールとヘンリー・ファインは、それぞれミシガン大学とプリンストン大学の学科長になった。ゲッティンゲン大学時代の教え子ハスケルは、ミシガン大学へ行き、その後カリフォルニア大学バークレー校に移籍した。オズグッドとボシャーは、ハーバード大学数学科のレベルを押し上げることに貢献した。クラインがライプツィヒ大学で教えた二人のドイツ人オスカー・ボルツァーとハインリヒ・マシュケはアメリカへ移民し、シカゴ大学の数学科の大黒柱となった。ゲッティンゲン大学でクラインの教え子だったヴァン・ヴレクは、ウィスコンシン大学の数学科を確立するうえで中心的な役割を果たした。

(170) ある変換のもとで不変の式があれば、その式の倍数も常に不変である。

したがって、与えられた式の集合と与えられた変換群に対応する不変量は、常に無限数存在する。ところが、話はそこで終わらない。二つの不変量の和と積もまた不変量なのである。したがって、不変量の集合は複素数の積に関して閉じており、集合の要素を加算したり乗算したりすることができる。これが、数学者たちが「algebra（多元環または代数)」と呼ぶ構造である。

(171) この話の詳細は数学者なら誰でも知っている。ヒルベルトとこの発見については、C. Reid, *Hilbert* (New York, Heidelberg, Berlin: Springer, 1970) を参照されたい。

(172) ヒルベルトは、不変量とは代数的構造が異なる不変量の間の関係式の集合を研究した（その関係式は、多元環ではなく、多項式加群の構造を持っていた)。次に、関係式の間の関係式の集合、さらに関係式の集合間の関係式の集合間の関係式の集合と、対象を拡大していった。ヒルベルトは、このプロセスに終わりがあることを証明した。その結果は、「ヒルベルトのシチジー定理」と呼ばれている。

(173) D. Hilbert, *Die Grundlagen der Geometrie* (Leipzig: Teubner, 1899)。E. J. Townsend による英訳本がある (1902)。この本は 1902 年以降、増刷を繰り返している。

(174) H. Poincaré, Poincaré's Review of Hilbert's "Foundations of Geometry," *Bulletin of the American Mathematical Society* 10, no.1 (1903): 1-23。D. Saari が編纂した *The Way It Was: Mathematics from the Early Years of the Bulletin* (Providence: American Mathematical Society, 2003) の 273-296 に再掲されている。

(175) 1914 年の初頭の時点で、ゲッティンゲン大学の数学科には 800 人以上の学生が在籍しており、そのうち 100 人以上が修士課程以上の学生だった。詳しくは C. Reid の本および Rowe の記事を参照されたい。

(176) ポアンカレから Giovanni Battista Guccia への手紙（1911 年 12 月 9 日）。http://www.univ-nancy2.fr/poincare/chp/hpcoalpha.xml [Mon cher ami, Je vous ai parlé, lors de votre dernière visite, d'un travail qui me retient depuis deux ans. Je ne suis pas plus avancé et je me decide à l'abandoner provisoirement pour lui donner le temps de mûrir. Cela serait bien si j'étais sûr de pouvoir le reprendre; à mon âge je ne puis en répondre... Dites moi, je vous prie, ce que vous pensez de cette question et ce que vous me conseillez.]。Guccia からポアンカレへの手紙（1911 年 12 月 12 日）。http://www.univ-

nancy2.fr/poincare/chp/hpcoalpha.xml [Mon cher ami, Je vous confirme ma dépêche: "Conseil publiez". Quoique inachevé, votre travail ouvrira certainement des voies nouvelles aux autres chercheurs, et la Science en profitera. Au surplus, si vous le croyez nécessaire, vous pourriez ajouter au commencement (sous forme de lettre ou dans une note), que c'est sur les instances priées de la Directions des Rendiconti que vous vous étes decide à publier ces recherches inachevées.]。問題の論文"Sur un théorème de géometrie"は*Rendiconti del Circolo di Palermo* 33 (1912): 375-407に掲載され、*Oeuvres* 6: 499-538に再掲された。

(177) シンプレクティック幾何学は、距離と角度（つまり計量）ではなく、面積に基づいて構築される幾何学であり、シンプレクティック位相幾何学はシンプレクティック構造を持った多様体を研究する分野である。これらの分野はここ25年で重要性を増している。

(178) P. Painlevéが《Le Temps》に書いた原文は"Henri Poincaré était vraiment le cerveau vivant des sciences rationelles"である。この文章は広く引用されている。

(179) H. Poincaré, "The present and future of mathematical physics." *Bulletin of the American Mathematical Society* 12, no.5 (1906): 240-260; reprinted 37, no.1 (1999): 25-38。

(180) だが、残念ながら、パレルモの繁栄は、深く根づいたものではなく、安価な労働力を武器に、安価なシチリア島の物産を輸出することで膨らんだ一時的なバブルの上に築かれたものだった。社会は混乱をきわめ、市民社会は実際に崩壊していた。市民組織や政府組織は、名目上は治安を任されていたが、マフィアの手を借りなければ労働者の暴動を鎮圧することもままならなかった。1909年、上納金と引き換えの保護やゆすりなど、米国での犯罪活動を統括する上部組織を捜査する目的で、シチリア島へ乗り込んだニューヨーク警察のジョセフ・ペトロシーノは、パレルモの中心街にあるマリーナ広場のガリバルディの銅像の下で公然と射殺された。

(181) A. Brigaglia, "The Circolo Matematico di Palermo," in *Mathematics Unbound: The Evolution of an International Mathematical Research Community, 1800-1945* edited by K.H. Parshall; A.C. Rice (Providence: American Mathematical Society; London: London Mathematical Society, 2002) の192ページを参照のこと。

(182) 学生たちを前にした演説で、ポアンカレはこう警告している。「ヴィルヘルム二世が諸君と同じ夢を抱いていると思いますか。ヴィルヘルム二世が諸君の理想を守るために力を行使することを期待していますか。それとも、人民を信頼し、彼らが同じ理想のもとに連帯することを望みますか。それが1869年にみんなが望んだことなのです。ドイツ人たちが権利や自由と言っているものが、我々のいう権利や自由と同じだと思ったら大間違いです」。H. Poincaré, "Le Banquet du 11 Mai." *Annual Banquet of the General Association of Students of Paris,* (1903)：63。P. Galison, *Einstein's Clocks, Poincaré's Maps: Empires of Time* (New York: W. W. Norton, 2003): 213で引用されている。

(183) 「大戦が勃発したとき、私は、その戦いを最大級の悲劇というよりは、個人的な計画の遂行を妨げるきわめて不快な妨害と感じた」。これはヴェラ・ブリテインが著書の *Testament of Youth: An Autobiographical Study of the Years 1900-1925* (New York: Penguin, 1989; first published in London, 1933) の冒頭で書いている文章である。

(184) アインシュタインは教授資格取得論文を提出し、1908年にベルン大学で講師の職に就いた。世界有数の思想家として認められたことで、1909年には特許庁の仕事を辞めることができた。1911年にプラハのカール・フェルディナンド大学の正教授になり、1912年にスイスに戻って名門のスイス連邦工科大学の教授に就任した。その後のベルリンからの就職の誘いはきわめて条件のよいものだった。アインシュタインはプロイセン科学アカデミーの研究職に就き、ベルリン大学では教授に就任したが講義を行う義務は免れた。設立されたばかりのカイザー・ヴィルヘルム物理学研究所の所長職も務めた。

(185) セントアンドリュース大学のウェブサイトから引用。アインシュタインは1915年11月11日と11月25日に"On General Relativity Theory"と題する2篇の論文をベルリンアカデミーに提出し、ヒルベルトは1915年11月20日に"On the Foundations of Physics"と題する研究ノートをゲッティンゲンアカデミーに提出した。ヒルベルトの研究ノートは、一般相対性理論の正しい場の方程式が記載された最初の論文だった。アインシュタインとヒルベルトの出会いは友好的であり、ヒルベルトはアイデアがアインシュタインのものであることを率直に認めた。ヒルベルトが導き出した方法のほうがはるかに単純だった。

(186) アレクサンダーが仏訳したヒーガードの学位論文はP. Heegaard,

"Forstudier til en topologisk teori for de algebraiske fladers sammenhæng"（København: Der Nordiske, 1898）である。アレクサンダーによる仏訳は "Sur l'Analysis situs" というタイトルで *Bulletin de la Société Mathématique de France* 44（1916）: 161-242 に掲載された。アレクサンダーの伝記には、S. Lefschetz, "James Waddell Alexander（1888-1971）" in *Yearbook of the American Philosophical Society*（1973）: 110-114 がある。

(187) J. W. Alexander, "Note on Two Three-Dimensional Manifolds with the Same Group." *Transactions of the American Mathematical Society* 20, no.4（1919）: 339-342。ティーツェは、同じ基本群を持つ二つの3－多様体は必ず同じホモロジー群を持っていることを証明したことを思い出してほしい（多様体の次元が4以上であれば、これは絶対に成り立たない）。同じ基本群を持つ二つの多様体は、現在レンズ空間L（5, 2）およびL（5, 1）と呼ばれている。任意の正の整数 p と、p との間に公約数を持たない p 未満0以上の任意の整数 q について、レンズ空間L（p, q）は次のように定義される。3－球体の赤道を p 個の等しい区間に分割し、上半球と下半球を二つの p 角形と見なす。上の多角形を反時計まわり方向に $1/q$ 回転まわすことによって、これら2つの多角形を連結する。ティーツェは、L（p, q）が3－球面によって p 回被覆されているため、p 個の要素（そのうち少なくとも一つの要素の p 乗が単位元）からなる有限の基本群を持っていることに気づいた。ティーツェは、明らかに同相でないもっとも単純な例であるL（5, 1）とL（5, 2）が実際は同相かどうかという具体的な問いを提起した。アレクサンダーは、ティーツェがこの問いを提起したことを知らなかったようだ。「レンズ空間」という名称は、W. Threlfall and H. Seifert, "Topologische Untersuchung der Diskontinuitätsbereiche endlicher Bewegungsgruppen des dreidimensionalen sphärischen Raumes I," *Mathematische Annalen* 104（1931）: 1-70 に由来している。この論文では、そのような空間を徹底的に調べている。この論文の著者たちは、3－球体の赤道を p 個に分割した後、3－球体が $2p$ 面カットの宝石のように見えるように、上半球と下半球を p 面のプリズムと見なした。

(188) アレクサンダーは、3－多様体が多面体を同一視したものと見なされる組み合わせ位相幾何学と、3－多様体は必ずしも有限個の面を持つ有限個の部分に分割できないとする一般位相幾何学との関係を明確に

した。また、有名な「アレクサンダーの角付き球面」と呼ばれるものを発見した。これは、2次元球面と同相であり、3－球面内に存在しながら、閉包が3－球体と同相な二つの領域に3－球面を分割しない球面である。一方で、多面2－球面が3－球面を二つの球体に分割し、その閉包がそれぞれ3－球体になることも証明した。それと同様の議論を展開して、3－空間内の任意の多面トーラスが2－トーラス立体の境界になることも証明した。これは、デーンが証明なしに想定し、ティーツェが予想したことである（ティーツェは、その事実が自明でなく、証明を必要とすることを指摘した）。

(189) J. W. Alexander, "Some Problems in Topology." *Verhandlungen des Internationalen Mathematiker Kongresses Zürich* (1932); Kraus reprint (1967): 249-257。

(190) ホワイトヘッドは、連続的に1点に変形できるすべての開3－多様体は R^3 と同相であると主張した。

(191) 1922年に出版されたVeblenの著書（O. Veblen, *Analysis Situs* [New York: American Mathematical Society, 1922]）もポアンカレ予想について論じているが、この本が教科書として使われたことはない。

(192) ザイフェルトの生涯について詳しくは、次の短い伝記を参照されたい。Dieter Puppe, "Herbert Seifert: May 27, 1907－October 1, 1996." in *History of Topology*, edited by I. M. James (Amsterdam: North Holland, 1999)：1021-1027。本文に記載したトレルファルの日記は、そこから引用したものだ。ドイツ語の原文を以下に示す。"Das Buch ist aus Vorlesungen hervorgegangen, die er eine von uns dem anderen im Jahre 1927 an der Technischen Hochschule Dresden gehalten hat. Bald hat aber der Hörer so wesentlich neue Gedanken zur Ausarbeitung beigetragen und sie so von Grund auf umgestaltet, daß eher als sein Name der des ursprünglichen Verfassers auf dem Titelblatte fehlen dürfte." *Lehrbuch der Topologie* は1934年に出版された。英訳版は1980年に出版された。ポアンカレ予想に関する引用は英訳版の225ページに記載されている。英訳版には、ファイバー多様体に関するザイフェルトの基礎的な論文の英訳も掲載されている。

(193) ここでアメリカの数学史を詳しく解説するつもりはないが、アメリカで生まれた19世紀の最も優秀な数学者といえば、おそらくジョシア・ウィラード・ギブス（1839～1903年）だろう。ギブスは1863年にイェール大学で最初の工学博士号である博士号を取得している。

しかし、ギブスの数学の能力は、1866年から1869年にかけてパリ、ベルリン、ハイデルベルクで受けた教育に依存するところが大きい。

(194) 1847年にアメリカで初めて大学院課程を設けたイェール大学は、1861年に初めて3つの博士号（哲学心理学博士号、文学博士号、物理学博士号）を授与した。そのおよそ10年後、ペンシルバニア大学、ハーバード大学、ミシガン大学、プリンストン大学が後に続いた。大学院教育に明確に焦点を絞ったジョンズホプキンズ大学が1876年に開設されると、状況が一変した。しかし、J.J. シルベスターの後継者としてクラインを招聘する計画に失敗したことで、ジョンズホプキンズ大学の成功は短期間に終わった。クラーク大学も大学院課程に重点を置いて設立された教育機関である。将来性は十分あったが、資金不足のため、目標を完全に実現することはできなかった。オズグッドとボシャーのお蔭で解析学に強みを発揮したハーバード大学を除いて、アメリカには一流の数学大学院がなかった。アメリカの数学史については、K. H. Parshall and D. E. Rowe, *The Emergence of the American Mathematical Research Community 1876-1900: J. J. Sylvester, Felix Klein, and E. H. Moore*（Providence: American Mathematical Society, 1994）を参照されたい。この本の第6章には、当時の数学界の状況およびシカゴ大学の創設に関する詳しい話が豊富な参考資料とともに載っている。

(195) オズグッドはエルランゲン大学で、ボシャーはゲッティンゲン大学で博士号を取得している。

(196) ムーアの4人の教え子L.E. ディクソン（1874～1954年）、オズワルド・ヴェブレン（1880～1960年）、R.L. ムーア（1882～1974年）、G.D. バーコフ（1884～1944年）はあらゆる点で抜きん出ており、彼らがアメリカの数学界に及ぼした影響は計り知れない。4人ともに卓越した数学者であり、管理者としての能力も非常に優れていて、大学院レベルの教官としても超一流だった。バーコフはハーバード大学の数学科を超一流のレベルにまで押し上げた。ヴェブレンはプリンストン大学で、R.L. ムーアはテキサス大学オースティン校で、それぞれ数学科のレベルを押し上げ、ディクソンはシカゴ大学に残り、伝統を守った。

(197) O. Veblen, "Theory on plane curves in non-metrical analysis situs." *Transactions of the American Mathematical Society* 6（1905）: 83-98。

(198) L. B. Feffer, "Oswald Veblen and the Capitalization of American

Mathematics: Raising Money for Research, 1923-1928." *Isis* 89（1998）: 474-497。

（199）たとえば、G. D. Birkhoff, "Fifty Years of American Mathematics." *Science* 88, no. 2290（1938）:461-467（特に 465 ページ）。

（200）J.W. アレクサンダー（1888 ～ 1971 年、ヴェブレンの教え子）、M. モース（1892 ～ 1977 年、バーコフの教え子）、H. ホイットニー（1907 ～ 1989 年、同）、S. レフシェッツ（1884 ～ 1972 年、W.E. ストーリーの教え子）、N.E. スティーンロッド（1910 ～ 1971 年、レフシェッツの教え子）。

（201）死の 2 年前に書かれたレフシェッツのエッセイ "Reminiscences of a Mathematical Immigrant in the United States." *American Mathematical Monthly* 77（1970）: 344-350 を読むと、レフシェッツが老境にさしかかっても情熱を失わなかったことがわかる。

（202）ポアンカレは最初の補遺で、双対胞体と「相反」胞体複体を単体のジョインと共に導入し、それが理に適っていると説明している。コホモロジーを導入しない限り、この話を理解することは難しい。

（203）C. Reid, *Hilbert*（New York: Springer, 1970）の 205 ページから引用。

（204）ミルナーは、結ばれていない円と同値でない結び目の総曲率が 4 π より大きいことを証明した。この結果は、J.W. Milnor, "On the Total Curvature of Knots." *Annals of Mathematics* 52, no.2（1950）: 248-257 に掲載されている。

（205）同相な多様体上の二つの微分可能構造は、両方向に微分可能な同相写像の関係が多様体間に存在すれば（つまり、同相写像でも、その逆写像でも、すべての点で導関数が明確に定義されていれば）、同値である。

（206）J. W. Milnor, "On Manifolds Homeomorphic to the 7-Sphere." *Annals of Mathematics* 64, no.2（1956）: 399-405。

（207）たとえば、ミルナーは、臨界点、つまりすべての方向で変化率がゼロになる点を二つしか持たない関数を多様体上でつくることによって、考察している多様体が球面であることを示している。有界集合上の連続関数に必ず極大値と極小値があることは昔から知られていた。さらに、その関数が微分可能であれば、極大値と極小値がその関数の臨界点、つまり関数の変化率がすべての方向でゼロになる点でなければならない。その事実の奥に隠されていて、一見して明白ではないのは、すべての点で導関数を持っている関数がコンパクトな多様体上にあり、

その関数に臨界点が二つしかなければ、その多様体は球面でなければならないという事実である。その事実は好奇心の対象でしかなかった。ミルナーが手にしたことで、その事実は位相幾何学の中心的な道具になった。

(208) M. Kervaire, "A Manifold Which Does Not Admit any Differentiable Structure." *Commentarii Mathematici Helvetici* 34 (1960): 257-270。Kervaireが提示した例は9次元球面と同相である。

(209) 関数の臨界点とは、その関数のすべての導関数がゼロに等しくなる点である。

(210) J.W. Milnor, *Singular Points of Complex Hypersurfaces* (Princeton: Princeton University Press, 1968)。

(211) R. Thom, *Mathematical Models of Morphogenesis,* translated by W. M. Brookes & D. Rand (New York: Halsted Press, 1983)。

(212) たとえば、デーンの手法の改良版として、結ばれた穴を持つ立方体を考えるアプローチがあった。

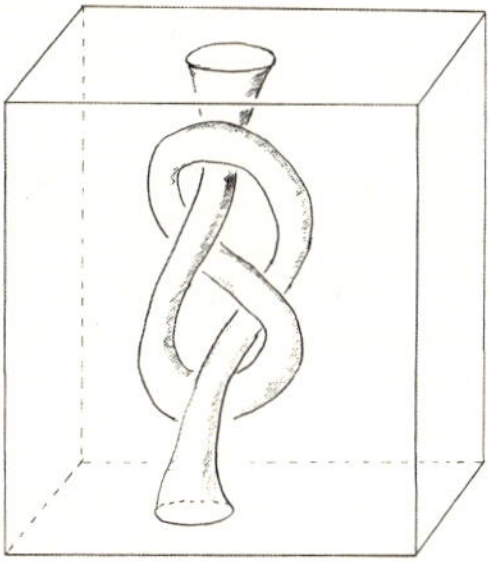

結ばれた穴を持つ立方体

3－球面内では、この多様体の外側はトーラス立体である。この多様体を使えば、トーラスを変形して戻し、単連結ではあるが3－球面でない3次元多様体が得られるかもしれない。実際に基本群の表示を計算して提示し、すべてが打ち消し合って単位元だけになることを証明できるかもしれない。その作業に必要な代数は想像を絶するほど複雑だが、それは智恵が報いられる代数であり、運が良ければ成功が望め

る代数である。すべてが打ち消し合えば、何らかの方法で、その多様体が3－球面と同相でないことを証明できるかもしれない。たとえば、多様体上のすべての関数が必然的に三つ以上の臨界点を持つことを証明できるかもしれない。これは、取り組みはじめたら寝食を忘れるような問題である。

(213) その博士論文は、アレクサンダーが最初に証明した結果である単体複体のホモロジー群の不変量の別の証明として、コンスタンティン・カラテオドリが推薦したことによって認められた。

(214) デーンは1941年にアメリカに着いたが、なかなか恒久的な教授職に就くことができなかった。アイダホ大学、イリノイ工科大学、セントジョーンズ大学で教官を務めた後、最終的にブラックマウンテン大学に行き着いた。ブラックマウンテン大学は、ノースカロライナの山に位置し、特に美術の分野で有名だった実験的な教育機関である。デーンは大学が閉鎖される4年前の1952年に、みんなに愛される教授としてその生涯を閉じた。

(215) C. D. Papakyriakopoulos, "On Solid Tori." *Proceedings of the London Mathematical Society* 3, series 7（1957）: 281-299（Mを空でない境界∂Mを持つ3次元多様体であるとし、$f: S^1 \to \partial M$を、Mでは零ホモトープであり、∂Mでは零ホモトープでない閉ループ〔自己交差する可能性がある〕であるとすれば、同じ性質を持つ単純〔自己交差しない〕ループ$F: S^1 \to \partial M$が存在する)。パパは、当時プリンストン大学の大学院生だったジョン・スターリングスが "On the Loop Theorem." *Annals of Mathematics* 72, no.1（1960）: 12-19で除外した向きづけ可能性の想定のもとで、この結果が正しいことを証明した。デーンの補題は、ループ定理が保証している設定から始まる。具体的には、「Mを空でない境界∂Mを持つ3次元多様体とし、$f: S^1 \to \partial M$をMで零ホモトープである単純閉ループ（自己交差しない）とする」というのがその設定である。その場合は、fを拡大した埋め込み$F: D^2 \to M$が存在する。この証明はC. D. Papakyriakopoulos, "On Dehn's Lemma and the Asphericity of Knots." *Annals of Mathematics* 66, no.1（1957）: 1-26に記載されている。タイトルの中の「Asphericity of Knots」とは、同じ論文でパパが証明した球面定理のことを指している。Mを向きづけ可能な3次元閉多様体（つまり境界を持たない）とし、2番目のホモトピー群$\pi_2 M$が自明でないとする。その場合は、零ホモトープでない埋め込み$S^2 \to M$が存在する。パパの証明には他

の仮定も必要だったが、その仮定はヘンリー・ホワイトヘッドによってはずされた（J. H. C. Whitehead, "On 2-Spheres in 3-Manifolds." *Bulletin of the American Mathematical Society* 64, no.4〔1958〕: 161-166）。球面定理の概要については、C. D. Papakyriakopoulos, "Some Problems on 3-Dimensional Manifolds." *Bulletin of the American Mathematical Society* 64, no.6（1958）: 317-335 を参照されたい。

(216) R. H. Bing, "Necessary and Sufficient Conditions that a 3-Manifold Be S^3," *Annals of Mathematics* 68, no.1（1958）: 17-37。K. Koseki, "Poincarésche Vermutung in Topologie." *Mathematics Journal of Okayama University* 8（1958）: 1-106。

(217) C. D. Papakyriakopoulos, "A Reduction of the Poincaré Conjecture to Group Theoretic Conjectures." *Annals of Mathematics* 77, no.2（1963）: 250-305。

(218) A. Doxiadis, *Uncle Petros and Goldbach's Conjecture*（New York, London: Bloomsbury, 1992, 2000）。

(219) R. H. Fox, "Construction of Simply Connected 3-Manifolds." in *Topology of 3-Manifolds and Related Topics*, edited by M.K. Fort（Englewood Cliffs, NJ: Prentice Hall, 1962）: 213-216。R. H. Bing, "Some Aspects of the Topology of 3-Manifolds Related to the Poincaré Conjecture." in *Lectures on Modern Mathematics* II, edited by T. L. Saaty（New York: Wiley, 1964）: 93-128。

(220) J. R. Stallings, "How Not to Prove the Poincaré Conjecture." in *Topology Seminar Wisconsin, Annals of Mathematical Studies* 60（1966）: 83-88。この論文はスターリングスのウェブサイト（http://math.berkeley.edu/~stall）にも掲載されている。

(221) 多様体 M と多様体 N があれば、$M \times N$ と表記される M と N の積は、M に属する要素を a、N に属する要素を b とするペア（a, b）の集合であり、$M \times N$ は多様体である。2次元球面と円の積が一つの方向に平坦で、二つの方向に湾曲していることはすぐわかる。サーストンが発見した付加的な幾何構造の大半は、多様体の積または多様体から曲面を取り除くと多様体の積になる空間に存在していた。

(222) 球面幾何構造を持つすべての単連結3次元多様体が3－球面と同相であることを証明することは難しくない（たとえば、サーストンやJ. ウィークスの著書を参照されたい）。

(223) W. P. Thurston, *Three-Dimensional Geometry and Topology*, vol.1.

edited by S. Levy (Princeton: Princeton University Press, 1997)。プリンストン大学での講義ノート(W. P. Thurston,"The Geometry and Topology of Three-Manifolds")はBerkeleyのMathematical Sciences Research Instituteのウェブサイトlibrary.msri.org/nonmsri/gt3mで入手できる。書籍も講義ノートもすばらしいものだ。

(224) W. P. Thurston, "Mathematical Education." *Notices of the American Mathematical Society* 37 (1990): 844-850。

(225) A. Jaffe and F. Quinn, "Theoretical Mathematics: Towards a Cultural Synthesis of Mathematics and Theoretical Physics." *Bulletin of the American Mathematical Society* 29 (1993): 1-13およびW. P. Thurston, "On Proof and Progress in Mathematics." *Bulletin of the American Mathematical Society* 30 (1994): 161-177を参照されたい。

(226) この手法を式の集合として組み込む方法はたくさんある。ハミルトンは、リーマン曲率テンソルのある部分を平均化することで得られるリッチ曲率テンソルを考えた。計量テンソルg_{ij}の1次導関数と2次導関数からリーマン・テンソルを計算できるので、同じものからリッチ・テンソルも計算できる。リッチ・フローは偏微分方程式$\partial g_{ij}/\partial t = -2R_{ij}$によって求められる。

(227) リッチ・テンソルを直接定義することもできる。それが可能なのは、計量テンソルの1次導関数と2次導関数としてリーマン曲率テンソルを導けるからだ。

(228) R. S. Hamilton, "Three-Manifolds with Positive Ricci Curvature." *Journal of Differential Geometry* 17, no.2 (1982): 255-306。

(229) D. M. DeTurck, "Deforming Metrics in the Direction of Their Ricci Tensors." *Journal of Differential Geometry* 18, no.1 (1983): 157-162。リッチ・フローに関する論文集については、H.D. Cao, B. Chow, S.C. Chu, and S. T. Yau, eds., *Collected Papers on Ricci Flow* (Somerville: International Press, 2003) を参照されたい。この論文集にはデタークの論文の改訂版が掲載されている。

(230) その証明はM. Gage and R. S. Hamilton, "The Heat Equation Shrinking Convex Plane Curves." *Journal of Differential Geometry* 23, no.1 (1986): 69-96に掲載されている。M. Graysonは"The Heat Equation Shrinks Embedded Plane Curves to Round Points." *Journal of Differential Geometry* 26, no.2 (1987): 285-314で、リッチ・フローが任意の(埋め込まれた)閉凸曲線を生成することを証明した。そこ

まで行けば、後はゲージ＝ハミルトンの結果が成り立つ。

(231) いずれかの時点で曲率がゼロになる2－球面を除くすべての場合にこの結果が成り立つことが、R. S. Hamilton, "The Ricci Flow on Surfaces." *Contemporary Mathematics* 71 (1988): 237-262で証明された。その証明から除外された例も、B. Chow, "The Ricci Flow on the 2-Sphere." *Journal of Differential Geometry* 33, no.2 (1991): 325-334によって成り立つことが証明された。

(232) J. Birman, "Poincaré's Conjecture and the Homeotopy Group of a Closed, Orientable 2-Manifold." *Journal of the Australian Mathematical Society* 17, no.2 (1974): 214-221。

(233) ミレニアム問題の選択をめぐる状況は、注3で引用したクレイ数学研究所の創設者のひとりA．ジェイフの論文"The Millennium Grand Challenge in Mathematics." *Notices of the American Mathematical Society* 53, no. 6 (2006): 652-660に書かれている。

(234) F. Tisseyre監督のビデオ作品*The CMI Millennium Meeting Collection: Lectures by M. Atiyah, T. Gowers and J. Tate* (New York: Springer, 2002) から引用。

(235) ケーニヒスベルクはイマヌエル・カントの生誕地でもある。現在はカリーニングラードと呼ばれており、第二次世界大戦後に再びロシア市民が住むようになった。カリーニングラードは1950年代に外国人に対して門戸を閉ざした。その後、ソ連の崩壊と、2004年のポーランドとリトアニアのEUへの加入によって、完全にEUに包囲されることになった。現在、市の名前を変えるかどうかが議論になっている。

(236) ミレニアム問題に対する関心は予想よりはるかに高かった。すさまじい数のアクセスが殺到したことでクレイ数学研究所のウェブサイトはダウンし、ミラーサイトのホストとなったアメリカ数学会の広帯域サーバーもあやうくダウンするところだった。

(237) すべての数学者が候補として挙げた問題は二つあった。ひとつはポアンカレ予想で、もうひとつはリーマン予想だった（ジェイフの論文を参照されたい）。

(238) G. Perelman, "The Entropy Formula for the Ricci Flow and Its Geometric Applications." math/0211159 (11 November 2002), "Ricci Flow with Surgery on Three-Manifolds." math/0303109 (10 March 2003), "Finite Extinction Time for the Solutions to the Ricci Flow on Certain Three-Manifolds." math/0307245 (17 July 2003)。

(239) G. Perelman, "The Entropy Formula" 2。
(240) G. Perelman, "The Entropy Formula" 3。
(241) 同上。
(242) 同上。
(243) G. Perelman, "The Entropy Formula" 4。
(244) レニングラード第239学校。
(245) 他の二人はドイツのBruno HaibleとベトナムのLe Tu Quac Thangだった。
(246) 多様体が非コンパクトかつ完備であることが要求される。完備であるとは、すべての境界（または欠落点）が無限遠にあることを意味している。
(247) G. Perelman, "Proof of the Soul Conjecture of Cheeger and Gromoll." *Journal of Differential Geometry* 40, no.1 (1994): 209-212。
(248) ステクロフ研究所は、ロシア科学アカデミーの数学部門であり、1940年にモスクワに引っ越した。サンクトペテルブルク支部は、元々のステクロフ研究所の敷地にある。サンクトペテルブルク支部とモスクワ支部の間はおおむね友好的だが、ときには激しい競争意識が巻き起こることもある。
(249) この事件の詳細は、彼女の友人であるアレクサンドル・ソルジェニーツィンの *The Gulag Archipelago* (New York: Harper and Row, 1973)〔『収容所群島』(新潮社)〕に描かれている。ラディゼンスカヤは詩人アンナ・アフマトヴァの親友でもあった。多くの写真が掲載されたラディゼンスカヤの感動的な人物評論（および数学の評論）については、S. Friedlander, P. Lax, C. Morawetz, L. Nirenberg, G. Seregin, N. Ural'tseva, and M. Vishik, "Olga Alexandrovna Ladyzhenskaya (1922-2004)." *Notices of the American Mathematical Society* 51, no. 11 (2004): 1320-1331を参照されたい。ラディゼンスカヤは、流体の流れを支配する方程式であり、したがって気象予報（大気は流体である）に重要な役割を果たすナビエ＝ストークス方程式の理解に決定的な貢献を果たした。ナビエ＝ストークス方程式もクレイ数学研究所の選定したミレニアム問題のひとつである。
(250) このメールのやり取りは、リーハイ大学のドン・デイヴィスが調整役を務める代数的位相幾何学のディスカッショングループに投稿するようにとの指示付きで、デイヴィスに転送された。
(251) 実際、ペレルマンは、「楕円化予想」というサーストンの別の予想も

証明した。これは、有限の基本群を持つすべての3－多様体は一定の正の曲率を持つ計量を持っているとする予想だ。この予想は、幾何化予想よりは一般性が低いが、ポアンカレ予想よりは一般性が高い。したがって、それが証明されれば、ポアンカレ予想はただちに成り立つ。

(252) www.math.lsa.umich.edu/research/ricciflow/perelman.html。

(253) これらの解説論文の原稿は既にwww.arXiv.orgに投稿されている。B. Kleiner and J. Lott, "Notes on Perelman's Papers." math/0605667, May 25, 2006（192ページ）を参照されたい。

(254) 当時ティアンはMITに在籍していた。

(255) この解説書の原稿は既にwww.arXiv.orgに投稿されている。J. W. Morgan and G. Tian, "Ricci Flow and the Poincaré Conjecture." math/0607607, July 25, 2006（473ページ）を参照されたい。

(256) G. Besson, "Une Nouvelle Approche de L'étude de la Topologie des Variétés de Dimension 3 d'après R. Hamilton et G. Perelman." *Séminaire Bourbaki*, 57, 2004-05, no. 947, June 2005。

(257) 二人ともハーバード大学の数学者ヤウ・シン・トゥン（丘成桐）の門下生である。ヤウは、第13章で説明したように、偏微分方程式を使って、さまざまな多様体上の計量の存在を証明した業績で、1983年にフィールズ賞を受賞している。ヤウは、現在最も影響力の大きい数学者のひとりであり、偏微分方程式から幾何学的な結論を導き出す技術に長けている。チュウは中国広東省中山大学の教授であり、ツァオはリーハイ大学の教授である。ヤウとツァオは、今でもリッチ・フローに関する研究会を開催している。

(258) H.D. Cao and X.P. Zhu, "A Complete Proof of the Poincaré and Geometrization Conjectures—Application of the Hamilton-Perelman Theory of the Ricci Flow." *Asian Journal of Mathematics* 10, no. 2 (2006): 165-492。

(259) American Institute of Mathematicsの所長ブライアン・コンレイおよびカリフォルニア大学バークレー校数理科学研究所の所長デヴィッド・アイゼンバドは、いずれもペレルマンの論文に関する研究会を開催した。ヨーロッパでは、ジャン・ピエール・ブルギニョン（フランス高等科学研究所の所長）とゲルハルト・フイスケン（ドイツ、マックス・プランク重力物理学研究所〔アルベルト・アインシュタイン重力物理学研究所〕の所長）が研究会を開催した。

(260) M. T. Anderson, "Geometrization of 3-Manifolds via the Ricci flow."

Notices of the American Mathematical Society 51, no. 2 (2004): 184-193。L. Bessières, "Conjecture de Poincaré: la Preuve de R. Hamilton et G. Perelman." *Gazette des Mathematiciens* 106 (2005): 7-35。J. W. Morgan, "Recent Progress on the Poincaré Conjecture and the Classification of 3-Manifolds," *Bulletin of the American Mathematical Society* 42 (2005): 57-78。

(261) この結論は、宇宙マイクロ波背景放射、タイプＩａ超新星の観察、質量推定という三つの観察結果を組み合わせて導かれたものだ。

(262) アブダス・サラム国際理論物理学センターは、毎年トリエステで、理論物理学と数学の専門的なテーマを議題とする学問レベルの高いさまざまな会議を開催している。2005年6月に開催された3－多様体の幾何学と位相幾何学をテーマとするICTPサマースクールと会議に参加した数学者たちは、ペレルマンの証明を支持した（"Shapes, Spaces, and Spheres," *News from ICTP*, Summer 2005を参照）。

(263) 2006年6月4日付けの新華社電の記事（http://news.xinhuanet.com/english/2006-06/04/content_4644754.htm）を参照されたい。

(264) 会議の20週間も前の4月に行われた最初の公式の報道発表は、ポアンカレ予想が会議のテーマになることを報じた。その記事で、スペインの会議実行委員会の委員長マヌエル・デ・レオンは、インタビューに答えて、ペレルマンによるポアンカレ予想の解決が会議の開催中に正式に受け入れられるだろうとの見通しを明らかにした。その後の報道発表でも、話題はいつも同じだった。

(265) Sylvia Nasar and David Gruber, "Manifold Destiny: A Legendary Problem and the Battle over Who Solved It." *The New Yorker* (August 28, 2006)：44-58。

(266) ボールは後日、新聞記者たちに、「私の言った言葉の解釈は他人に委ねる。あなたたちが自由に解釈すればいい」と語った。

(267) ペレルマン以外の受賞者は、ロシア生まれでプリンストン大学に在籍するアンドレイ・オコンコフ（現コロンビア大学）、UCLAに在籍するオーストラリア人のテレンス・タオ、ドイツ生まれのフランス人でパリ11大学とエコール・ノルマル・シュペリウールに在籍するウェンデリン・ウェルナー（現チューリッヒ工科大学）だった。

(268) ニュートンが言ったとされる「私が誰よりも遠くまで見通せたとすれば、それは私が巨人たちの肩に乗っていたからだ」（たとえば *The Columbia World of Quotations*〔1996〕を参照されたい）。

(269) ツァオ＝チュウの論文の審査については軽い悶着があった。彼らの結果の正しさを疑う者はいないが、《ニューヨーカー》誌の記事があっただけに、誰が審査したのかを懸念する声が上がった。

年表

本書の物語は、相互に関連する以下の三つのテーマに沿って進行する。

1. ポアンカレ予想の基盤となり、ポアンカレ予想に関連する幾何学と位相幾何学の発展

バビロニア→ピュタゴラス→アレクサンドリア（特にユークリッド）→アラビア語訳→ガウス／ロバチェフスキー／ボヤイ→リーマン→ポアンカレ→ゲッティンゲン大学／モスクワ大学／プリンストン大学→高次元→サーストン→偏微分方程式→ハミルトン／ペレルマン

2. 宇宙の形に関する疑問の進展

エジプト人→ギリシャ人→コロンブスと探検家たち→リーマン→アインシュタイン→ウィークス

3. 数学を取り巻く社会環境の変遷

バビロニア→ギリシャの諸学派→アラビアの宮廷→初期の大学→科学アカデミー→ドイツの研究大学→国立大学→アメリカとソ連の大学→数学会とインターネット

これらのテーマのひとつひとつが、歴史的な出来事や人間という大きな背景のもとに展開する。以下に示すのは、きわめて簡単なものだが、本書を読むときの参考にしていただくために作成した年表である。第１列はバビロニアの時代から現在に至る年（本文に出てくるもの）を示している。テーマ１とテーマ２に関連するさまざまな出来事（大半は数学の発見）が第２列を占める。第３列には、物語の展開に重要な意味を持つ歴史上の出来事が列挙されている。第４列には、数学の会議、研究機関の創設など、テーマ３に関連する出来事が列挙されている。

年	数学などの出来事	政治的な出来事	研究機関
B.C. 1700	三角幾何学	ハンムラビおよび初代バビロニア王朝	
B.C. 547	数論の起源と初期の証明	イオニアの哲学者タレス没	
B.C. 530		ピュタゴラスと教徒たちがクロトンへ移住	ピュタゴラス教団
B.C. 387			プラトンのアカデメイア創設
B.C. 323		アレクサンドロス大王没。アレクサンドロス帝国の部将プトレマイオスがエジプトで王朝をひらく	アレキサンドリア図書館の開設
B.C. 300	ユークリッドの『原論』		
B.C. 240	エラトステネスが地球の外周を計算		
B.C. 47		シーザーがアレクサンドリア港を焼き払う	
150	プトレマイオスの『地理学』		
410		アラリックがローマを征服	
415		ヒュパティア殺害される	
529			ユスティニアヌス一世がプラトンのアカデメイアを閉鎖
1088			ボローニャ大学設立
1117			オックスフォード大学設立

年	数学などの出来事	政治的な出来事	研究機関
1144	ジェラルドがギリシャの数学書、科学書の再翻訳を開始		
1150			パリ大学創設
1187	ジェラルドがトレドで没す		
1209			ケンブリッジ大学創設
1320	ダンテの『天国篇』で宇宙が3－球面として描かれる		
1492		コロンブスの航海	
1636			ハーバード大学設立
1660			王立協会(ロンドン)創設
1666			パリ科学アカデミー創設
1724			ロシア／サンクトペテルブルク科学アカデミー創設
1737			ゲッティンゲン大学設立
1746			プリンストン大学設立
1789		フランス革命	
1794	ルジャンドルの『幾何学原論』		
1799		ナポレオンが政権を握る	
1810			フンボルトがベルリン大学を設立
1814		ウィーン会議	

年	数学などの出来事	政治的な出来事	研究機関
1824	ガウスとボヤイが非ユークリッド幾何学を発見		
1829	ロバチェフスキーがロシアの地方学会誌にロシア語で論文を発表		
1837		ヴィクトリアが英国女王に即位 ゲッティンゲン大学7教授追放事件	マウントホリオーク女子大学設立
1848		ドイツ三月革命	
1849		クラインが生まれる	
1854	リーマンが教授資格取得講演で位相幾何学と解析学の密接な関連を示す	ポアンカレが生まれる	
1866		リーマン没	
1870		普仏戦争	
1880	ポアンカレが自分の研究テーマの中核に非ユークリッド幾何学があることを認識		
1881	クラインとポアンカレの文通		
1884			アボットの Flatland
1886			クラインがジョンズホプキンズ大学から就職の誘いを受けるが、ゲッティンゲン大学へ移籍
1892			シカゴ大学設立。E. H. ムーアが数学科長に就任

年	数学などの出来事	政治的な出来事	研究機関
1895	ポアンカレが最初の位相幾何学の論文を発表		ヒルベルトがゲッティンゲン大学の教授に就任
1900	ヒルベルトが23の問題を提起		
1904	ポアンカレが5番目の補稿を発表		
1905	アインシュタインが特殊相対性理論を発表		ヴェブレンがプリンストン大学に就職
1908	デーンがポアンカレ予想の証明を提出後、取り下げる		
1912		ポアンカレ没	バーコフがハーバード大学に就職
1914〜18	アインシュタインが一般相対性理論を発表（1915）	第一次世界大戦	ルチンがモスクワ大学に就職（1917）
1930			プリンストン高等研究所設立
1932		ヒトラーがドイツの議会選挙で大勝	
1934	ホワイトヘッドがポアンカレ予想の証明を発表 ザイフェルト＝トレルファルの教科書出版		
1935	ホワイトヘッドが証明を取り下げる アレクサンドロフ＝ホップの教科書出版 コホモロジーの発見		国際位相幾何学会議をモスクワで開催
1939〜45		第二次世界大戦	
1952			アメリカで全国科学基金設立

年	数学などの出来事	政治的な出来事	研究機関
1956	ミルナーがエキゾチック球面を発見 ナッシュがリーマン多様体の埋め込み問題を解決		
1961	スメールが5次元以上の高次元におけるポアンカレ予想を証明		
1966		ペレルマンが生まれる	
1982	フリードマンが4次元におけるポアンカレ予想を証明 ハミルトンがリッチ・フローを使用	1982年の国際数学者会議（ICM）が冷戦の影響で延期される	ペレルマンがブダペストで開催された国際数学オリンピックで満点を取る MSRI創設
1983	サーストンが幾何学および葉層構造の研究で、ヤウが幾何学的解析の業績でフィールズ賞を受賞		ワルシャワでICM開催
1986	ルーク、レゴがポアンカレ予想の証明を発表		
1994	ペレルマンがソウル予想を証明		
1995	ポエナルによる議論		
1998	マクマレンが双曲型多様体の研究などでフィールズ賞を受賞		ベルリンでICM開催
2000	ミレニアム問題の発表		
2001	ウィルキンソンマイクロ波非等方性探査衛星（WMAP）打ち上げ	アメリカ同時多発テロ事件	

年	数学などの出来事	政治的な出来事	研究機関
2002	ペレルマンがarXiv.orgへ最初の論文を投稿		北京でICM開催
2003	ペレルマンがMITとストーニーブルック校で講演		
2006	ペレルマン、フィールズ賞受賞を辞退		マドリードでICM開催

この作品は平成十九年六月日経ＢＰ社より『ポアンカレ予想を解いた数学者』として刊行され、文庫化にあたり改題した。

S・シン
青木薫訳

フェルマーの最終定理

数学界最大の超難問はどうやって解かれたのか？　3世紀にわたって苦闘を続けた数学者たちの挫折と栄光、証明に至る感動のドラマ。

S・シン
青木薫訳

暗号解読（上・下）

歴史の背後に秘められた暗号作成者と解読者の攻防とは。『フェルマーの最終定理』の著者が描く暗号の進化史、天才たちのドラマ。

S・シン
青木薫訳

宇宙創成（上・下）

宇宙はどのように始まったのか？　古代から続く最大の謎への挑戦と世紀の発見までを生き生きと描き出す傑作科学ノンフィクション。

S・シン
E・エルンスト
青木薫訳

代替医療解剖

鍼、カイロ、ホメオパシー等に医学的効果はあるのか？　二〇〇〇年代以降、科学的検証が進む代替医療の真実をドラマチックに描く。

S・シン
青木薫訳

数学者たちの楽園
―「ザ・シンプソンズ」を作った天才たち―

アメリカ人気ナンバー1アニメ『ザ・シンプソンズ』。風刺アニメに隠された数学トリビアを発掘する異色の科学ノンフィクション。

M・デュ・ソートイ
冨永星訳

素数の音楽

神秘的で謎めいた存在であり続ける素数。世紀を越えた難問「リーマン予想」に挑んだ天才数学者たちを描く傑作ノンフィクション。

R・ウィルソン
茂木健一郎訳
四色問題
四色あればどんな地図でも塗り分けられるか？ 天才達の苦悩のドラマを通じ、世紀の難問の解決までを描く数学ノンフィクション。

L・アドキンズ
R・アドキンズ
木原武一訳
ロゼッタストーン解読
失われた古代文字はいかにして解読されたのか？ 若き天才シャンポリオンが熾烈な競争と強力なライバルに挑む。興奮の歴史ドラマ。

B・ブライソン
楡井浩一訳
人類が知っていること すべての短い歴史（上・下）
科学は退屈じゃない！ 科学が大の苦手だったユーモア・コラムニストが徹底して調べて書いた極上サイエンス・エンターテイメント。

J・B・テイラー
竹内薫訳
奇跡の脳
―脳科学者の脳が壊れたとき―
ハーバードで脳科学研究を行っていた女性科学者を襲った脳卒中――8年を経て「再生」を遂げた著者が贈る驚異と感動のメッセージ。

T・トウェイツ
村井理子訳
ゼロからトースターを作ってみた結果
トースターくらいなら原材料から自分で作れるんじゃね？ と思いたった著者の、汗と笑いの9ヶ月！（結末は真面目な文明論です）

M・クマール
青木薫訳
量子革命
―アインシュタインとボーア、偉大なる頭脳の激突―
現代の科学技術を支える量子論はニュートン以来の古典的世界像をどう一変させたのか？ 量子の謎に挑んだ天才物理学者たちの百年史。

A・バーザ
プレシ南日子訳
狂気の科学者たち
科学発展の裏には奇想天外な実験の数々があった！　真実を知るためなら何も厭わない科学者たちの姿を描く戦慄のノンフィクション。

R・カーソン
青樹簗一訳
沈黙の春
自然を破壊し人体を蝕む化学薬品の浸透……現代人に自然の尊さを思い起させ、自然保護と化学公害告発の先駆となった世界的名著。

R・カーソン
上遠恵子訳
センス・オブ・ワンダー
地球の声に耳を澄まそう——。永遠の子どもたちに贈る名著。福岡伸一、若松英輔、大隅典子、角野栄子各氏の解説を収録した決定版。

フロイト
高橋義孝訳
夢判断（上・下）
日常生活において無意識に抑圧されている欲求と夢との関係を分析、実例を示して詳しく解説することによって人間心理を探る名著。

フロイト
高橋義孝
下坂幸三訳
精神分析入門（上・下）
自由連想という画期的方法による精神分析の創始者がウィーン大学で行なった講義の記録。フロイト理論を理解するために絶好の手引き。

池谷裕二
糸井重里著
海馬
—脳は疲れない—
脳と記憶に関する、目からウロコの集中対談。「物忘れは老化のせいではない」「30歳から頭はよくなる」など、人間賛歌に満ちた一冊。

池谷裕二著
脳はなにかと言い訳する
―人は幸せになるようにできていた!?―
「脳」のしくみを知れば仕事や恋のストレスも氷解。「海馬」の研究者が身近な具体例で分りやすく解説した脳科学エッセイ決定版。

池谷裕二著
受験脳の作り方
―脳科学で考える効率的学習法―
脳は、記憶を忘れるようにできている。そのしくみを正しく理解して、受験に克とう！――気鋭の脳研究者が考える、最強学習法。

茂木健一郎
河合隼雄著
こころと脳の対話
人間の不思議を、心と脳で考える……魂の専門家である臨床心理学者と脳科学の申し子が、箱庭を囲んで、深く真摯に語り合った――。

河合隼雄著
こころの処方箋
「耐える」だけが精神力ではない、「理解ある親」をもつ子はたまらない――など、疲弊した心に、真の勇気を起こし秘策を生みだす55章。

夏樹静子著
腰痛放浪記
椅子がこわい
苦しみ抜き、死までを考えた闘病の果ての信じられない劇的な結末。3年越しの腰痛は、指一本触れられずに完治した。感動の闘病記。

黒川伊保子著
恋愛脳
―男心と女心は、なぜこうもすれ違うのか―
男脳と女脳は感じ方が違う。それを理解すれば、恋の達人になれる。最先端の脳科学とAIの知識を駆使して探る男女の機微。

Title : THE POINCARÉ CONJECTURE
Author : Donal O'Shea

Japanese translation published by arrangement with
Bloomsbury Publishing Company, Inc.
through The English Agency (Japan) Ltd.

ポアンカレ予想《よそう》

新潮文庫　シ－38－16

Published 2014 in Japan
by Shinchosha Company

平成二十六年十月一日発行
令和四年三月二十五日二刷

訳者　糸《いと》川《かわ》洋《ひろし》
発行者　佐藤隆信
発行所　株式会社　新潮社

郵便番号　一六二―八七一一
東京都新宿区矢来町七一
電話　編集部(〇三)三二六六―五四四〇
　　　読者係(〇三)三二六六―五一一一
http://www.shinchosha.co.jp

価格はカバーに表示してあります。

乱丁・落丁本は、ご面倒ですが小社読者係宛ご送付ください。送料小社負担にてお取替えいたします。

印刷・株式会社光邦　製本・株式会社大進堂

ISBN978-4-10-218591-9 C0141